Dr. Michael Bax, Dr. Kornelia Bähre, Michael Gollert,
Harald Mertins, Roswitha Püschmann, Klaus Rieckmann,
Bernd-Wolfgang Vahldiek, Dieter Vorrath

Trio 9/10

Geschichtlich-soziale Weltkunde

Neubearbeitung

Schroedel

Autoren:
Dr. Michael Bax
Dr. Kornelia Bähre
Michael Gollert
Harald Mertins
Roswitha Püschmann
Klaus Rieckmann
Bernd-Wolfgang Vahldiek
Dieter Vorrath

in Zusammenarbeit mit der Verlagsredaktion

Zu diesem Schülerband gibt es
einen Lehrerband mit Arbeitsblättern, Best-Nr. 36032

Nach gültiger Rechtschreibung 2006

ISBN 978-3-507-**36030**-3

Auf verschiedenen Seiten dieses Buches befinden sich Verweise (Links) auf Internet-Adressen.
Haftungshinweis: Trotz sorgfältiger inhaltlicher Kontrolle wird die Haftung für die Inhalte der externen Seiten ausgeschlossen. Für den Inhalt dieser externen Seiten sind ausschließlich deren Betreiber verantwortlich. Sollten Sie bei dem angegebenen Inhalt des Anbieters dieser Seite auf kostenpflichtige, illegale oder anstößige Inhalte treffen, so bedauern wir dies ausdrücklich und bitten Sie, uns umgehend per E-Mail davon in Kenntnis zu setzen, damit beim Nachdruck der Verweis gelöscht wird.

An dieser Stelle wird eine bestimmte Arbeitstechnik oder ein bestimmtes Verfahren vorgestellt. Nach dem vorgestellten Beispiel lassen sich ähnliche Arbeitsaufgaben besser und leichter lösen. Fach- und Methodenkompetenz werden so gefördert.

Spielerisch kannst du auf diesen Seiten das Gelernte noch einmal überprüfen, z. B. mit Aufgaben oder Rätseln. Außerdem kannst du dir zusätzliches Wissen aneignen.

Druck A [4] / Jahr 2007

Alle Drucke der Serie A sind im Unterricht parallel verwendbar.

Umschlag: Janssen Kahlert Design & Kommunikation, Hannover
Zeichnungen: P. Langner, Hannover; D. Griese, Hannover; G. Wandrey, Hemmingen
Karten: Freier Redaktionsdienst, Berlin; Heidolph, Eching
Satz: Utesch GmbH, Hamburg
Druck und Bindung: westermann druck GmbH, Braunschweig

Inhalt

Liebe Schülerinnen, liebe Schüler!

Eines der zentralen Ziele der Schule ist es, euch Selbstständigkeit und Selbsttätigkeit zu vermitteln. Um selbstständiges Arbeiten in vielen Unterrichtsfächern zu lernen, ist das **Methodenlernen** eine wichtige Voraussetzung.

Dieses Buch will euch **wichtige Methoden** für die Arbeit im Unterricht vorstellen, die ihr in vielen Fächern anwenden könnt.
Methoden und Arbeitstechniken werden dabei in einer sinnvollen Schrittfolge vorgestellt. Die Methoden machen euch mit den *elementaren Lern-, Arbeits-, Kommunikations- und Kooperationstechniken* vertraut.

Die nachfolgende Übersicht zeigt euch, welche Methoden wir in diesem Lern- und Arbeitsbuch vorstellen. Die Übersicht ist nach den Fächern und dem fachübergreifenden Bereich gegliedert.

Fach	*Kapitel* (*Kurztitel*)	Methode	Seite im Buch
Geografie	**Verkehr**	Wir erstellen eine Mindmap	207
		Wir führen eine Verkehrsuntersuchung durch	216/217
	Alte Industriegebiete	Wir werten thematische Karten aus	228/229
	Bevölkerungsexplosion	Wir zeichnen ein Kurvendiagramm	248/249
	Hunger	Wir gestalten ein Plakat	276/277
Geschichte	**Nationalsozialismus**	Manipulation mit Fotos	16/17
	Weltmächte	Karikaturenrallye	191
Sozialkunde	**Extremismus**	Wir bauen ein Standbild	56/57
	Frauen	weiblich-männlich, Untersuchung von Jugendzeitschriften	72/73
	Soziale Sicherung	Ein Minutenvortrag zum Thema ...	82
	Politische Mitbestimmung	Wir schreiben einen Leserbrief	106/107
	Friedenssicherung	Wir nehmen Stellung	128/129
	Europa	Ein Referat halten	135–137

Nationalsozialismus – „Führer befiehl . . .!“

6

6.1 Hannover nach einem Bombenangriff, September 1943

7.1 *Im Vernichtungslager Auschwitz-Birkenau, 1944*

7.2 *Rechtsextreme bei einer Demonstration, 1998*

Rechtsextremismus heute

8.1 Mit Maske und Baseballschlägern schüchtern Rechtsextremisten ihre Opfer ein

8.2 Gedenktafel für Farid Guendoul alias Omar Ben Noui

Das Verbrechen
In der Nacht zum 13. Februar 1999 beschließen etwa 15 jugendliche Rechtsextremisten in der brandenburgischen Kleinstadt Guben die „Jagd nach Ausländern".
Sie laden Pflastersteine in ihre drei Autos und werfen die Scheiben eines Asia-Shops ein. Sie verständigen sich per Funktelefon. Sie grölen rechtsextremistische Parolen und hören in ihren Autos Neonazi-Musik.
Um 4.45 Uhr verlassen Farid Guendoul, ein Asylbewerber aus Algerien, sowie Khaled B. und Issaka K. ein Tanzlokal. Als die Rechtsextremisten sie sehen, bremsen sie ihre Fahrzeuge vor den drei Männern. Einige Jugendliche brüllen rassistische Parolen. Voller Angst rennen die drei Männer zurück zum Lokal. Die Rechtsextremisten wenden ihre Autos, verfolgen die drei und schneiden ihnen den Weg ab. Immer wieder brüllen sie rassistische Parolen.
Die drei Männer geraten in Panik. Sie trennen sich. Khaled B. wird von einigen Rechtsextremisten erreicht und zusammengetreten.
Farid Guendoul und Issaka K. versuchen, sich in ein Haus zu retten. Die Tür ist verschlossen. In seiner Verzweiflung tritt Farid Guendoul eine Scheibe der Haustür ein.
Bei dem Tritt wird eine Beinarterie verletzt. Innerhalb von 15 Minuten verblutet Farid Guendoul. Jede Hilfe kommt zu spät.

Meinungen zu dem Verbrechen in Guben

(aus: Prozessbeobachtungsgruppe Guben (Hrsg.), Nur ein Toter mehr, Meinungen von Bürgern, Unrast Vlg., Münster 2001, S. 13, 48 f., 56)

Das Urteil

21 Monate nach dem Verbrechen in Guben wurde vor dem Cottbusser Landgericht das Urteil im „Hetzjagd-Prozess" gesprochen:

Drei Jugendliche erhielten Haftstrafen zwischen zwei und drei Jahren, sechs erhielten Strafen zwischen einem Jahr und zwei Jahren auf Bewährung, zwei wurden verwarnt mit 100 und 200 Stunden Arbeitsauflagen.

Rechtsextremisten wollen ein „Deutsches Reich" wie unter dem Diktator Adolf Hitler von 1933 bis 1945. Sie verharmlosen und leugnen die Verbrechen der Nationalsozialisten. Sie schrecken vor Gewalt und Verbrechen nicht zurück. Ihr Hass richtet sich gegen die angeblichen „Feinde Deutschlands", z. B. Asylbewerber und ausländische Mitbürger, Juden, Demokraten und „Linke".

1. Welche kriminellen Taten haben die Jugendlichen begangen?
2. *„Rechtsextremisten sind eine kleine Minderheit. Die Mehrheit der Bevölkerung setzt sich für ein friedliches Miteinander ein."* Nehmt zu dieser Aussage Stellung und bezieht euch dabei auf die Meinungen zum Verbrechen in Guben.

Das Ende der Weimarer Republik

1918 verlor Deutschland den Ersten Weltkrieg. 1919 wurde aus dem ehemaligen Kaiserreich eine Republik (**Weimarer Republik**) mit einer demokratischen Verfassung und einem Parlament.

Die Sieger diktierten im **Versailler Friedensvertrag** harte Bedingungen, so u. a.:

- Gebietsabtretungen (13 % des Staatsgebietes und alle Kolonien),
- Rüstungsbeschränkungen (ein Berufsheer von nur 100 000 Mann),
- Wiedergutmachungszahlung von 132 Billionen Mark,
- Anerkennung der alleinigen Schuld Deutschlands am Ausbruch des Krieges.

Die harten Friedensbedingungen erfüllten die Deutschen mit Empörung.

Die Unterzeichnung des Friedensvertrages wurde als „Niedergang Deutschlands" vor allem den Sozialdemokraten zur Last gelegt.

Besonders die linksextreme Kommunistische Partei Deutschlands (KPD) und die rechtsextreme **Nationalsozialistische Deutsche Arbeiterpartei (NSDAP)** bekämpften gewaltsam das demokratische „System". Für sie war das Parlament nur eine „Quasselbude". Sie schreckten auch vor der Ermordung politischer Gegner nicht zurück. Doch auch die Gerichte waren in ihren Urteilen überwiegend auf der nationalen, der „rechten" Seite zu finden.

Viele Deutsche waren mit den neuen politischen Verhältnissen nach 1919 nicht einverstanden. Sie sehnten sich nach dem alten Kaiserreich.

10.1 Karikatur von Heinrich Zille, 1919: „Ick habe meine Seelige übastanden – ich habe Kaiser Wilhelm übastanden – ick weer' ooch die Republik übastehen."

Politische Morde 1919–1922

	Politische Morde begangen von **Linksstehenden**	Politische Morde begangen von **Rechtsstehenden**
Gesamtzahl der Morde	22	354
davon ungesühnt	4	326
Verurteilungen	38	24
geständige Täter freigesprochen	–	23
Dauer der Einsperrung je Mord	15 Jahre	4 Monate
Hinrichtungen	10	–

(Heinz Dieter Schmid, Fragen an die Geschichte 4, Hirschgraben Verlag, Frankfurt 1984, S. 31)

11.1 Arbeitslose beim Arbeitsamt, 1932

11.2 Wahlplakat der NSDAP, 1932

Nach den ersten schwierigen Jahren für die junge Weimarer Republik gab es von 1924 bis 1929 einen wirtschaftlichen und politischen Aufschwung. Das waren die „Goldenen Zwanzigerjahre".
Doch dann brachte die Weltwirtschaftskrise aus den USA einen Rückschlag mit schlimmen Folgen für Deutschland. Hier stieg die Zahl der Firmenpleiten von etwa 9000 im Jahr 1927 auf 28 000 im Jahr 1931.

Die Politiker waren ratlos. Immer schneller wechselten erfolglose Regierungen und Kanzler. Das Volk war verunsichert und zunehmend unzufrieden mit den Verhältnissen, den Parteien und Politikern.

Die große Unzufriedenheit nutzten **Adolf Hitler** und seine Nationalsozialisten. Sie forderten u. a. die Kündigung des Versailler Vertrages, die Abschaffung der parlamentarischen Demokratie, Arbeit und Brot für alle und die Aufrüstung der Reichswehr.
An der Spitze eines starken Staates sollte Adolf Hitler als „Führer" stehen.
Immer mehr Deutsche glaubten den Versprechungen Hitlers. Er begeisterte die Menschen mit seinen Reden und Parolen auf zahlreichen Massenveranstaltungen. Viele sahen in Adolf Hitler den „Retter Deutschlands", den ersehnten „starken Mann".
Bei der Reichstagswahl am 6. 11. 1932 erhielt die NSDAP 33,1 % aller Stimmen. Am 30. Januar 1933 wurde Hitler zum Reichskanzler ernannt.

1. Beschreibe die Grundhaltung des Bürgers in Abb. 10.1.
2. Welche Personengruppen sollen mit dem Wahlplakat Abb. 11.2 angesprochen werden?

Die Errichtung der Diktatur

Die Machtübernahme

12.1 *Der Reichstag in Berlin brennt am 27./28. 2. 1933*

In der Nacht vom 27./28. Februar 1933 brannte das Reichstagsgebäude in Berlin. Der Holländer van der Lubbe gestand, das Feuer aus Protest gegen die Nationalsozialisten allein gelegt zu haben. Doch Hitler überzeugte am 28. Februar den Reichspräsidenten davon, dass die Kommunisten dahintersteckten. Der Reichspräsident erließ die „Verordnung zum Schutze von Volk und Staat". Damit wurden wesentliche **Grundrechte** außer Kraft gesetzt. Noch in der Brandnacht wurden etwa 4000 Kommunisten, Sozialdemokraten und Regimekritiker in **Konzentrationslager (KZ)** eingeliefert. Bei der Wahl am 5. März erhielt die NSDAP dennoch nur 43,9 % der Stimmen, also nicht die Mehrheit im Reichstag.

Für die Wahl zum Reichstag gaben mehrere Industrieunternehmer der NSDAP viel Geld für den Wahlkampf. Fast jeden Tag waren die Nationalsozialisten auf Massenveranstaltungen und im Rundfunk zu hören. Wahlversammlungen und Demonstrationen ihrer politischen Gegner wurden nach der Verordnung vom 28. 2. 1933 verboten, ihre Zeitungen beschlagnahmt. Viele, die Hitler kritisierten, wurden verhaftet.

Verordnung des Reichspräsidenten zum Schutze von Volk und Staat vom 28. Februar 1933

Zur Abwehr kommunistischer staatsgefährdender Gewaltakte wird Folgendes verordnet:

... Es sind daher Beschränkungen der persönlichen Freiheit, des Rechts der freien Meinungsäußerung, einschließlich der Pressefreiheit, des Vereins- und Versammlungsrechts, Eingriffe in das Brief-, Post-, Telegrafen- und Fernsprechgeheimnis, Anordnungen von Haussuchungen und von Beschlagnahmen sowie Beschränkungen des Eigentums ... zulässig ...

12.2 *Plakat zur Reichstagswahl am 5. 3. 1933*

12.3 *Der Weg Hitlers zum Diktator über Deutschland*

Das Ermächtigungsgesetz
Am 23. 3. 1933 legte Hitler dem Reichstag das „Gesetz zur Behebung der Not von Volk und Staat" zur Abstimmung vor. Darin hieß es u. a.: *Reichsgesetze können auch durch die Reichsregierung beschlossen werden ... und ... von der Reichsverfassung abweichen.*
Dieses Gesetz veränderte die bestehende Verfassung. Dafür mussten aber zwei Drittel der Reichstagsabgeordneten anwesend sein und wenigstens zwei Drittel der Anwesenden zustimmen. Damit würde sich das Parlament selbst entmachten.

Partei	Mandate Wahl v. 5. 3.	Stimmabgabe	
		Ja	Nein
Deutschnationale Volkspartei	53	53	
NSDAP	288	288	
Zentrum	73	72[1)]	
Bayerische Volkspartei	19	19	
Deutsche Staatspartei	5	5	
SPD	120		94[2)]
KPD	81[3)]		
Sonstige	8	7[4)]	

1) 1 Abgeordneter fehlte entschuldigt.
2) 9 Abgeordnete waren verhaftet, 11 erkrankt, 6 stimmten aus Furcht nicht mit, da sie Juden waren.
3) Die KPD war am 13. 3. verboten worden.
4) 1 Abgeordneter war erkrankt.

Adolf Hitler wurde am 20. 4. 1889 in Österreich geboren. Er war Soldat im Ersten Weltkrieg. 1919 schloss er sich den Nationalsozialisten an.
Er wurde **1921** deren Parteivorsitzender.

Am **30. 1. 1933** wurde Hitler zum Reichskanzler ernannt. Am **13. 7. 1934**, nach der Ermordung seiner innenpolitischen Gegner, erklärte sich Hitler zum „Obersten Gerichtsherr des deutschen Volkes".

Am **2. 8. 1934**, am Todestag des Reichspräsidenten von Hindenburg, übernahm Hitler dessen Amt nunmehr als „Führer des Deutschen Reiches und Volkes". Jetzt war er zugleich Oberbefehlshaber der Wehrmacht. Alle Macht im Staat lag jetzt in Hitlers Hand.

1. Beschreibe, wie Hitler den Reichstagsbrand für seine Zwecke ausnutzt.
2. Berechne nach der Tabelle zur Abstimmung über das Ermächtigungsgesetz, welche Partei für die Zustimmung entscheidend war.

Die Errichtung der Diktatur

Gleichschaltung und Ausschaltung

Nur wenige Tage nach Annahme des Ermächtigungsgesetzes wurden alle Minister und höheren Beamten abgesetzt. Sie behielten ihr Amt, wenn sie der NSDAP angehörten. In den Ländern herrschten nun die Nationalsozialisten. Hitler setzte „Reichsstatthalter" ein, die darüber wachten, dass seine Befehle in allen Ländern durchgeführt wurden. Sein Vorgehen nannte man „**Gleichschaltung**".

Die Gewerkschaften wurden aufgelöst, die SPD verboten, die anderen Parteien zur Selbstauflösung gezwungen. Es gab nur noch die NSDAP.

Gleichgeschaltet wurden auch alle Vereine und Verbände. Nationalsozialisten hatten nun hier das Sagen. Presse und Rundfunk, Film und Theater, Musik, Literatur und Kunst, Sport und Freizeit wurden von der NSDAP kontrolliert. Die Nationalsozialisten „erfassten" alles und jeden.

Wer gegenüber Hitler Kritik übte oder sich den Nationalsozialisten widersetzte, wurde schikaniert, bedroht und verhaftet.

14.2 *Terror der SA in Berlin, 1933*

Ein Beispiel: Ein Mieter hatte sich bei einer Polizeistelle in Berlin über das gesetzwidrige Vorgehen eines Hausmeisters beschwert und wollte Anzeige erstatten.
Was er nicht wusste: Der Hausmeister gehörte der NSDAP an. Was dann geschah, zeigt die Abb. 14.2.

SA = SturmAbteilung wurde die militärisch organisierte Kampf- und Schutztruppe der NSDAP genannt.
Die Uniform der Männer war braun mit einer Hakenkreuzbinde um den Ärmel. Das militärische Aussehen und das brutale Auftreten sollten Angst und Schrecken vor der SA verbreiten.

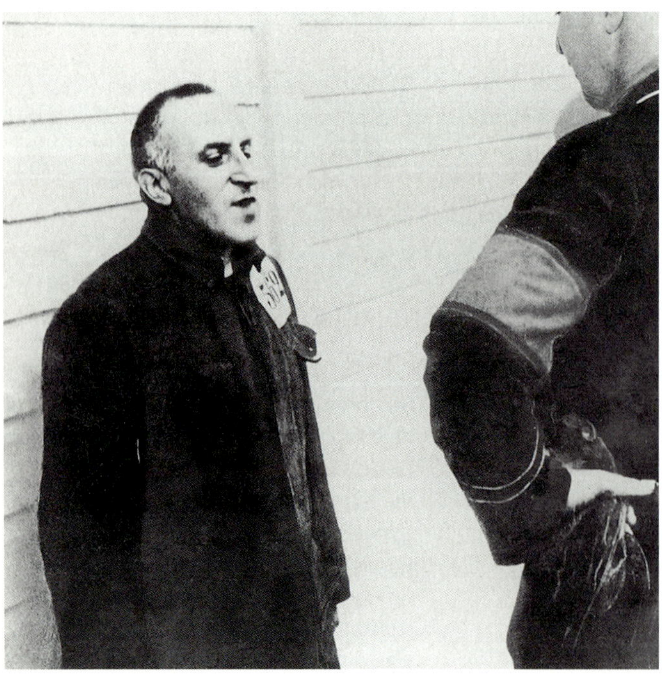

14.1 *Der Schriftsteller Karl von Ossietzky im KZ, 1933*

Der Kriegsgegner und Journalist Karl von Ossietzky wurde als „Staatsfeind" am 6. April 1933 in das Zuchthaus Sonnenburg gebracht.

Ein Besucher berichtet:

Der Anblick der Gefangenen war schlechthin unbeschreiblich. Aus den zerbeulten und zerfetzten Kleidern ragten verquollene Köpfe heraus wie Kürbisse, gelb, grün und bläulich angelaufene Gesichter, die nichts mehr von einem Menschengesicht an sich hatten. Die bloßen Körperteile waren mit Striemen und geronnenem Blut bedeckt. Ich konnte Ossietzky kaum noch erkennen ...

(Kurt R. Grossman. Ossietzky, Ein deutscher Patriot, Kindler Verlag, München 1963, S. 364)

Die Propaganda versucht, eine Lehre dem ganzen Volk aufzuzwingen (Hitler). – *Wir wollen die Menschen so lange bearbeiten, bis sie uns verfallen sind.*
(Propagandaminister Goebbels)

Eine gewalttätige, herrische, unerschrockene, grausame Jugend will ich. Mit Wissen verderbe ich mir die Jugend.

Die Welt der Frau ist ihr Mann, ihre Familie, ihre Kinder und ihr Haus.

Das Prinzip der Demokratie ist überall ein Prinzip der Zerstörung!

Du bist nichts, dein Volk ist alles!

Die Juden sind unser Unglück! Kampf der Teufelsmacht ... dem Juden!

Ein Volk, ein Reich, ein Führer!

Blut und Rasse werden wieder zur Quelle künstlerischer Eingebung.

Wir werden unter keinen Umständen jemals kapitulieren. Dass unsere Gegner uns jemals schlagen, ist unmöglich und ausgeschlossen.

Der Führer hat immer recht!

15.1 *„Volksempfänger", 1933*

Ein Rundfunkgerät war um 1930 mit einem Preis von 200 bis 400 Reichsmark (RM) ein Luxusartikel. Auf Druck der Nationalsozialisten bauten alle großen Hersteller ab 1933 den „Volksempfänger" für nur 76 RM, etwas später für nur 59 RM.
1941 hatten etwa 70 % aller Haushalte dieses Radio. Es stand auch in Gaststätten und Betrieben, in Schulen und Behörden, auf Plätzen und in Straßen. Jede Rede des Führers oder wichtige Nachrichten mussten gemeinsam angehört werden.
Der Volksempfänger war so gebaut, dass nur der nächste Sender empfangen werden konnte – und der wurde von den Nationalsozialisten dirigiert.
Mit einem Zusatzgerät konnte man aber heimlich auch ausländische Sender hören. Wer seit 1939 dabei erwischt wurde, musste mit der Todesstrafe rechnen.

1. Gib mindestens drei Beispiele für die „Gleichschaltung".
2. Beschreibe Abb. 14.2 als Fortsetzung des Beispiels.
3. Nimm Stellung zu der Propaganda aus dem „Volksempfänger".

Trio-Methode: Manipulation mit Fotos

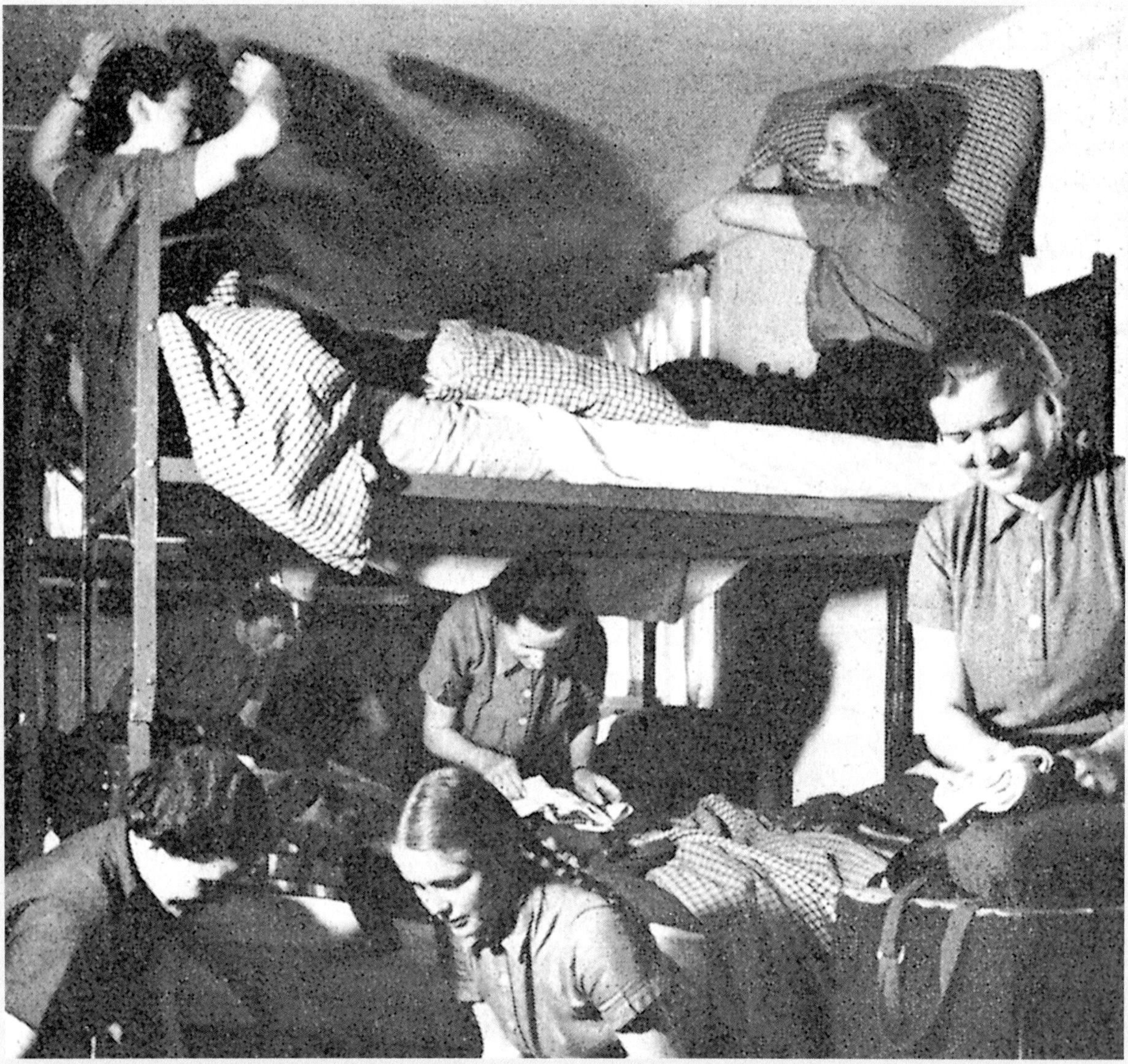

16.1 Szene aus einem Propaganda-Film der NSDAP über den Bund Deutscher Mädel (BDM)

1. Vorbereitung

Das Propagandaministerium bestimmte, welche Nachrichten im Rundfunk gesendet und in Zeitungen geschrieben und welche nicht veröffentlicht werden durften. Auch jeder Film musste zur Genehmigung vorgelegt werden.
In ihren eigenen Propaganda-Filmen zeigten die Nationalsozialisten das Leben in Deutschland nur von der schönen Seite. Die Wirklichkeit wurde verschwiegen. So auch in einem Film über das Leben im **Bund Deutscher Mädel (BDM).**

2. Durchführung

1. Abb. 16.1 zeigt sieben Mädchen nach ihrer Ankunft in einer Jugendherberge.
   Beschreibe das Bild. Beachte dabei
   - die Kleidung und die Frisuren der Mädchen,
   - ihren Gesichtsausdruck,
   - ihre Handlungen,
   - ihre Stimmung („Die Mädchen sind ...")
   - die Ordnung im Zimmer.
2. Schreibe auf, welchen Eindruck dieses Bild auf ein Mädchen gemacht haben könnte, das auch gern im Bund Deutscher Mädel gewesen wäre.
   Beachte bei deiner Antwort, dass seine Eltern dies verboten hatten.
3. Schreibe auf, welchen Eindruck der Zeitplan „BDM auf Fahrt" und der Bericht einer Zeitzeugin auf dich machen.

Auch bei den Mädchen war die Erziehung militärisch ausgerichtet.
„Jeden Morgen war Appell", berichtet Maria Eisenecker von einem BDM-Lager:
„Nach dem Frühstück wurde gesagt, heute ist Bettenappell. Am nächsten Morgen war Schuhappell, Handappell, Ohrenappell, man musste immer alles in Ordnung haben, wie beim Militär."
(Guido Knopp, Hitlers Kinder, C. Bertelsmann Verlag, München 2000, S. 107)

3. Auswertung

1. Vergleiche deine beiden Texte, die du nach der Durchführung erstellt hast, miteinander und stelle die Unterschiede heraus.
2. Erkläre, warum die Nationalsozialisten nur das Bild veröffentlichen, nicht aber den „Dienstplan" und etwa kritische Äußerungen.
3. Erkläre in diesem Zusammenhang den Begriff der „Manipulation" mit Bildern.
4. Nenne Möglichkeiten, wie du einer solchen Manipulation kritisch begegnen könntest.

BDM auf Fahrt

Uhrzeit	
11.20	Eintreffen am Sammelpunkt
11.30	Überprüfung der Ausrüstung
11.45	Antreten zum Morgenappell
12.00	Abfahrt zu Jugendherberge
13.05	Ankunft
13.15	Flaggenhissung
13.30	Einweisung in den Tagesplan
13.45	Bettenbauen
14.00	Küchendienst
14.30	Mittagessen
14.50	Küchendienst
15.00	Mittagsruhe
16.00	Antreten zum Sportnachmittag
17.30	Rückkehr zur Jugendherberge
18.00	Heimunterricht mit Vorträgen: „Der Führer und seine Bewegung" „Die Schande von Versailles"

Uhrzeit	
19.00	Küchendienst (Kartoffelschälen)
19.30	Abendbrot
20.00	Küchendienst
20.15	Heimabend: Gemeinsames Singen von HJ-Liedern, Wimpelkunde
21.00	Dank an den Führer
21.15	Waschen
21.30	Zapfenstreich
5.00	Wecken
5.05	Frühsport
5.15	Waschen, Bettenbauen, Packen
5.45	Stubenkontrolle
5.50	Küchendienst
6.00	Frühstück
6.20	Küchendienst
6.35	Morgenappell, Einholen der Flagge
6.45	Verlassen der Jugendherberge

Die Ideologie des Nationalsozialismus

Rassismus

18.1 Rassenkunde für „Schulhelferinnen"

Nach Hitlers Überzeugung war ein Mensch der höchsten Rasse groß, blond, blauäugig, tapfer, heldenhaft und opferbereit. Dies kennzeichnete seiner Meinung nach die Germanen, die Völker des europäischen Nordens. Zu dieser Rasse gehörten auch die „reinrassigen" Deutschen.

Die Deutschen mussten rein gehalten werden von „fremdem Blut". Sie sollten „deutschblütig" sein und als „Führungselite" die Herren der Welt werden. Hitler hatte keines dieser „arischen" Merkmale.

Grundgesetz, Artikel 3, Absatz 3

Niemand darf wegen seines Geschlechtes, seiner Abstammung, seiner Rasse, seiner Sprache, seiner Heimat und Herkunft, seines Glaubens, seiner religiösen und politischen Anschauungen benachteiligt oder bevorzugt werden …

Ein Chinese sieht anders aus als ein Sudanese, eine Apachin anders als ein Frau aus Sachsen-Anhalt. Die verschiedenen menschlichen **Rassen** unterscheiden sich in der Hautfarbe, der Haarfarbe oder in der Kopfform. Doch trotz dieser Unterschiede können die einzelnen Angehörigen verschiedener Rassen z. B. klug oder dumm, friedlich oder böse, freundlich oder gleichgültig sein.

Adolf Hitler hatte ein ganz anderes Bild von den menschlichen Rassen.

Nach seiner Auffassung gab es die Rasse der „Herrenmenschen", der „Edlen" oder „Arier" und die der „Untermenschen", der minderwertigen „Parasiten" oder „Schmarotzer".

Entscheidend für die Zugehörigkeit zu der einen oder der anderen Rasse war das „Blut".

Die Überzeugungen Hitlers hatten mit Vernunft und mit wissenschaftlichen Erkenntnissen überhaupt nichts zu tun. Es waren böswillige Vorurteile, die die Nationalsozialisten kritiklos übernahmen.

18.2 Hitlers Idealbild eines „Ariers"

19.1 Ausstellungsplakat, 1937

19.2 „Rassenschande" wurde öffentlich angeprangert, 1935

Den gewaltigsten Gegensatz zum Arier bildet der Jude ... Der Jude ist ein Parasit im Körper anderer Völker, ein Schmarotzer, der wie ein schädlicher Bazillus sich immer mehr ausbreitet und zwangsläufig ... zur Vernichtung der Menschheit führen muss.

(Adolf Hitler, Mein Kampf, Verlag Franz Eher Nachf., München 1939, S. 329 ff.)

Die Juden waren für Hitler die Schuldigen an allem Unheil, die Sündenböcke für alle Niederlagen. Juden wurden darum als schlecht, hässlich und gemein dargestellt. Die Juden galt es zu vernichten.

Mit ihnen auch die anderen „minderwertigen" Menschen, z. B. die Sinti und Roma (= „Zigeuner"), die Homosexuellen, die Bibelforscher, die Kriminellen, die Behinderten (= „Lebensunfähigen").

Jeder Deutsche musste in einer Ahnentafel sein „deutsches Erbe und Blut" lückenlos nachweisen.

Wer in seiner Verwandtschaft etwa einen Juden hatte, galt als „Halbjude" oder „Vierteljude".

1. Beschreibe nach Abb. 19.1, wie die Nationalsozialisten den Juden darstellten. Beachte dabei die Hinweise der TRIO-Methode auf S. 16 f.
2. Schreibe zu Abb. 19.2 eine Geschichte. Bedenke: Die beiden Personen mit den Plakaten müssen kein Paar gewesen sein.
3. Gib Beispiele für „Sündenböcke" heute.

20.1 *Werbeplakat der NSDAP*

„Der Staat hat seine gesamte Erziehungsarbeit auf das Heranzüchten kerngesunder Körper einzustellen, erst in zweiter Linie kommt dann die Ausbildung der geistigen Fähigkeiten ... Das Heer verwandelt den jungen Menschen dann in den Soldaten."

(Adolf Hitler, Mein Kampf, ebd., S. 452)

20.2 *Werbung am „Tag der Wehrmacht"*

Ab dem 10. Lebensjahr sollte der Junge als „Pimpf" in das „Jungvolk" und mit 14 Jahren in die „Hitlerjugend". Seine Freizeit war ausgefüllt mit Heimabenden, Wanderungen, Zeltlagern und immer häufiger mit einer vormilitärischen Ausbildung. Ab 1936 wurde die Mitgliedschaft in der *Hitler-Jugend (HJ)* zur Pflicht.

20.3 *Werbeplakat der NSDAP*

In der Erziehung des Mädchens ist das Hauptgewicht vor allem auf die körperliche Ausbildung zu legen, erst dann auf die Förderung der seelischen und zuletzt der geistigen Werte. Das Ziel der weiblichen Erziehung hat unverrückbar die kommende Mutter zu sein.

(Adolf Hitler, Mein Kampf, ebd., S. 459 f.)

20.4 *Mädchen des BDM am Heimabend*

10- bis 14-jährige Mädchen waren für die Nationalsozialisten „Jungmädel".
Die 14- bis 18-jährigen Mädchen wurden dann Mitglieder im „Bund deutscher Mädel der HJ" (BDM).

In wöchentlichen Heimabenden und Sportnachmittagen z. B. oder auf Tagesfahrten und Wanderungen, bei Aufenthalten in Freizeitlagern und Feierstunden, bei Sportfesten mit Schießübungen sollten *„die Mädel zu starken und tapferen Frauen"* (Hitler) erzogen und auf ihre *„Mission als Mutter"* vorbereitet werden.

21.1 Vormilitärische Ausbildung im Arbeitsdienst

21.2 Deutsche Soldaten marschieren

Mit 18 Jahren wurde – seit 1935 – der Jugendliche zum Reichsarbeitsdienst verpflichtet. Hier sollte er *„im Geiste des Nationalsozialismus zur Volksgemeinschaft und zur wahren Arbeitsauffassung, vor allem zur gebührenden Achtung der Handarbeit"* erzogen werden.

Am 21. 5. 1935 führte Hitler die allgemeine Wehrpflicht wieder ein: *„Die Wehrmacht ist der Waffenträger und die soldatische Erziehungsschule des Deutschen Volkes".* Zum Wehrdienst waren alle Männer vom 18. bis 45. Lebensjahr verpflichtet.

21.3 Nach der Schulung im BDM arbeiteten viele junge Frauen als „Arbeitsmaiden" z. B. in der Landwirtschaft und seit 1939 auch im „Kriegshilfsdienst".

21.4 Die Verleihung des „Mutterkreuzes" war eine ehrenvolle Auszeichnung für die Geburt „vieler gesunder deutscher Kinder".

Zur Bearbeitung der Plakate und Fotos zieh TRIO-Methode S. 16/17 heran.

1. Beschreibe ein Plakat und ein Foto.
2. Untersuche den Propagandawert dieser Abbildungen.

Bei den Nationalsozialisten sollte die Frau vor allem die Rolle der Mutter übernehmen. Viele Frauen wurden aus dem Berufsleben herausgedrängt. Politische Ämter mussten sie aufgeben. An den Universitäten und Hochschulen wurden sie als Professorinnen nicht mehr zugelassen.

22.1 *Die ideale nationalsozialistische Familie mit vier Jungen*

Zweiundfünfzig Jahre alter, rein arischer Arzt, der auf dem Lande zu siedeln beabsichtigt, wünscht sich männlichen Nachwuchs durch eine standesamtliche Heirat mit einer gesunden Arierin, jungfräulich, jung, bescheiden, sparsame Hausfrau, gewöhnt an schwere Arbeit, breithüftig, flache Absätze, keine Ohrringe, möglichst ohne Eigentum.

(Münchener Neueste Nachrichten v. 2. 6. 1934)

22.2 *Zeitungsanzeige*

1939 änderten die Nationalsozialisten ihre Einstellung. Nun wurden Frauen auf ihre „vaterländische Pflicht" hingewiesen. Den „Kriegshilfsdienst" mussten Frauen z. B. in Krankenhäusern und bei der Wehrmacht ableisten.
Später wurden sie u. a. auch in Rüstungsbetrieben eingesetzt.

22.3 *Frauen im „Kriegshilfsdienst", 1944*

Adolf Hitler 1934 vor Frauen:

Was der Mann einsetzt an Heldenmut setzt die Frau in ewig geduldiger Hingabe, in ewig geduldetem Leid und Ertragen. Jedes Kind, das sie zur Welt bringt, ist eine Schlacht, die sie besteht für das Sein oder Nichtsein ihres Volkes.

(Wolfgang Michalka, Deutsche Geschichte 1933–1945, Fischer Tb-Verlag, Frankfurt/Main 1993, S. 86)

Inge D.

Inge D. lebt in der als rot (= Arbeiterviertel, wo die meisten Menschen KPD wählen) verschrienen Naunystraße im Berliner Osten.

Als sie nach der Schulzeit zum Landdienst (= Pflichtjahr für Frauen auf dem Land) verpflichtet wird, fühlt sie sich krank vor Heimweh nach ihrer Großstadtstraße. Sie bekommt Fieber. Ein wohltätiger Arzt befindet sie für körperlich untauglich. Seitdem hilft sie ihrer Mutter bei der Heimarbeit. Sie stecken Teile aus Pappe zu großen Kartonagen zusammen. Es ist 1938. Sie wissen, dass ihre Arbeit der Rüstungsindustrie dient.

Als Inge und Karlheinz am 1. März 1940 Hochzeit feiern, ist der Krieg gerade sechs Monate alt. Der Krieg in Polen war nur der Anfang. Im Frühjahr 1941 wird Karlheinz eingezogen. Inge wird dienstverpflichtet in der Rüstungsproduktion. Arbeit für den Krieg. Alles muss für den Krieg getan werden, und sie haben zu parieren.

Zum Jahresende 1941 wird ihre Tochter Eva geboren. Mit der Taufe will Inge warten, bis ihr Mann auf Urlaub kommt. – Im Frühjahr 1943 wird Inges Sohn Dieter geboren. Dieses Mal geht fast das Jahr darüber hin, bis Karlheinz eines Tages überraschend vor der Tür steht. Still und niedergeschlagen ist er. Zögernd teilt er ihr später mit, dass er nach Russland verlegt wird.

Wegen der häufigen Fliegerangriffe auf Berlin werden Inge und ihre Kinder nach Ostpreußen evakuiert. Doch Inge ist noch nicht lange dort, als im Hochsommer 1944 das Grollen der nahenden Front zu hören ist. Voll Schrecken flieht sie wieder nach Berlin. Es gibt keinen Ort, der sicher ist. Hier ertönt die Sirene in immer kürzeren Abständen. Mit den beiden Kleinen hetzt sie zum Luftschutzbunker. Der Endkampf um Berlin hat begonnen. Inges Vater wird zum Volkssturm geholt.

Von Karlheinz hat Inge lange nichts mehr gehört. Drei Wochen nach der Kapitulation kommt ein Brief. Das Rote Kreuz teilt ihr mit, dass ihr Mann im Lazarett verstorben ist. Todesursache: eine Schussverletzung am rechten Arm und Wundbrand. Mit 25 Jahren ist Inge Kriegerwitwe.

(Gerda Szepansky, „Blitzmädel", „Heldenmutter", „Kriegerwitwe" – Frauenleben im Zweiten Weltkrieg, Fischer Tb-Verlag, Frankfurt/Main 1995, S. 50 ff., verändert)

Das Leben nach 1945

23.1 An einer öffentlichen Wasserstelle, Berlin 1945

1. Welche Ansprüche hatten die Nationalsozialisten an die Frauen? Stell diese der Wirklichkeit gegenüber.
2. Äußere dich zum Lebenslauf der Inge D.

Widerstand gegen Hitler

Die Weiße Rose

Seit 1933 hatte es **Widerstand** gegen den Nationalsozialismus durch Einzelne oder politisch aktive Gruppen gegeben.

An der Universität München z. B. bildete sich 1942 eine Widerstandsgruppe um die Geschwister Hans und Sophie Scholl. Die Gruppe trug den Decknamen „Die Weiße Rose". Ihre Mitglieder verteilten in München und in anderen Städten Flugblätter gegen die Nationalsozialisten.

24.3 Hans und Sophie Scholl und Christoph Probst

Manifest der Münchner Studenten

Erschüttert steht unser Volk vor dem Untergang der Männer von Stalingrad. 330 000 deutsche Männer hat die geniale Strategie des Weltkriegsgefreiten sinn- und verantwortungslos in Tod und Verderben gehetzt. Führer, wir danken Dir!
Es gärt im deutschen Volk. Wollen wir weiter einem Dilettanten das Schicksal unserer Armeen anvertrauen? Wollen wir den niedrigsten Machtinstinkten einer Parteiclique den Rest der deutschen Jugend opfern? Nimmermehr!
Der Tag der Abrechnung ist gekommen, der Tag der Abrechnung unserer deutschen Jugend mit der verabscheuungswürdigsten Tyrannei, die unser Volk je erduldet hat. Im Namen des ganzen deutschen Volkes fordern wir von dem Staat Adolf Hitlers die persönliche Freiheit, das kostbarste Gut der Deutschen zurück.

24.1 Das fünfte Flugblatt

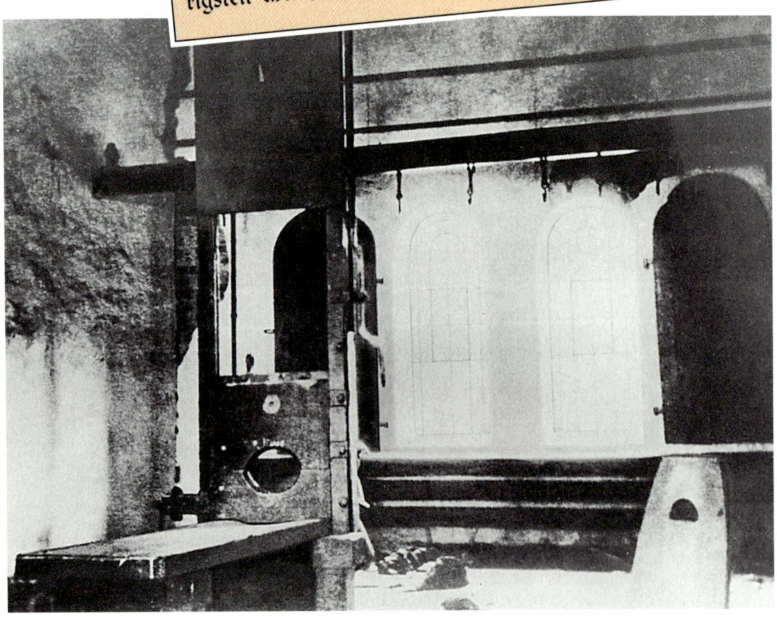

24.2 Hinrichtungsstätte in Berlin-Plötzensee

Beim Verteilen des fünften Flugblattes am 18. Februar 1943 wurden die Geschwister Scholl entdeckt. Der Hausmeister hatte sie gesehen und verraten. Sie wurden von der Gestapo (= Geheime Staatspolizei, die Menschen verhaftete und folterte) verhaftet. Ihre Freunde und Mitwisser wurden kurz danach verhaftet. Sie wurden alle zum Tode verurteilt und in Berlin-Plötzensee hingerichtet.

25.1 Claus Graf von Stauffenberg (ganz links) am 15. Juli 1944 in Hitlers Hauptquartier in Ostpreußen

Auch wenige Offiziere in der deutschen Wehrmacht waren gegen Hitler. Ihre Zahl wuchs nach der Niederlage im Osten. Ihnen ging es vor allem darum, den militärischen Zusammenbruch Deutschlands zu verhindern. Einer von ihnen, Oberst Claus Graf von Stauffenberg, verübte am 20. Juli 1944 in unmittelbarer Nähe Hitlers ein Attentat. Die Zeitzünderbombe explodierte, tötete Hitler aber nicht.
Wenige Stunden nach dem misslungenen Attentat war der „Aufstand der Offiziere“ gescheitert.
Die Gestapo verhaftete alle Verdächtigen und ihre Angehörigen. Offiziere, Beamte, Diplomaten und Politiker wurden vom „Volksgerichtshof“ in einem Schnellverfahren abgeurteilt. Viele wurden in der Haftanstalt Berlin-Plötzensee hingerichtet.

25.2 General von Witzleben vor dem Volksgerichtshof

Der Mitverschwörer General von Witzleben wurde im Volksgerichtshof bewusst gedemütigt: Seinen Gürtel für die Hose hatte man ihm abgenommen.
Freisler, der Präsident des Volksgerichtshofes, sagte:
Sie schmutziger alter Mann. Was haben Sie denn immer an Ihrer Hose herumzufummeln?
Von Witzleben: *Sie können uns dem Henker überantworten. In drei Monaten zieht das empörte und gequälte Volk Sie zur Rechenschaft und schleift Sie bei lebendigem Leibe durch den Kot der Straße.*

1. Was wirft die Widerstandsgruppe „Weiße Rose“ Hitler vor?
2. Nenne für die Haltung des Richters und des Angeklagten von Witzleben vor Gericht zutreffende Eigenschaftswörter.

Verfolgung der Juden

Die Entrechtung

Am 1. April 1933 organisierten die Nationalsozialisten im gesamten Deutschen Reich einen Boykott gegen jüdische Geschäfte (s. Abb. 26.1). Käufer wurden am Betreten der Geschäfte durch die SA gehindert.
Nach zwei Tagen wurde der Boykott abgebrochen. Es sollte nur eine „Generalprobe für eine Reihe von Maßnahmen gegen Juden" sein.

26.1 *Boykott jüdischer Geschäfte, 1933*

1933 ließen die Nationalsozialisten noch Juden auswandern. Dafür mussten sie viel Geld bezahlen. Viele Deutsche erwarben damals jüdisches Eigentum, z. B. Möbel und Häuser zum „günstigen" Preis oder raubten jüdischen Besitz.
Nach 1938 blieb den Juden nur noch die Flucht, denn die Bedrohung für Leib und Leben wurde immer größer.
1941 wurde den Juden im wehrfähigen Alter (18–45 Jahre) die Auswanderung nicht mehr gestattet, kurz danach allen Juden.

Immer wieder halfen Menschen in Deutschland und in anderen Ländern vielen Juden. Sie versteckten sie oder verhalfen ihnen zur Flucht.
Viele Menschen verhinderten die Gefangennahme von Juden und nahmen jüdische Kinder in ihre Familie auf.

Jüdische Auswanderer aus Deutschland	
1933 ca. 38 000	1938 ca. 40 000
1934 ca. 23 000	1939 ca. 80 000
1935 ca. 21 000	1940 ca. 15 000
1936 ca. 25 000	1941 ca. 8 000
1937 ca. 23 000	

(Wolfgang Benz, Die Juden in Deutschland, C. H. Beck Verlag, München 1996, S. 718)

26.2 *Ab 1. 1. 1939 mussten Juden ihrem Vornamen den Zwangsnamen „Israel" oder „Sara" hinzufügen. Etwas später erhielten die neuen Reisepässe das Kennzeichen „J".*

Die Entrechtung der Juden im Alltag

22.8.33	Juden wird verboten, Badestrände und öffentliche Bäder zu besuchen.
6.9.34	Jüdische Zeitungen dürfen nicht mehr auf der Straße verkauft werden.
1.1.36	Rassentrennung in den Volksschulen.
21.12.36	Juden wird verboten, Versammlungen und Veranstaltungen abzuhalten.
19.11.38	Juden wird das Halten von Brieftauben verboten.
3.12.38	Juden werden der Führerschein und die Zulassungspapiere abgenommen.
1.9.39	Juden dürfen abends im Winter ab 8 Uhr, im Sommer ab 9 Uhr nicht mehr das Haus verlassen.
12.9.39	Juden bekommen besondere Lebensmittelgeschäfte zugewiesen.
20.9.39	Juden müssen Radios abliefern.
4.7.40	Juden in Berlin dürfen nur zwischen 4 und 5 Uhr nachmittags Lebensmittel einkaufen.
19.7.40	Juden wird das Telefon genommen.
26.6.41	Juden bekommen keine Zusatzscheine für Seife und Rasierseife mehr.
2.8.41	Juden dürfen die Leihbüchereien nicht mehr benutzen.
24.9.41	Juden dürfen nicht mehr mit Schecks bezahlen.
13.11.41	Juden müssen Schreibmaschinen, Fahrräder, Fotoapparate und Ferngläser abliefern.
15.2.42	Juden wird verboten, Haustiere zu halten.
17.2.42	Jüdische Zeitungen werden verboten.
13.3.42	Die Wohnungen der Juden werden gekennzeichnet.
24.4.42	Juden wird verboten, öffentliche Verkehrsmittel zu benutzen.
9.6.42	Juden müssen alle entbehrlichen Kleidungsstücke abliefern.
20.6.42	Alle jüdischen Schulen werden geschlossen.
18.9.42	Die Versorgung der Juden mit zugeteilten Lebensmitteln wird eingestellt.

Am 9./10. November 1938 verwüsteten Gruppen von Nationalsozialisten planmäßig jüdische Gotteshäuser (= Synagogen). Mehr als 190 Synagogen wurden in Brand gesteckt, 7500 Geschäfte zerstört, Wohnungen und Friedhöfe verwüstet. Polizei und Feuerwehr durften nicht eingreifen.
90 Juden wurden ermordet, Tausende misshandelt. Etwa 30 000 Juden wurden verhaftet und in Konzentrationslager gebracht.
Die Juden mussten als „Sühneleistung" 1 Milliarde Reichsmark zahlen.

Polizeiverordnung der Nationalsozialisten vom 1.9.1941:

„Juden ..., die das sechste Lebensjahr vollendet haben, ist es verboten, sich in der Öffentlichkeit ohne einen Judenstern zu zeigen ..."

27.1 Judenstern

27.2 Zerstörte Synagoge in Nürnberg, 1938

1. Die Aktionen der Nationalsozialisten am 9./10. 1938 wurden im Volksmund „Reichskristallnacht" genannt. Erkläre diesen Begriff.
2. Was bedeuten die Verbote für die Menschen? Schreibe deine Gedanken zu zwei Beispielen heraus.

Verfolgung der Juden

Das Schicksal des Sigmund Weiss

__1925.__ Mein Name ist Sigmund Weiss. Ich wurde am 12. August 1925 in Barsinghausen geboren. Ich war das zweite Kind von Adolf und Lina Weiss. Ich hatte eine Schwester, die sechs Jahre älter war als ich. Ihr Name war Rosa. Meine Mutter wurde, wie ihre Eltern, in Barsinghausen geboren. Sie war eine geborene Baier und gehörte dem evangelisch-lutherischen Glauben an. Mein Vater stammte aus einer polnisch-jüdischen Familie.

__1932.__ Das sich abzeichnende politische Drama war mir nicht bewusst. Ich hörte nur, die Zeiten seien jetzt nicht gut, aber es wäre schon schlimmer gewesen. Wenn nur nicht dieser Hitler an die Macht käme, das wäre schlecht für alle; der wolle noch einmal Krieg.

__1933.__ Wir müssen hier raus! Es gibt Gesetze gegen uns! Warum? Wir sind Juden! Na und?
Hitler und die Nazis sagen, wir seien schuld am Elend, am Versailler Vertrag, an allem! Die Leute schreien und schreien: „Juden! Juden!" Wir müssen hier raus!

__28.1__ Sigmund Weiss mit seinem Vater Adolf Weiss und seiner Schwester Rosa im Getto Skierniewice in Polen, 1940

__1935.__ Wir haben eine Idee.
Wir nehmen die polnische Staatsangehörigkeit an, mein Vater ist doch in Polen geboren. Nun sind wir als Ausländer geschützt! Man darf unser kleines Geschäftsfenster nicht mehr mit Karikaturen beschmieren.
Für mich ist es schlimm! Meine „Schulkollegen" werden Tyrannen, kleine Hitlers. Sie fangen an, mich zu schlagen, ich schlage zurück. Bald hetzt sie jedoch auch der Lehrer auf. Mein Vater sieht nun ein, dass ich in die Jüdische Schule in Hannover gehen muss, es wird sonst lebensgefährlich für mich.

__1938.__ Eines Nachts kommt der Gemeindebedienstete mit drei Polizisten und verhaftet uns zwecks Abschiebung nach Polen. Wir müssen zur Bahn und werden im „Rusthaus" in Hannover, Burgstraße 28/29, abgeliefert. Hunderte von Leuten jüdischen Glaubens sind schon dort, bewacht von Polizei und Gestapo. Nur meine Mutter bleibt verzweifelt, traurig und deprimiert zurück.

__1939.__ Am 1. September wurde Polen von Deutschland überfallen. Nachts fielen Bomben. Die Stadt Skierniewice, in der wir wohnten, wurde auch am nächsten Tag von deutschen Flugzeugen angegriffen. Es gab keine Abwehr. Wir begaben uns auf die Flucht nach Warschau. Flüchtlinge riefen uns: „Geht zurück, es ist alles verloren!" Wir gingen nach Skierniewice zurück. Die Stadt war wie ausgestorben. Die polnischen Truppen waren weg und die deutschen rückten erst am Nachmittag vorsichtig ein. Als Erstes wurde angeordnet, alle jüdischen Geschäfte zu plündern. Dann mussten alle Juden in ein kleines Wohngebiet, das Getto.

__28.2__ Am Grenzbezirk zum Getto Lodz

1940/41. *Im Getto herrschte Selbstverwaltung. Ein* ***„Judenrat"*** *führte die Verwaltung. Sogar eine jüdische Polizei wurde aufgestellt. Wir mussten alle eine weiße Armbinde mit blauem Davidsstern tragen.*

1942. *In diesem Jahr wurden die meisten Juden in Polen von den Nazis ermordet, am Ende des Jahres auch mein Vater. Meine Schwester ist wahrscheinlich in ein KZ gekommen.*
Den Dokumenten nach sind zwei Frauen mit dem Namen Rosa Weiss kurz nach der Befreiung durch die Engländer in Bergen-Belsen verstorben.
In dieser von Angst erfüllten Lage half mir ein Zufall, dem Schicksal zu entgehen. Meine Mutter arbeitete in Barsinghausen in einem kleinen Nähbetrieb. Der Eigentümer benötigte Nähmaschinen. Meine Mutter erzählte ihm, dass sie noch eine Nähmaschine ihres Vaters hätte. Wenn der Eigentümer mich aus Polen anfordern würde, würde sie ihm die Maschine leihen.
Aufgrund dieser Anforderung wurde ich zurück nach Deutschland zur Arbeit geschickt.
In Barsinghausen wurde ich nach kurzer Zeit von der Gestapo vorgeladen. Ich musste nun jeden Tag damit rechnen, dass ich von der Gestapo verhaftet und abtransportiert würde.

29.1 Sigmund Weiss mit seinem Sohn vor dem ehemaligen Elternhaus in Barsinghausen, 1988

1944. *Nochmals wurde ich von der Gestapo in Hannover vorgeladen. Es saß dort ein Beamter und erklärte, ich sei Jude, er müsse mich in ein Konzentrationslager schicken, wenigstens müsse ich jetzt einen Stern tragen.*

1945. *Im Februar bekam ich von der Gestapo die Aufforderung zum Arbeitseinsatz im Osten. Ich beschloss zu flüchten ..."*

(aus: Friedel Homeyer/Klaus Vespermann/S. Weiss, Das Schicksal einer Familie, Dt.-Israelische Gesells., Hannover 1988, S. 15 ff.)

Mit seiner Flucht mit einem Fahrrad über Westdeutschland nach Holland entging Sigmund Weiss dem Transport nach Theresienstadt.
Er lebt heute in Baltimore/USA.

1. Berichte, welchen Anfeindungen durch Deutsche sich Sigmund Weiss ausgesetzt sah.
2. Schreibe auf, welche Bedeutung „Judenrat" und jüdische Polizei im Getto für die deutschen Aufseher hatten?

Die Ermordung der Juden

Im Getto

30.1 Massenverhaftung von Juden in Baden-Baden nach dem November-Pogrom 1938

Seit 1933 wurden Juden von den Nationalsozialisten in Konzentrationslager verschleppt und dort grausam gefoltert und getötet.

1939 besetzten deutsche Soldaten Polen. Die dort lebenden Juden wurden zusammengetrieben und in abgeriegelte Gebiete der Städte (= **Gettos**) gebracht.

30.2 Schmuggelnde jüdische Kinder im Getto werden gefasst

Im Warschauer Getto lebten in einem Haus etwa 400, in einem Zimmer etwa 15 Menschen. Es gab für eine Person wöchentlich ein Kilogramm Brot, versetzt mit Kartoffelschalen und Sägemehl. Die Wassersuppe bestand aus gekochtem Heu. 1941 starben fast 30 000 Juden allein an Hunger.

Der Judenrat musste jeden Tag 6000 arbeitsunfähige Juden melden. Sie wurden von den Nationalsozialisten getötet.

Am 20. Januar 1942 beschlossen die Nationalsozialisten auf einer Konferenz am Berliner Wannsee die „Endlösung der Judenfrage". Aus allen von Deutschland besetzten Gebieten Europas wurden die Juden zusammengetrieben und in Konzentrations- und Vernichtungslager verschleppt. In den nahe gelegenen Fabriken setzten die Nationalsozialisten sie als Arbeitssklaven ein und vernichteten sie durch Arbeit.
Andere, die krank oder für Arbeiten zu schwach waren, ermordeten sie fabrikmäßig. Der Grund: Juden galten nach der nationalsozialistischen Rassenlehre als „rassisch-blutmäßig minderwertig". Diese Ermordung von über 6 Millionen Juden heißt **Holocaust**.

31.1 Massengrab von ermordeten Häftlingen im KZ Bergen-Belsen, 1945

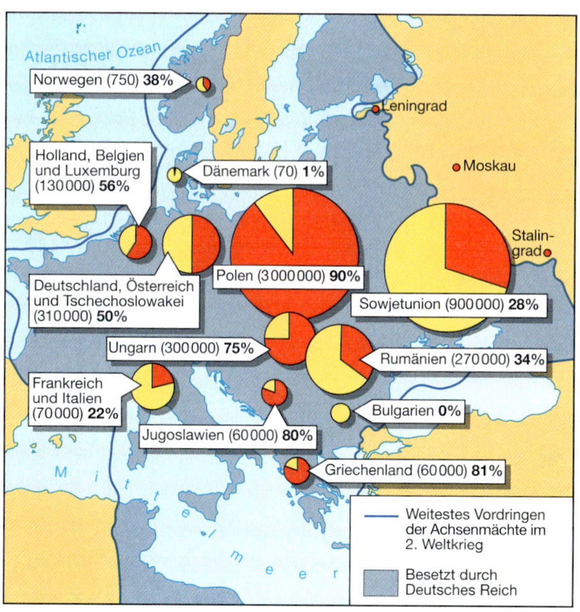

31.2 Die Vernichtung der Juden Europas (Prozentangaben = Anteile der gesamten jüdischen Bevölkerung)

1. Schreibe auf, was die Nationalsozialisten unter „Endlösung der Judenfrage" verstanden.
2. In welchen europäischen Ländern waren die Juden von der Vernichtung durch die Nationalsozialisten besonders betroffen (vgl. Abb. 31.2)?

Die Ermordung der Juden

Im Vernichtungslager Auschwitz

Im besetzten Polen gab es sechs Vernichtungslager: Auschwitz, Treblinka, Belzec, Sobibor, Kulmhof und Majdanek. Auschwitz (heute: Oswiecim) im Süden Polens war die größte Todesfabrik. Hier wurden nach Aussage des ehemaligen Kommandanten des Lagers Rudolf Höß mindestens 2 500 000 Häftlinge durch das Gas Zyklon B getötet und verbrannt. Die meisten Opfer waren jüdische Frauen, Männer und Kinder, aber auch russische Kriegsgefangene, Polen, Sinti und Roma (früher als Zigeuner bezeichnet).

SS = Schutzstaffel, 1925 zum persönlichen Schutz Hitlers gebildet, später die am meisten gefürchtete Terrororganisation, deren Mitglieder millionenfachen Mord begangen.

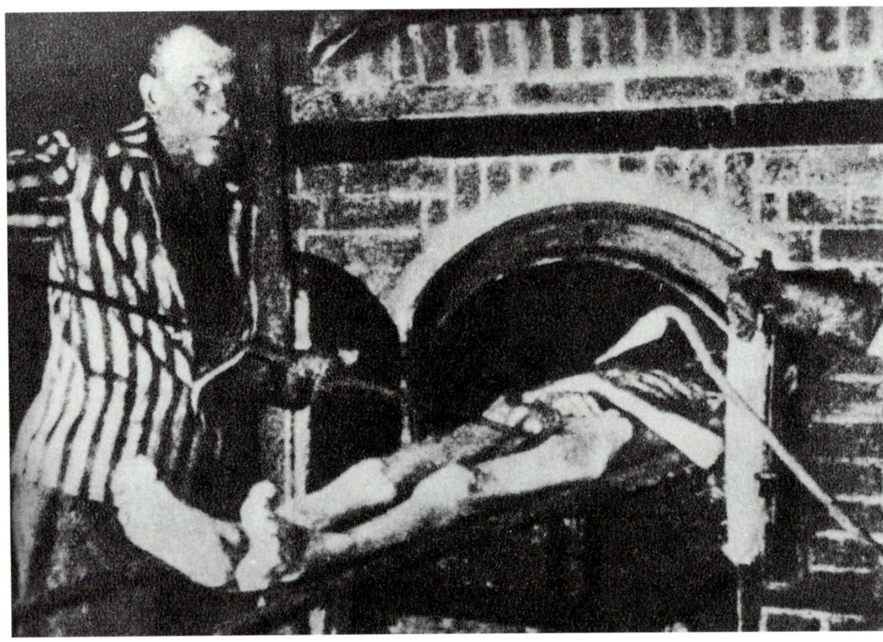

32.2 *Im Krematorium wurden die Leichen fabrikmäßig verbrannt*

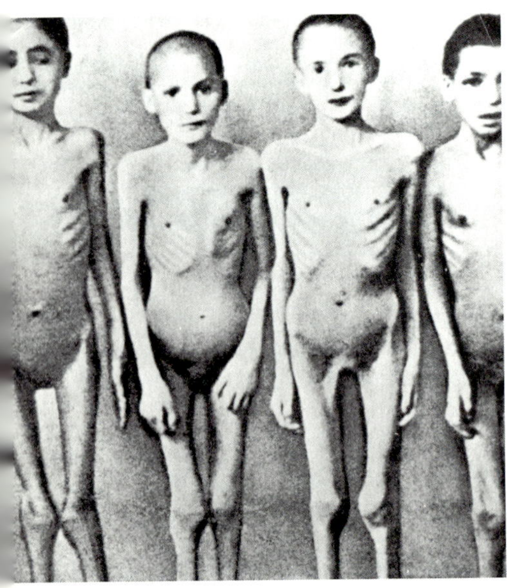

32.1 *Kinder wurden Opfer medizinischer Versuche*

„... und als der Letzte in der Gaskammer war, wurde die Tür zugemacht, und sofort haben zwei SS-Männer durch eine Öffnung von oben das Zyklon B reingeworfen. Bedarf für eine Mordaktion: fünf Kilogramm – für 1500 Menschen. *Nach einer Weile vernahm ich von innen durchdringende Schreie, Poltern gegen die Tür, Gejammer und Gestöhne.*
Das Gas war in die Lungen der Menschen gedrungen und rief dort die Lähmung des Atemzentrums hervor."

Nach 15 bis 20 Minuten war die Mordaktion vorbei. Mit bloßen Händen zogen die Mitglieder des Sonderkommandos die Toten aus der Gaskammer und brachten sie zur Verbrennungsstätte.

Bevor die ins Feuer geworfen wurden, traten Spezial-„Arbeitsgruppen" in Aktion. Den Toten wurde das Zahngold ausgebrochen und den Frauen das Haar abgeschnitten. Die Goldzähne wurden eingeschmolzen und als Goldbarren an die Reichsbank übersandt ...

(Guido Knopp, Holocaust, C. Bertelsmann Verlag, München 2000, S. 15)

Seit Mitte 1944 befanden sich die deutschen Soldaten auf dem Rückzug vor den russischen Truppen. Die SS-Männer begannen nun mit der Zerstörung der Konzentrations- und Vernichtungslager in den bisher besetzten Gebieten. Sie wollten die Spuren ihres millionenfachen Völkermordes beseitigen: Gebäude wurden gesprengt, schriftliche Unterlagen vernichtet, Zeugen getötet und verbrannt.
Hunderttausende Häftlinge mussten gen Westen marschieren. Jeder Häftling, der entkräftet oder krank am Wegesrand liegen blieb, wurde von den SS-Männern erschossen. Deshalb hießen diese Märsche „Todesmärsche“. Eines der Lager, die die Überlebenden aufnahmen, war das KZ Bergen-Belsen bei Celle.

33.1 Überlebende des KZ Buchenwald, 1945, (x) = Elie Wiesel

Elie Wiesel wurde als Sechzehnjähriger 1944 von den Deutschen mit seiner Familie in das Vernichtungslager Auschwitz verschleppt. Hier wurden seine Mutter und seine Schwester umgebracht.
Im Januar 1945 wurde er in das KZ Buchenwald eingeliefert.

Elie Wiesel lebt heute als Schriftsteller in den USA.

33.2 Elie Wiesel

Am 11. April 1945 befreiten amerikanische Soldaten die Häftlinge im KZ Buchenwald.
In den Baracken fanden sie Menschen, die sie für alte Männer hielten.
Sie konnten es nicht fassen, als ihnen der Häftling Elie Wiesel (x) sagte, dass es sich um Jugendliche zwischen 15 und 20 Jahren handelte.

Nimm Stellung zu dieser Aussage:
„Wir Deutsche bleiben verantwortlich für die Erinnerung an den Holocaust. Unsere Pflicht ist es nicht, dieses grauenvolle Geschehen zu überwinden, sondern mit ihm zu leben und aus ihm zu lernen.“

Der Zweite Weltkrieg

Aufrüstung und Machterweiterung

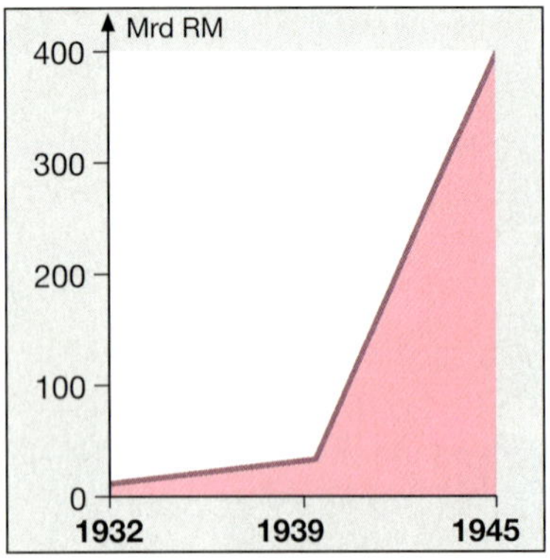

34.1 Staatsverschuldung

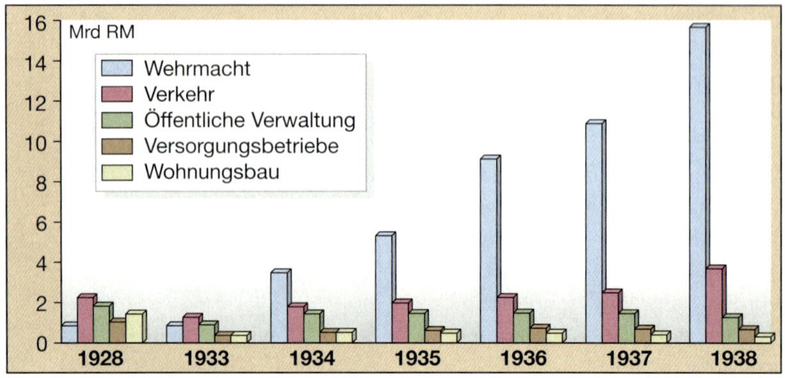

34.2 Öffentliche Investitionen (in Mrd RM)

Unter Hitler verließ Deutschland alle friedensstiftenden Konferenzen und betrieb erst heimlich und dann offen die Wiederaufrüstung. Alle anderen Aufgaben des Staates wurden zugunsten des Aufbaus der Wehrmacht vernachlässigt.

Fast zeitgleich erweiterte Hitler seinen Machtbereich. So besetzte die deutsche Wehrmacht 1936 vertragswidrig die entmilitarisierte Zone des Rheinlandes. Die europäischen Mächte sahen zu.

So führte er Österreich unter militärischem Druck 1938 „heim ins Reich".

Im März 1939 marschierten deutsche Soldaten in die Tschechoslowakei ein.

Die Tschechei wurde zum „Reichsprotektorat Böhmen und Mähren".

Die Slowakei musste einen Schutzvertrag mit Deutschland abschließen.

Noch vor dem Überfall auf Polen am 1. September 1939 schloss Hitler ein Militärbündnis mit Italien und einen Nichtangriffspakt mit seinem Hauptfeind, der Sowjetunion.

Bis etwa Mitte 1941 besetzten deutsche Truppen in „Blitzkriegen" viele Länder in West-, Nord- und Südosteuropa. Nur Großbritannien leistete erfolgreich Widerstand.

1933 sagte Hitler zu den militärischen Befehlshabern:

Der Aufbau der Wehrmacht ist die wichtigste Voraussetzung für die Wiedererringung der politischen Macht ... vielleicht zur Erkämpfung neuer Exportmöglichkeiten, vielleicht – und wohl besser – zur Eroberung neuen Lebensraumes im Osten und dessen rücksichtlose Germanisierung ... Die Wehrmacht ist die wichtigste Einrichtung des Staates.

(Wolfgang Michalke, Deutsche Geschichte, ebd., S. 17 f.)

1936 forderte Hitler in seinem Vierjahresplan:

Die deutsche Armee muss in vier Jahren einsatzfähig sein. Die deutsche Wirtschaft muss in vier Jahren kriegsfähig sein.

(Wolfgang Michalka, Deutsche Geschichte, ebd., S. 112)

34.3 Einmarsch der deutschen Truppen in Prag, 1939

Ende 1941 weitete sich der Krieg in Europa zum Weltkrieg aus. Japan, mit Deutschland verbündet, griff ohne Kriegserklärung die USA an. Japanische Flugzeuge überfielen am 7. Dezember 1941 amerikanische Schiffe in Pearl Harbor auf Hawaii im Pazifischen Ozean.
Hitler erklärte nun auch den USA den Krieg.
Am 22. Juni 1941 überfiel Hitler ohne Kriegserklärung die Sowjetunion und drang bis in die Nähe der Städte Leningrad (heute wieder St. Petersburg), Moskau und Stalingrad (Wolgograd) vor.
Seine Ziele waren, Gebiete in Russland zu erobern und wirtschaftlich auszubeuten. Doch die deutschen Soldaten trafen auf einen Gegner, der sich mit allen Kräften wehrte und nicht besiegt werden konnte. Im Zuge der Eroberung wurden kommunistische Funktionäre, Juden und Sinti und Roma ermordet.

35.1 Europa, Kriegsbeginn 1939

Seit 1942 besaßen die Engländer und Amerikaner die Überlegenheit in der Luft. Es begannen die Bombenangriffe auf Großstädte. Anfangs wurden hauptsächlich Städte mit kriegswichtiger Produktion bombardiert, wenig später auch andere Städte. Ziel war es, die Bevölkerung zu zermürben. Schwerste Angriffe erlitten die Städte Hamburg 1943, wo 10 000 Menschen starben, und Dresden 1945, wo mindestens 35 000 starben.
Im Kriegsalltag ging es um die Beschaffung der dringendsten Lebensmittel, Kleidung und Heizmaterial. Es musste immer mehr gespart werden. Alle Rohstoffe wurden für die Kriegswirtschaft gebraucht.

1. Erläutere die grafischen Darstellungen Abb. 34.1 und 34.2.
2. Wie reagiert die Bevölkerung in Abb. 34.3 auf den Einmarsch deutscher Truppen?
3. Beschreibe den Beginn des Zweiten Weltkrieges und seinen Verlauf bis 1941.

Der Rückzug der deutschen Soldaten im Osten begann mit der verlorenen Schlacht um Stalingrad Anfang 1943. Von den um Stalingrad eingesetzten 280 000 Soldaten waren fast zwei Drittel gefallen, erfroren, verhungert oder an Erschöpfung gestorben. Über 100 000 gerieten in sowjetische Gefangenschaft.
Bis 1956 kamen nur etwa 6000 zurück. Die Verluste der sowjetischen Roten Armee lagen um ein Vielfaches höher.

Die Wende des Krieges im Westen Europas begann mit der Invasion der **Alliierten** im Juni 1944 unter der Führung der USA.
Am 7./8. Mai 1945 kapitulierte Deutschland bedingungslos. Hitler hatte kurz zuvor Selbstmord begangen.

Im August 1945 warfen die USA zwei Atombomben auf die japanischen Städte Hiroshima und Nagasaki ab. Die ungeheure Sprengkraft zerstörte beide Städte und tötete mehr als 100 000 Menschen. Viele starben Jahre später an den Folgen der radioaktiven Strahlung. Das Ziel aber war erreicht: Japan kapitulierte, der Zweite Weltkrieg war beendet.

36.1 *Nach einem Luftangriff auf Mannheim, 1945*

Aus der Bilanz des Krieges

Tote insgesamt:		55 Mio
In Deutschland:	über	5,3 Mio
davon Zivilisten:	etwa	0,5 Mio
In der Sowjetunion:	über	20 Mio
davon Zivilisten:	fast	7 Mio
Verwundete insgesamt:		3,5 Mio
Vermisste insgesamt:		3 Mio

1. Beschreibe mit eigenen Worten den Verlauf des Krieges bis 1945.
2. Beurteile abschließend noch einmal die Propaganda aus dem „Volksempfänger" S. 15.

Zusammenfassung

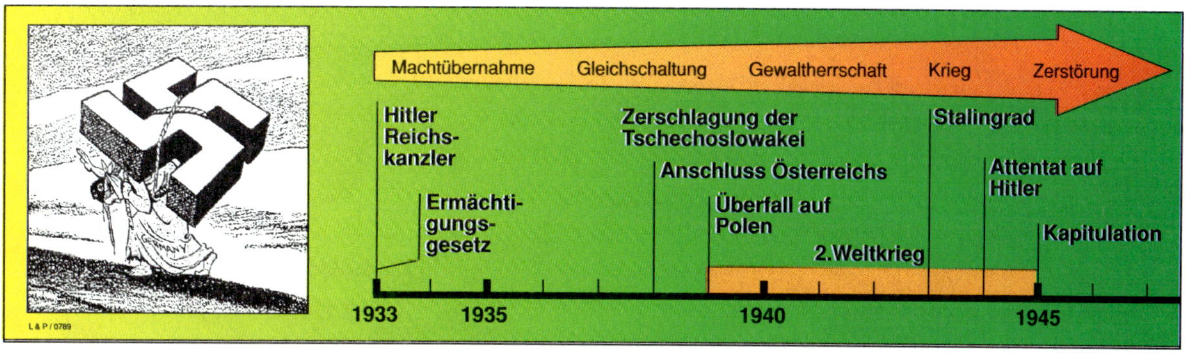

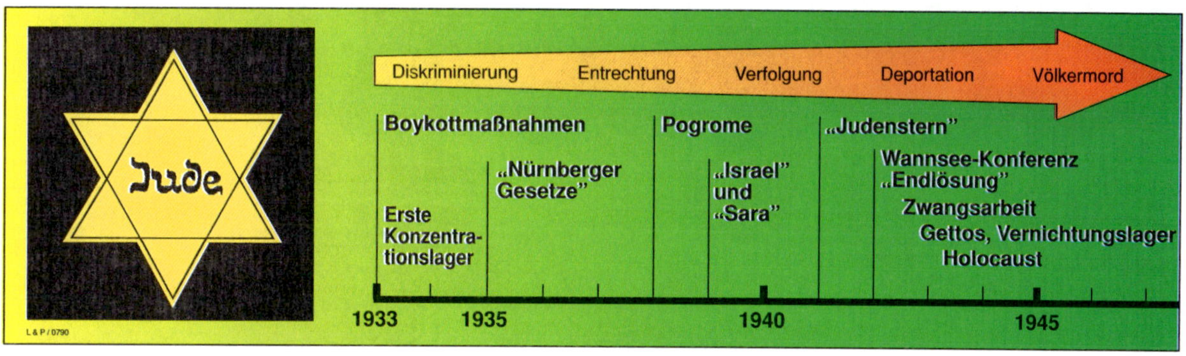

Deutschland verlor den Ersten Weltkrieg. 1919 entstand die Weimarer Republik. Von Anfang an war sie durch harte Bedingungen des Versailler Friedensvertrages belastet. Hinzu kamen radikale Gegner, wirtschaftliche Schwierigkeiten und innenpolitische Schwächen.

1933 wurde Hitler Reichskanzler. Das Parlament entmachtete sich selbst. Hitler wurde Alleinherrscher. Die Nationalsozialisten betrieben rücksichtslos die „**Gleichschaltung**".

Der von Hitler geplante Krieg um „**Lebensraum**", insbesondere im Osten, wurde durch Propaganda und geheime Aufrüstung, durch Vertragsbrüche und brutale Machterweiterung vorbereitet.

Der Zweite Weltkrieg begann am 1.9.1939 mit dem Überfall auf Polen. Ende 1940 hatten deutsche Truppen fast ganz Europa besetzt. Die verlorene Schlacht um Stalingrad 1943 markierte eine entscheidende Wende im Osten.

Im Westen begann am 6.6.1944 die Invasion der Alliierten in der Normandie. Der Widerstand gegen Hitler am 20.7.1944 blieb erfolglos. Deutschland kapitulierte bedingungslos am 8.5.1945.

Unmittelbar nach der Machtübernahme 1933 begannen die Nationalsozialisten mit der Verfolgung der Juden als einer „minderwertigen Rasse".
Sie riefen bereits 1933 zum Boykott jüdischer Geschäfte auf.

Am 9./10.11.1938 inszenierten die Nationalsozialisten gewalttätige Ausschreitungen gegen Juden. Sie zerstörten ihre Synagogen, Geschäfte und Friedhöfe. Juden mussten die Zwangsvornamen „Israel" und „Sara" tragen. Seit 1941 wurden sie gezwungen, den „Judenstern" an ihrer Kleidung zu tragen. Die Nationalsozialisten machten den Juden das alltägliche Leben mit immer neuen Einschränkungen zur Qual.

1942 beschlossen die Nationalsozialisten die „**Endlösung der Judenfrage**". Aus allen besetzten Ländern Europas wurden die Juden zunächst in Gettos und dann in Vernichtungslager verschleppt.

Dem **Holocaust**, der fabrikmäßigen Ermordung der Juden, fielen über 6 Millionen Menschen zum Opfer.

Der Völkermord wurde auch an etwa 500000 Sinti und Roma und anderen angeblich „rassisch minderwertigen" Menschen verübt.

Extremismus – auf der Suche nach Identität

Otto – die Entwicklung eines Jugendlichen

Auf den folgenden Seiten lernst du Stationen aus Ottos Leben näher kennen.

So wie Otto haben sich viele Jugendliche entwickelt.

Kinder- und Jugendzeit
Der 16-jährige Otto wohnt mit seiner Mutter, deren Freund, einer älteren Schwester und zwei jüngeren Brüdern in einer 4-Zimmer-Wohnung in einem Neubaugebiet Bielefelds. Sein Zimmer muss er sich mit einem seiner Brüder teilen. Otto hat die Hauptschule besucht und sie nach zehn Jahren mit einem Abschlusszeugnis verlassen. Einen Ausbildungsplatz als Dreher erhält er schließlich durch glückliche Umstände. Bei ihm besteht aber auch nach dem ersten Ausbildungsjahr kein allzu großes Interesse an seiner Ausbildung.

In dieser Zeit verfügt Otto monatlich über 600 € an selbst erarbeitetem Geld. Seine Freizeit verbringt er in der Regel in Kneipen, auf der Straße, auf dem Sportplatz und zu Hause. Außerdem ist er Mitglied des als rabiat geltenden Fanklubs „Blue Army“ von Arminia Bielefeld.

Ottos Einstellung zu Politik und Gewalt
Das zentrale politische Problem ist in Ottos Augen die Ausländerfrage. Ausländischen Mitbürgern steht er betont kritisch und ablehnend gegenüber. Als Kind hatte er erfahren müssen, wie ausländische Kinder ihn und seine Spielgefährten ärgerten. Gefördert wird seine ablehnende Haltung auch durch das ausländerfeindliche Klima in seinem Fanklub. Außerdem geht Otto davon aus, dass die meisten Menschen genauso denken wie er.

Diese ablehnende Haltung hat sich durch Beobachtungen während seiner Ausbildung verstärkt:

„... ich kenne einen Türken, der hat Ausbildungsbeihilfe beantragt, und da arbeiten, der Vater arbeitet, die Mutter nun nicht, ne, aber er arbeitet, der Bruder arbeitet oder was. Und er hat sofort gekriegt, er kriegt fast 500 € zusätzlich Ausbildungsbeihilfe. Ich habe auch Ausbildungsbeihilfe beantragt, aufgrund, dass meine Eltern geschieden sind, wir ziemlich viel Kinder sind und so. Ich hab eigentlich viel Abzüge, ne, und dann auch noch so Abgaben hier zu Hause. Haben sie abgelehnt. Ich würde zu viel verdienen. Der macht denselben Berufszweig wie ich. Metall, kriegt genauso viel. Er hat's sofort gekriegt, weil er Ausländer ist. Die werden ... kriegen zu viel Vergünstigungen..“

Otto ist der Überzeugung, dass es den Ausländern gut geht, während die deutsche Bevölkerung vom Staat vernachlässigt wird. Seine Vorurteile gegenüber den Ausländern findet Otto überall bestätigt.

„Dann tun sie, als wären sie zu Hause. Gehn durch die Straßen wie die Kings, verstehst du? Als wär das ihr Land. Als hätten sie uns vorzuschreiben, was wir machen sollen. Das versteh ich eben nicht. Das find ich so richtig schlimm irgendwie."

Mitglied im Fanklub „Blue Army" zu sein ist ihm jetzt am wichtigsten. Gewalt ist in solchem Umfeld das normale Lösungsmittel von Konflikten:

„Na, sicherlich ist es auch immer so, wenn jetzt welche von uns durch die Straße ziehen, besoffen oder was, und hauen da welche um ... das gibt's ja auch überall, ne. Das könnte ja auch 'ne ganz normale Clique sein. Die kommen betrunken aus der Kneipe und patsch, patsch, patsch, hauen sie irgendwelche um, ne. Na ja, dass, wenn einer von uns, was weiß ich, der fährt in der Straßenbahn, da kommen drei, vier Teds rein, na ja, kommt er nur noch, ah, zusammengeschlagen aus der Bahn raus oder was, ne. Das akzeptiert dann eben keiner. Das ist doch egal. So kennt die Leute dann keiner. Das heißt bloß immer, Randalierer, Nazis oder so ..."

Nachdrücklich weist Otto auch den Vorwurf, ein Nazi zu sein, zurück. Die Verwendung von provozierenden Rufen, z. B. Jude, bedeutet für ihn noch kein Bekenntnis zum Nationalsozialismus.

In der politischen Auseinandersetzung hält Otto die Anwendung von Gewalt für selbstverständlich.

„Manche sagen ja auch, zum Politikmachen gehört Gewalt einfach dazu. Politik ist so nichts für Memmen, Schwächlinge. Da fliegen schon ab und zu mal die Fetzen." (Pause)

„Na ja. Irgendwie würd ich sagen, es geht doch gar nicht ohne. Nehmen wir mal an, du machst jetzt, was weiß ich, 'ne Partei auf ... Machst 'ne Wahlparty oder was und alle echt friedliche Leute, ne, ganz normale Bürger und so. Und wenn dann irgendwie andere kommen, machen Randale oder was, von 'ner anderen Partei, dann lässt dir das ja nicht gefallen ... Die bleiben doch nicht stehen und holen Polizei. Erst mal gehen sie doch selber drauf. Versuchen, sich zu wehren. Das ist ja auch eigentlich richtig so, ne. Aber das ist dann auch wieder Gewalt ..."

1. Welche Vorurteile hat Otto?
2. Wie steht Otto zur Gewalt? Nimm Stellung dazu.

Arbeit und Freizeit

Otto ist jetzt im dritten Ausbildungsjahr seiner Dreherlehre. Das Interesse an seiner Arbeit ist gestiegen.

„Ja also ... die Einstellung zur Arbeit selbst. Die ist besser geworden als die, die ich vorher hatte. Ja, auf die Dauer macht es mir auch ein bisschen mehr Spaß. Man weiß jetzt, wo's langgeht, so ungefähr. Ja, das geht halt viel besser."

Arbeit ist für ihn ein „Muss". Er will um keinen Preis zur Minderheit der Arbeitslosen gehören.

„Oder wenn du siehst, was das für arme Schweine sind, die arbeitslos und so, ne, die echt, die werden total bescheuert dabei, ne. So willst du ja nicht enden, ne."

Gleichzeitig träumt Otto davon, in die USA auszuwandern oder Profiboxer zu werden oder aber Söldner auf einer Opiumfarm („solche Sachen eben"). Er begeistert sich für Filmhelden wie „Rocky" oder „Rambo" und deren Waffen.

„Ja, einfach super, das sind eben super Filme gewesen. Rambo, das war vielleicht ein bisschen zu doll Utopie gewesen, sodass da einer ganz alleine in den Dschungel da rein und dann da das totale Überleben, ne, alle aufschlitzen und so. Ist irgendwie nicht ganz realistisch, ne, aber irgendwie der total geile Film, den könnte ich mir noch ein paar Mal angucken, ne (...) man sieht eben, das ist ein Typ, das ist ein Kerl, pohh, der kann was, mein lieber Mann, und dann der Körperbau und so, ne."

Finanziell steht Otto besser da. Im dritten Ausbildungsjahr verdient er jetzt über 700 Euro monatlich. Seine Freizeit verläuft ziemlich eintönig.

„Ja, wir saufen eben in der Woche, ne. Also, was heißt saufen, ich meine, wir trinken uns öfter mal einen in der Woche."

Er hört viel Radio und Kassetten, liest Zeitung und guckt fern und Videos. Gelegentlich geht er ins Einkaufszentrum und in Parks. Sein normaler Lebensrhythmus wird unterbrochen durch Besuche von den Fußballspielen von Arminia Bielefeld. Hier steht er dann im Fan-Block. Daneben macht er noch „ganz verrückte Sachen": irrsinnig laut Musik hören, schwarzfahren, die Nacht durchmachen, wie verrückt durch die Gegend kurven, Leute provozieren und ihnen Angst machen, Mädchen anmachen, blaumachen oder „eine andere Gruppe von Jugendlichen aufmischen".

Ottos Verhalten gegenüber Ausländern ist von Angst, tiefer Ablehnung und Feindseligkeit geprägt. Eine gesellschaftliche oder rechtliche Gleichstellung von Deutschen und Ausländern lehnt er strikt ab.

„Ich meine das so ganz allgemein. Wenn du mal in der Straßenbahn sitzt und dann kommt da so 'ne ganze Horde rein, dann setzen sich links welche neben dir, hinter dir und an der Seite auch noch welche, das kann ich nicht haben. Dann stehe ich auf und gehe weg. (...) Gucken dann blöde und freuen sich, dass ein Platz frei ist, dann kann sich der Nächste hinsetzen, ja, also ich finde das irgendwie schrecklich."

„Einen Abend auch, da bin ich, da sitz' ich ganz gemütlich mit 'nem Kumpel, an der Straßenbahn kommen mir dann so vier Typen entgegen und machen da schon ihre Karatesprünge hundert Meter vor mir. Ich denk' ja, ja, jetzt gehst'e doch nicht rüber zur Straßenbahn. Jetzt gehst'e erst mal ganz normal weiter, und da standen se gleich vor mir. Poch, poch, ne. Und so bist'e einfach ein bisschen freundlich, dass du se nicht zurückweisen tust, und bin ich dann einfach weitergegangen, ne."

1. Liste Ottos Freizeitaktivitäten auf.
2. Welche Bedeutung haben Actionfilme für ihn?
3. Erkläre, aus welchen Gründen Otto „verrückte Sachen" macht.
4. Vergleiche Ottos Haltung gegenüber Ausländern im 1. Ausbildungsjahr mit seinen Äußerungen im 3. Ausbildungsjahr (vgl. S. 40/41).

Nach der Gesellenprüfung

Otto hat seine Gesellenprüfung als Dreher bestanden. Auf seine Leistung ist er ziemlich stolz.

„Vor allen Dingen, alle haben mir gesagt: Ah, du schaffst deine Prüfung sowieso nicht. Und ich dann, zack, meine Prüfung gemacht, kurz mal an die Wand gespielt, ne."

Otto wohnt weiterhin bei seiner Mutter und deren Freund. Er besitzt nun ein Auto und kann sich daher leichter häuslichem Streit entziehen.

„Wie gesagt, jetzt hab' ich 'n Auto. Ich verdrück mich dann immer. Wenn Ärger ist, leg ich mich hin oder fahr weg. Ganz einfach."

Die Ausländerfrage beschäftigt Otto auch weiterhin stark.

„Die Ausländer sind immer noch ein Problem. Und ich werde auch immer ausländerfeindlich sein. Ich will nicht sagen, dass ich rechtsradikal bin oder so, ne, aber ich werde wahrscheinlich, solange das weitergeht wie bis jetzt, werd' ich immer ausländerfeindlich sein. Also, ich als Deutscher komm' da gar nicht drum rum."

Eine Begründung für seinen „Nationalstolz" kann Otto nicht angeben. Seine Antwort: „... ich bin halt ein Deutscher, fertig." Dabei hat Otto zwar für die neonazistischen Gruppen Sympathien, aber er grenzt sich gleichzeitig von ihnen ab. Ihr Motto: Das Dritte Reich muss her! kommentiert er. „Das ist doch auch Scheiße." Er fühlt sich ungerecht behandelt, wenn er wegen provozierender Kleidungssymbole als Neonazi angesehen wird.

„Springerstiefel sind doch gar nicht mal so schlecht ... Und nur, weil du solche Schuhe anhast, bist'e gleich irgendwie 'n Nazi oder so, ne."

Otto glaubt nicht, dass Menschen verschiedener Rassen oder Hautfarben gleich viel wert sind. Auch Rücksichtnahme auf andere Randgruppen der Bevölkerung, z. B. Bettler, ist in seinen Augen überflüssig. Der mildeste Ausdruck für sie ist „asoziales Gesocks".

„Wenn die Kohle haben wollen, dann sollen die arbeiten gehen, fertig. Ansonsten sollen sie sich 'n Strick nehmen oder was."

„Ach, die sollte man totschlagen ... ja, das sind doch Idioten ... Ach, so ekelhaft, so widerlich, so, ääh Schleppen die ganzen Seuchen rein (lacht etwas). Nein. Ah, die liegen da, die hängen da rum, ja klar. Wenn die, wenn die da rumhängen würden, würden sich ihren Stoff da reinbrennen, würden ihre Schnauze halten, fertig. Aber nein. Die müssen rumrennen, müssen die Leute anpöbeln und auch noch rumbetteln. Wenn sie das nicht machen würden, dann würde mich das ja nicht interessieren. Dann würd' ich dran vorbeigehen, würde nicht mal hingucken. Aber so."

Von gewalttätigem Handeln hält Otto sich fern:

„Brauchst ja nur mal einen richtig böse erwischen und, und dann haben sie dich oder so und dann ist's schon vorbei. Dann zahlst'e dich dumm und dusselig oder verlierst deinen Job ..."

1. Otto fühlt sich zu Unrecht als „Nazi" beschimpft, weil er gerne Springerstiefel und Bomberjacke trägt. Nimm Stellung dazu.
2. Wie äußert sich Otto über Ausländer und sozial Schwache?

Bildet einen Sitzkreis und diskutiert über Otto:

- Welche Erfahrungen hat Otto gemacht? (z. B. mit Ausländern oder mit Gewalt)
- Wie haben seine Erfahrungen seine Einstellungen beeinflusst?
- Ist Otto ein Einzelfall? Begründet eure Meinung.
- Könnte es auch einen türkischen oder russischen Otto geben?
- Welche Erfahrungen habt ihr selbst gemacht?

45.1 Schüler sitzen im Sitzkreis und diskutieren

Generation kick.de

Höher, härter – und riskanter. Immer mehr Jugendliche suchen das Risiko und lieben das Extreme. Sieben Prozent aller Jugendlichen in Deutschland über 14 Jahren haben bereits Erfahrung im Bungee-Jumping.

Extremsportler wollen in erster Linie Spaß haben. Doch den gibt es für sie nur in Verbindung mit dem Nervenkitzel – dem ultimativen Kick.

„Ich brauche immer einen Kick ... Das gehört zum Leben dazu. Ein Kick ist gefährlich, etwas Heimliches oder Verbotenes. Das Herz muss einem in die Hose rutschen, man fängt an zu zittern oder kriegt Schweißausbrüche, der Puls ist auf 500. Lebensgefährlich muss es sein. Ich muss wissen, dass da irgendwas passieren kann. Aber trotzdem muss ich auch wissen, dass da nix so schlimm ist, dass es tödlich enden kann oder meinen Rest des Lebens verändert. Es ist fast wie eine Sucht. Wenn Jugendliche keinen Kick haben, kosten sie ihr Leben gar nicht aus. Was sollen sie denn später erzählen?" Julia (15)

(zitiert nach: Klaus Farin, generation kick.de, C. H. Beck, München 2001. S. 21)

Extremsportarten können helfen, Aggressionen und Gewalt zu verhüten. Sie können den Mangel an Sinn und Erlebnissen im Alltagsleben ausgleichen. Langeweile führt oft zu Straftaten. Das hat der Freizeitforscher Prof. Opaschowski festgestellt.

46.1 Bungee-Jumping

47.1

Leichtsinn auf Rollschuhen kostet 21-Jährigen beide Beine

Noch auf dem Gleis amputierten Ärzte den zweiten Oberschenkel

Arzt operiert auf dem Gleis

Bei einem überaus leichtsinnigen Manöver hat gestern abend ein 21-jähriger Rollschuh-Fahrer in der U-Bahn-Station Aegidientorplatz beide Unterschenkel verloren, als er versuchte, sich von einer Bahn der Linie 4 in Richtung Roderbruch mitziehen zu lassen. Der Unfall hatte auch für tausende von Fahrgästen Folgen. Mehr als eine Stunde lang stockte der Stadtbahnverkehr auf den Linien 4, 5 und 6.

Nach Angaben von Üstra und Polizei, die sich auf Beobachtungen von Zeugen stützen, ereignete sich der Unfall wenige Minuten vor 18 Uhr. Fahrgäste, die auf dem Bahnsteig auf Anschluss warteten, sahen, wie der junge Mann auf seinen Rollschuhen, so genannten Inline-Skatern, in die Station flitzte. Als er bemerkte, dass eine Bahn der Linie 4 gerade anfuhr, rollte er neben sie und hängte sich an eine Tür, um sich mitziehen zu lassen. Dabei muss er das Gleichgewicht verloren haben, als die Bahn beschleunigte. Jedenfalls stürzte er plötzlich in die Lücke zwischen Bahn und Bahnsteig.

„Er stieß einen fürchterlichen Schrei aus", berichtete später ein Augenzeuge. Die Linie 4 schleifte den 21-Jährigen mehrere Meter mit, bevor der 43 Jahre alte Fahrer seinen Zug zum Stehen bringen konnte. Notärzten, Sanitätern, Feuerwehrmännern und Polizeibeamten bot sich wenig später ein schreckliches Bild. Ein Unterschenkel des Verunglückten war von der Bahn abgetrennt worden, der andere musste noch am Unfallort von einem Notarzt amputiert werden. Lebensgefahr bestand nach Angaben der Polizei am späten Abend nicht mehr. Unter den Augenzeugen, die den Unfall mitansehen mussten, war auch ein Freund des 21-Jährigen.

Während der Bergungs- und Rettungsarbeiten geriet der Stadtbahnverkehr auf den Linien 4, 5 und 6 ins Stocken. Die Üstra setzte 13 Busse ein, um den Verkehr einigermaßen aufrechtzuerhalten. Nach Angaben von Üstra-Sprecher Dirk Sarnes waren tausende von Fahrgästen betroffen. Böl./hk

47.2 *Hannoversche Allgemeine Zeitung vom 24. 2. 1995*

1. Nimm Stellung zu Julias Aussagen. *„Ich brauche immer einen Kick. Das gehört zum Leben dazu."*
2. Nennt weitere Freizeitaktivitäten, die zum Nervenkitzel beitragen.
3. Diskutiert, wie weit der Einzelne gehen darf, um *den ultimativen Kick* zu erleben.

„Punks wird's wohl immer geben"

„Haste ma' n' bisschen Kleingeld?" In der Innenstadt von Hannover gehören sie schon seit vielen Jahren zum Stadtbild. Bunthaarige Punker mit Irokesenschnitt schnorren die Passanten an – begleitet von einem Rudel Hunde. Sie leben von „Staatsknete" oder in Bauwagensiedlungen, seit die letzten besetzten Häuser von der Polizei geräumt wurden.

48.2 *Punker bei den Chaos-Tagen*

48.1 *Hanna ist 16 und hat gerade ihren Hauptschulabschluss gemacht. Wie's weitergeht, steht noch nicht fest. Bei den Punks ist sie seit vier Jahren.*

Nur wenn während der Chaos-Tage oder in Berlin-Kreuzberg am 1. Mai Randale gemacht wird, tauchen sie in den Nachrichten auf. Sie glauben, sie hätten das Recht, gewalttätig zu sein, weil sie meinen, dass der Staat gewalttätig ist. Ihren Hauptgegner sehen sie in den Rechtsradikalen.

Seit über 20 Jahren versuchen Punker, die Gesellschaft der „Spießer" zu provozieren.

Über ein Jahr hinweg suchte eine Gruppe von Studenten und Studentinnen Hip-Hopper, Skateboarder, Technos und Punks auf. Sie sprachen mit ihnen, hörten ihre Musik, hingen mit ihnen ab oder ließen sich Skateboard-Tricks zeigen. Sie wollten wissen, wie diese Jugendlichen ihre eigene Szene sehen. Aus ihrem Buch stammt das Interview mit Hanna.

Was ist das Besondere, was dich reizt, Punk zu sein?

Das Outfit ist geil, die Musik ist voll gut. ... das sind lockere Menschen. Ich mein', die sind auch mal stressig, grad' wenn sie besoffen sind. Aber ... die haben 'ne korrekte Einstellung.

Wie ist deine Einstellung zu Skins und Hooligans?

Hooligans sind Leute, die sich gern prügeln, das kann ich nicht unbedingt nachvollziehen – halt nur auf Schlägerei irgendwo hinfahren.

Wir sind ja genau das, was die Faschos nicht mögen. Bei uns kann jeder rein, Neger, Juden, was weiß ich was. Wir haben keinen einheitlichen Look, wir sind alle verschieden, jeder kann selber denken, wir gehen nicht arbeiten, wir machen immer nur Party, keine Disziplin – das ist halt das, was die Faschos so toll finden: diese Kontrolle und Macht und alles, Regeln. Das gibt's halt bei uns nicht, deswegen gibt's auch immer nur den Stress.

Wenn bei uns zwei Faschos vorbeilaufen, passiert nichts, also halt 'n paar dumme Sprüche. Aber wenn zwei Punks an 30 Faschos vorbeilaufen, dann haben sie halt tierisches Pech gehabt, weil sie dann gut auf die Backen kriegen ...

Was steht hinter dem Punk?

Keine Klassenunterschiede zum Beispiel, also dass alle gleich sind, alle dasselbe haben und alle dasselbe geben müssen dafür. ...

Ich leg' Wert auf ... sagen wir mal Sozialverhalten: nicht einfach irgendwelche Leute niedermachen, nur weil sie irgendwie 'ne Randgruppe sind ...

Punker sind nicht unbedingt so radikal. O. k., das geht schon in Richtung Chaos-Tage, halt Straßenschlachten, Barrikaden bauen. ... Klar, mir würd's auch irgendwie Spaß machen, mal so'n fetten BMW kaputt zu schlagen, aber es muss doch auch anders gehen ... Alkohol taucht auch oft auf, ja. Und viele trinken halt Alkohol, um den Tag verstreichen zu lassen. Es gibt viele, die sind Alkoholiker ... Das ist schon die am meisten genommene Droge. Kiffen tun die auch noch viel.

Warum haben die Punks so viele Hunde?

Hund ist schon fast wichtiger wie Ratte. ... Cool ist das Prinzip der Freiheit irgendwo, dass schon die meisten ihre Hunde ohne Leine großzieh'n und sich bei der Erziehung mehr Mühe geben wie ein Spießer, weil die einfach mehr können müssen, die Hunde. ... Ich kenn ein paar, die haben einen Hund, weil ... nachts allein draußen pennen und dann noch schnorren.

Wie siehst du die Zukunft der Punk-Szene?

Die wird's noch 'ne Weile geben. Solange sich die Gesellschaft nicht ändert, wird's die wohl immer geben.

(Projektgruppe Jugendkulturen, Expressin' myself!, Verlag Thomas Tilsner, Berlin 1999, S. 98 ff.)

1. Schreibt heraus, wie Hanna die Punks charakterisiert.
2. Welche Unterschiede sieht sie zu den „Faschos"?
3. Sprecht über Hanna.

Vorurteile: Wenig wissen – schlecht denken

„Ausländer nehmen uns die Arbeitsplätze weg." Zu solchen und ähnlichen Parolen kommt es schnell, wenn die Arbeitslosigkeit steigt. Wer genauer hinschaut, stellt fest, dass die Aussage nicht stimmt. Es handelt sich um ein Vorurteil.

Vorurteile sind vorgefertigte Meinungen über andere, die einer Überprüfung nicht standhalten würden. Sie haben aber oft schlimme Folgen für die Betroffenen.

Vorurteile können sowohl positive als auch negative Wertungen enthalten. Besonders gefährlich sind Vorurteile gegen Minderheiten, wenn sie mit negativen Bewertungen verbunden sind. Vorurteile sind der erste Schritt auf dem Weg zu Intoleranz und Gewalt.

Hasst du was – bist du was
(Skinheadspruch)

Vorurteil Nr. 1:
Ausländer nehmen uns Deutschen die Arbeitsplätze weg!
Falsch: Ausländer haben in Deutschland sogar noch Arbeitsplätze geschaffen: Die 240 000 selbstständigen Ausländer beschäftigen immerhin 570 000 Arbeitnehmer. Ca. neun Millionen Ausländer leben in Deutschland. Davon sind rund zwei Millionen erwerbstätig. Sie erwirtschaften in Deutschland jährlich ein Bruttosozialprodukt von 128 Milliarden €. Dieses Geld wird zum Großteil in Deutschland ausgegeben, stärkt die Kaufkraft und sichert Arbeitsplätze, hauptsächlich deutsche.

(Quelle: Sächsische Landeszentrale für politische Bildung)

Vorurteil Nr. 2:
Ausländer leben auf unsere Kosten!
Falsch: Zwei Millionen erwerbstätige Ausländer erwirtschaften jährlich ein Bruttosozialprodukt von 128 Milliarden €. Davon werden 51 Milliarden € als Steuern und Abgaben dem Staat zugeführt, aber alles in allem nur 36 Milliarden € aus der Staatskasse an Ausländer ausgezahlt. So bleibt also für den deutschen Staat ein „Gewinn" von 15 Milliarden €.

(Quelle: Rheinisch-Westfälisches Institut für Wirtschaftsforschung Essen)

50.1 *Eine Klasse – 12 Nationalitäten*

Teste dich selbst! Lies den Test durch. Ordne im Heft jeder Nationalität eine oder mehrere Eigenschaften zu.

HAST DU VORURTEILE?

Welche Eigenschaften haben nach deiner Meinung die Menschen der folgenden Länder?

Franzosen sind ... Polen sind ... Niederländer sind ... Türken sind ... Deutsche sind ... Russen sind ...

+++ freundlich +++ pünktlich +++ sauber +++ herrschsüchtig +++ +++ arrogant +++ tolerant +++ humorvoll +++ stolz auf ihr Land +++ traditionsbewusst +++ gewalttätig +++ ...

Auch eine mögliche Antwort:

Der Test ist Blödsinn, weil ...

(Begründe schriftlich!)

Liebe Testperson
wenn du den Test gemacht hast, solltest du dir noch einmal überlegen, ob du da nicht in eine absichtlich gestellte Falle gegangen bist. Bist du dir wirklich sicher, dass du Menschen anderer Länder so global beurteilen kannst, oder sind das nicht alles nur Vorurteile? Wenn tausend deutsche Jugendliche diesen Test machen, sind insgesamt die Deutschen bei den guten Eigenschaften, logisch. Bei den türkischen Jugendlichen schneiden natürlich die Türken besser ab. Aber: Deutscher ist nicht gleich Deutscher und Türke ist nicht gleich Türke.

51.1

Mehr gute Argumente gegen Vorurteile unter http://www.gesicht-zeigen.de

1. Was ist ein Vorurteil?
2. Warum sind für Minderheiten Vorurteile bedrohlicher („Ausländer raus") als für Mehrheiten?
3. Führt den Test (Abb. 51.1) durch und vergleicht die Ergebnisse. Welches Ziel verfolgt dieser Test?

Rassismus im Sport

Gerald Asamoah, 23, ist Fußballprofi bei Schalke 04. Er wurde in Ghana geboren und ist in Hannover aufgewachsen. So schildert er seine besonderen Erfahrungen mit dem alltäglichen Rassismus:

Neulich hatten wir ein Spiel in Offenbach. Der Torwart haut mich um, klarer Elfer. Doch der Schiri pfeift nicht. Da kommt er an und sagt:
„Nr. 13, du nicht Schwalbe machen, sonst du fliegen vom Platz!" Ich sage: *„Können Sie auch Deutsch?"*

52.1

Wenn wir mit Schalke irgendwo im Ausland spielen, bin ich immer derjenige, der bei der Passkontrolle am längsten braucht. Zehn Minuten gucken die mir ins Gesicht und wieder aufs Foto und wieder ins Gesicht. Einmal in Basel wäre ich beinahe ausgeflippt.

Ein bekannter Spieler hat mich gefoult und sagt: „Komm, Neger, steh auf." Und hinter ihm stand sein Mannschaftskamerad – ein Schwarzer. Nach dem Spiel hat sich der Deutsche bei mir entschuldigt. So was passiert immer wieder.

(Texte aus: Betrifft: Rechtsextreme. Antworten einer Zivilgesellschaft, Hrsg. Bundeszentrale für politische Bildung, Bonn September 2001, S. 57)

In welcher Liga würde Bayern München spielen, wenn sie nur deutsche Fußballspieler einsetzen würden? Wer würde sich für Olympia interessieren, wenn keine farbigen Sportler dabei wären? Im Sport ist es schon lange selbstverständlich, dass Menschen mit unterschiedlicher Hautfarbe oder aus verschiedenen Heimatländern zusammenspielen.

Doch auch im Sport gibt es Rassismus und Ausländerfeindlichkeit.

Hooligans lassen sich volllaufen, grölen rechte Parolen, werfen Rauchbomben in die Zuschauer und verprügeln gegnerische Fans und unbeteiligte Zuschauer. Das hat einige aktive Sportler dazu bewogen, Projekte für Fair Play und Toleranz ins Leben zu rufen.

53.1

1. Welche Erfahrungen hat Gerald Asamoah gemacht?
2. Gib gelungene Beispiele des Zusammenseins von ausländischen und deutschen Spielern.
3. *Randalierende Hooligans* – welche Gefühle bewegen dich?
4. Schreibe eine positive und eine negative Erfahrung auf, die du mit Deutschen/Ausländern/Farbigen im Sport gemacht hast. Vergleicht eure Ergebnisse.

Wie soll Jana reagieren?

Schon längere Zeit laufen Ralf und Michael mit Bomberjacke und Springerstiefeln herum. Auch an den SS-Runen auf Michaels Schultasche hat noch niemand Anstoß genommen. Im Unterricht hielten sie sich bisher mit ihren ausländerfeindlichen Sprüchen zurück. Wenn sie Juden- oder Türkenwitze erzählen, lachen aber immer einige.

Die beiden haben sich vorgenommen, ihre Meinung ab jetzt im Unterricht nicht mehr zu verstecken. Für eine Gruppenarbeit haben sie sich z. B. Material über die „weiße Rasse" aus dem Internet besorgt. Außerdem machen sie immer öfter Bemerkungen über die „Ausländerschwemme" und über Juden.

„Wenn Ralf das machen will, ist das seine Sache."

„Ich sage ihm, dass ich den Lehrer informiere, wenn er den Blödsinn nicht lässt."

Jana hört, dass Ralf bei der Klassenfete ein Lied von der rechtsextremistischen Gruppe „Die Härte" spielen will. Darin geht es um den Ku-Klux-Klan und die nächtliche Hinrichtung eines Schwarzen. Es endet mit den Zeilen: *„Das ist geil, das ist geil, hurra, hurra, ein Nigger brennt."*

„Ich bitte den Diskjockey, keine Musik von Ralf abzuspielen."

„Am besten ist, ich geh da gar nicht hin!"

Jana gehen viele Gedanken durch den Kopf.

1. Erkläre, welche Haltung in jeder Sprechblase deutlich wird?
2. Wie sollte Jana reagieren?
3. Wie würdest du reagieren?

TRIO-Methode: Wir bauen ein Standbild

Das Bauen von Standbildern ist ein Methode, Gefühle und Empfindungen auszudrücken. Durch Standbilder können Zustände, Haltungen, Beziehungen oder Gefühle für Beobachter sichtbar gemacht werden.
Dazu wird eine Person in einer bestimmten Situation als Bild oder Statue aufgebaut oder gestaltet.

In unserem Beispiel soll Jana in der Situation als Standbild aufgebaut werden, als sie erfährt, dass Michael und Ralf auf der Klassenfete Skinheadmusik spielen wollen.

So geht ihr vor:

1. Vorbereitung

Für das „Bauen" teilt der Lehrer die Klasse in Kleingruppen ein. Nun erhält in jeder Gruppe ein Schüler bzw. eine Mitschülerin den Auftrag, eine Mitschülerin ihrer Wahl als Jana in der geschilderten Situation „aufzubauen". Die übrigen Gruppenmitglieder sind Beobachter.

2. Durchführung

Der Standbildbauer baut nun die Mitschülerin so auf, wie er Jana sieht. Dabei überlegt er:

- Wie steht sie?
- Wie sitzt oder liegt Jana?
- Welche Haltung nimmt sie ein?
- Welche Gestik und Mimik passt zu ihr?

Die Mitschülerin wird so lange zurechtgeformt, bis sie der Jana-Figur entspricht.

Die „formbare Mitschülerin" ist beweglich wie eine Marionette, sie lässt das Geformtwerden mit sich geschehen. Dabei wird nicht gesprochen. Die Mimik wird von dem „Standbildbauer" vorgemacht.

Ist die Figur gebaut, wird sie „eingefroren", sie bewegt sich nicht mehr. Der Standbildbauer tritt zurück, betrachtet das Standbild in Ruhe und nimmt evtl. Korrekturen vor.

56.1

Wichtig! Das Standbild darf nicht zu kompliziert werden.

57.1

3. Auswertung

Diese Phase sollte aus Rücksicht auf das Standbild nicht zu sehr ausgedehnt werden. (Das Standbild kann sich auch zwischendurch einmal „ausschütteln“, um dann wieder die alte Position einzunehmen.)

Der Standbildbauer bestimmt nun den Ort, von wo sich die Beobachter das Standbild anschauen sollen. Die Beobachter deuten nun das Standbild. Dazu treten sie einzeln hinter Jana, legen ihr die Hand auf die Schulter. Sie sprechen Janas Gefühle und Gedanken, die sie gesehen haben, in einem Satz aus.

Anschließend wird das Standbild aufgelöst. Der Standbildbauer erklärt nun, was er ausdrücken wollte. Er äußert sich jetzt, ob die Beobachter sein Standbild angemessen gedeutet haben.

57.2

Wichtig! Es gibt kein richtig oder falsch, sondern Erbauer und Beobachter haben das Recht auf ihre eigene Sichtweise.

Gleiche Chancen für Frauen und Männer – Utopie oder Wirklichkeit?

58.1

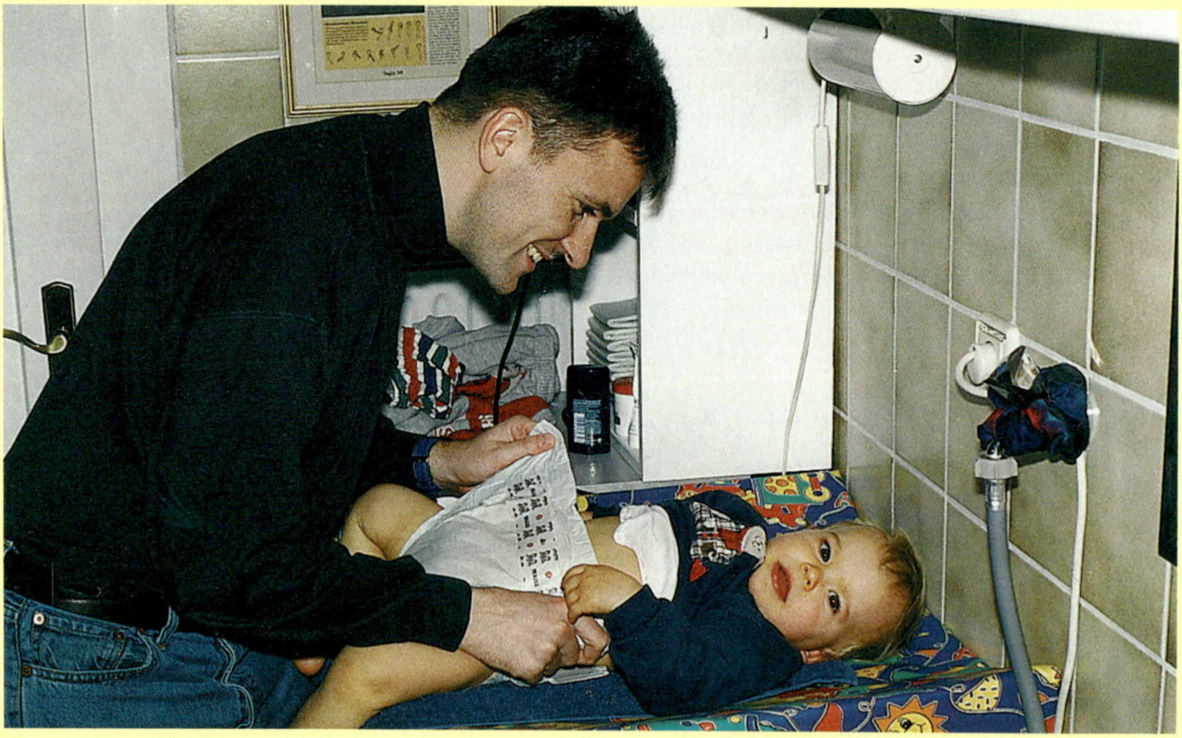

58.2

59.1

Es gibt viele Möglichkeiten sein Leben zu gestalten. Jeder Mensch – egal ob weiblich oder männlich – hat die Chance, eigene Schwerpunkte zu setzen.

Seht euch die Fotos genau an.
In welchen Situationen werden die abgebildeten Personen dargestellt?
Sind ihre Tätigkeiten typisch für ihr Geschlecht?

59.2

Chancengleichheit beginnt im Kopf

Ende des 18. Jahrhunderts stand in Lexika und anderen Nachschlagewerken, was „männlich“ und was „weiblich“ ist. Frauen und Männer wurden durch typische Eigenschaften gekennzeichnet.
Diese Merkmale prägten Bilder in den Köpfen der damals lebenden Menschen.
Hier einige Beispiele dazu:

Frauen sind	Männer sind
passiv schwach abhängig angepasst gütig, fürsorglich gefühlsbetont zuständig für den Haushalt	aktiv stark selbstständig willensstark aggressiv vernünftig zuständig für ihren Beruf und alle gesellschaftlichen und politischen Entscheidungen

60.3 *Stichworte, die aus Nachschlagewerken des 18. Jh. übernommen wurden*

60.1

Ihr seht hier einen Teil eines Bilderbogens, wie er im 19. Jahrhundert weit verbreitet war.

Die Mädchen malten ihn farbig aus. Dadurch lernten sie frühzeitig, welche Aufgaben sie später als Frau zu übernehmen hatten.

Das Lied von der Glocke

Der Mann muss hinaus ins
feindliche Leben,
muss wirken und streben,
und pflanzen und schaffen.
Erlisten, erraffen,
muss wetten und wagen.
Das Glück zu erjagen …

Und drinnen waltet die
züchtige Hausfrau,
die Mutter der Kinder.
Und herrschet weise
im häuslichen Kreise,
und fügt zum Guten den
Glanz und den Schimmer
und ruhet nimmer.

60.2 *Gedicht von Friedrich von Schiller, 1799*

Auch ***heute*** noch hat jeder Mensch bestimmte Vorstellungen von Männlichkeit und Weiblichkeit im Kopf.
Wie Menschen fühlen, denken, welche Fähigkeiten sie haben, wie sie sich bewegen etc. scheint je nach Geschlecht verschieden zu sein.

61.2

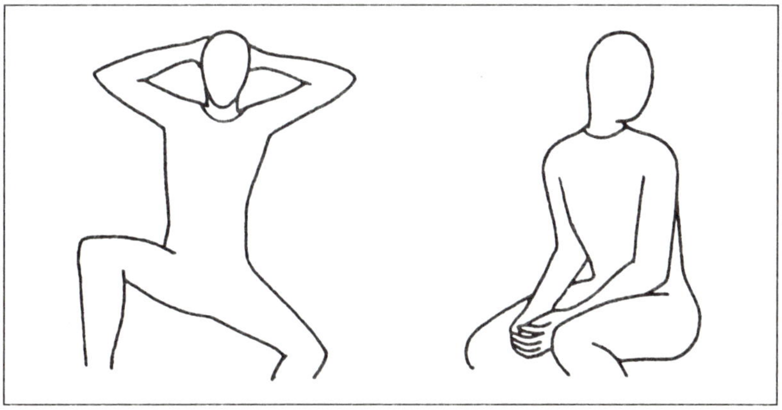

61.1

Wer macht heute was?

- einkaufen
- kochen, backen
- Fahrrad reparieren
- Wäsche waschen
- Computerprogramme installieren
- E-Mails schreiben und abfragen
- bügeln
- putzen
- im Internet surfen
- Kleinkinder wickeln und füttern
- Wohnung renovieren
- Auto reparieren
- Geld der Familie verwalten
- Kinder bei den Hausaufgaben beaufsichtigen
- Urlaub planen
- Wohnung aufräumen
- kranke Familienangehörige pflegen
- ehrenamtlich einen Verein unterstützen
- Elternabende besuchen
- Geburtstagskarten schreiben

1. Welche Arbeiten der Liste werden in deiner Familie von Frauen, welche von Männern ausgeführt. Lege eine Tabelle in deinem Heft an:

Tätigkeiten	Frauen	Männer
einkaufen	X	X
kochen, backen	…	…

2. Welche Vorstellungen von Weiblichkeit und Männlichkeit stecken in den Abbildungen 61.1 und 61.2?

3. Fertigt eine Liste von Eigenschaften an, die für euch typisch männlich oder weiblich sind. Vergleicht sie mit den Vorstellungen aus dem 18. Jahrhundert. Welche Gemeinsamkeiten und/oder Unterschiede gibt es?

4. Abb. 60.1 ist ein Erziehungsmittel, um Mädchen auf ihre spätere Frauenrolle vorzubereiten. Wie werden Mädchen und Jungen heute auf ihr Erwachsensein als Frau oder Mann vorbereitet? Nenne Beispiele.

Chancengleichheit – auch in der Schule?

Vorstellungen von Weiblichkeit und Männlichkeit können auch in der Schule problematisch werden: Was ist, wenn Schüler und Schülerinnen nicht diesen Geschlechterbildern entsprechen? Ein unsportlicher Junge, der sehr schüchtern ist, gilt als „Weichei" – ein Mädchen mit den gleichen Eigenschaften als normal. Ein technisch begabtes Mädchen, das im Unterricht laut und aggressiv ist, wird schnell zur „Emanze" – für einen Jungen wird dies als normales Verhalten angesehen.

62.1

Jungen sind besser in Mathematik und Naturwissenschaft.

Mädchen sind den Jungen in sportlichen Wettkämpfen immer unterlegen.

Gute Leistungen von Mädchen liegen an ihrem Fleiß.

Computer und Technik sind Jungensache.

Mädchen können sich sprachlich besser ausdrücken.

Es spielt für das Lernen keine Rolle, ob jemand männlich oder weiblich ist.

Gute Leistungen von Jungen liegen an ihrer Intelligenz.

63.1

63.2

63.3

1. Bildet Mädchen- und Jungengruppen. Lest euch die Aussagen über Mädchen und Jungen auf S. 62 durch. Diskutiert die Äußerungen und nehmt selbst Stellung dazu.
2. Schaut euch Abb. 63.1 an. Welche Meinung habt ihr zum gemeinsamen Sportunterricht?
3. Die beiden Fotos auf dieser Seite zeigen Situationen aus dem Schulunterricht. Wie typisch sind sie eurer Meinung nach?

Gleiche Chancen im Berufs- und Familienleben?

Chancengleichheit beginnt auch in den Lebensbereichen Beruf und Familie im Kopf. Übliche Klischees vom „richtigen" Mann oder von der „richtigen" Frau schränken viele Jugendliche schon früh in ihrer Lebensplanung ein.

Zwei Vorstellungen bestimmen immer noch das Denken vieler:

1. Ein Mann **kann** im Haushalt mithelfen und sich um die Kinder kümmern. Er **muss** aber die Familie ernähren und beruflich erfolgreich sein.
2. Eine Frau **muss** den Haushalt führen und sich um die Kinder kümmern. Sie **kann** die Familie ernähren und beruflich erfolgreich sein.

Dieses Denken führt zu bestimmten Entwicklungen: Schon als Jugendliche übernehmen Frauen mehr Arbeiten in den Bereichen Haushalt und Kinderbetreuung. Später nehmen fast ausschließlich die Frauen den Erziehungsurlaub. Danach arbeiten sie in Teilzeit, um Familie und Beruf zu vereinbaren.

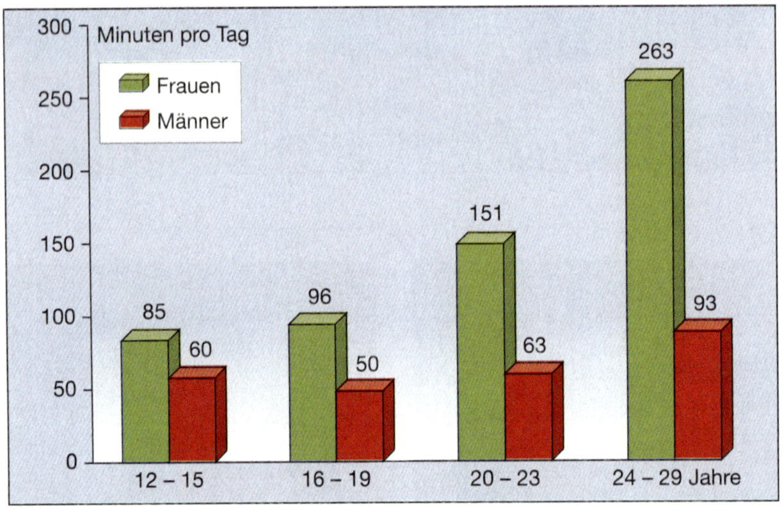

64.1 Hausarbeits- und Kinderbetreuungszeiten, 1999

Befragung von 16–23-Jährigen zu ihren Einstellungen zum Geschlechterverhältnis (Zustimmung in %)	Frauen	Männer
1. Auch wenn eine Frau arbeitet, sollte der Mann der Hauptverdiener sein, und sie sollte die Verantwortung für den Haushalt tragen.	23,3	37,7
2. Wenn Kinder da sind, soll der Mann arbeiten gehen und die Frau zu Hause bleiben und die Kinder versorgen.	30,05	45,55
3. Ein Mann, der zu Hause bleibt und den Haushalt führt, ist kein „richtiger Mann".	29,5	46,05

64.2

Für beide Geschlechter ist es schwierig, Beruf und Familie miteinander zu vereinbaren. Es fehlen nach wir vor genügend Kinderbetreuungsstätten und familienfreundliche Arbeitsplätze.

Da von den Männern in erster Linie beruflicher Erfolg erwartet wird, haben sie es aber besonders schwer, sich der Familie so zu widmen, wie sie es möchten.

65.1 Vater spielt mit seinem Kind

„Ich würde ja gerne, aber ich weiß nicht wie."
Ein Vater (Helmut W., 31 J.) von zwei Töchtern (2 und 5) berichtet:

„Ich bin Stahlbetonbauer und fahre häufig auf Montage. Da verdiene ich gutes Geld. Oft sehe ich meine Kinder nur an den Wochenenden. Ich würde mich gerne mehr um sie kümmern, aber ich weiß nicht wie. Meine Frau verdiente als Bürokauffrau viel weniger als ich, deshalb hat sie nach der Geburt unserer ersten Tochter den Erziehungsurlaub genommen.

Wenn beide Kinder in der Schule sind, wird meine Frau wieder halbtags arbeiten gehen. Vielleicht kann ich dann weniger arbeiten und etwas mehr Zeit mit meiner Familie verbringen."

„... Ich habe auch schon überlegt, mich an eine Online-Beratung für Väter zu wenden. Dort kann man sich informieren, wie andere Männer es geschafft haben, Beruf und Familie zu vereinbaren. Vielleicht chatte ich mal mit den Vätern dort."

65.2

1. Was werdet ihr in zehn Jahren machen? Wie sieht euer berufliches und wie euer familiäres Leben aus?
2. Rechnet den prozentualen Unterschied zwischen Männern und Frauen in 64.2 aus. Was bedeutet das Ergebnis für Partnerbeziehungen?
3. Lest euch den Bericht des Stahlbetonbauers Helmut W. durch. Gebt seine Situation mit eigenen Worten wieder und überlegt euch einen guten Rat für ihn: Wie kann er Beruf und Familie besser vereinbaren?

Frauenberufe – Männerberufe!?

Dreiviertel aller Berufe sind typische Frauen- oder Männerberufe, d. h., in ihnen sind mindestens 61 % entweder nur Frauen oder nur Männer.

Nur etwa ein Viertel aller Berufe wird von beiden Geschlechtern in etwa gleich besetzt. Dazu gehören vor allem bestimmte kaufmännische Berufe wie Groß- und Außenhandelskauffrau/-mann, Bankkauffrau/-mann und Industriekauffrau/-mann.

Doch selbst in den Berufen, in denen es gleich viele Frauen und Männer gibt, werden Frauen in ihrem beruflichen Weiterkommen behindert. Die Karriereleiter klettern häufiger die Männer hoch. In Führungspositionen sind Frauen nach wie vor selten zu finden.

66.1

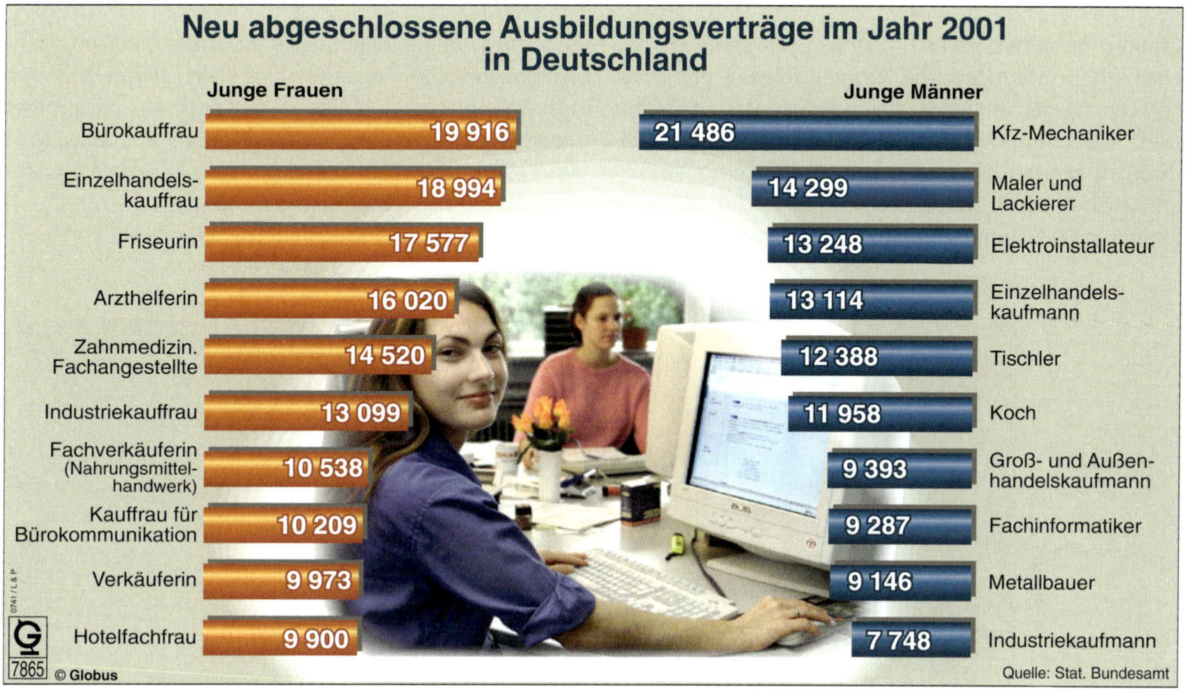

67.1 Die häufigsten Ausbildungsberufe der jungen Frauen und jungen Männer

Männer in Frauenberufen

Fliesenlegerinnen, Kfz-Mechanikerinnen oder Tischlerinnen sind noch recht selten.
Bisher gibt es noch kaum Kosmetiker, Floristen oder Erzieher. Der Anteil an Erziehern beträgt derzeit ca. 5 %.
Jan hat das dennoch nicht gestört. Er ist Erzieher geworden.

„Schließlich hatte ich als Amateurtrainer einer Hockeymannschaft die Erfahrung gemacht, dass mir der Umgang mit Kindern im Vorschul- und Schulalter liegt."

Jan denkt immer noch amüsiert an das letzte Praxisjahr seiner Ausbildung. Er arbeitete in einem katholischen Kindergarten und war dort für die Erzieherinnen der erste Kollege überhaupt.

Ungläubig wurde er gefragt, ob er auch tatsächlich spülen und kochen könnte. Die Kinder alleinerziehender Mütter hingen besonders an ihm. Sie sahen in ihm eine Art Vaterersatz. Heute arbeitet Jan in einem Hort, weil ihm die Arbeit mit 6–10-jährigen Kindern besonderen Spaß macht.

(Quelle: http//www.abimagazin.de/1999 11/03.pdf, Abrufdatum 20. 6. 02)

1. Lest euch 66.1 und den Text über den Erzieher Jan durch. Entwerft in Zweier-Gruppen einen Dialog zwischen zwei jungen Männern über den Beruf des Erziehers. Stellt die Ergebnisse in Rollenspielen vor der Klasse dar.
2. Unterhaltet euch über eure eigenen Berufswünsche. Wählt ihr auch einen typischen „Frauen- oder Männerberuf"? Wie erklärt ihr euch eine geschlechtstypische Berufswahl?

Wie lässt sich Chancengleichheit erreichen?

Chancengleichheit ist nicht nur eine Aufgabe der Erwachsenen. Mädchen und Jungen können mit ihren Entscheidungen im beruflichen oder privaten Leben zur Gleichberechtigung beitragen. Eine wichtige Entscheidung ist die Berufswahl. Viele Mädchen und Jungen entscheiden sich dabei nach wie vor für typische Frauen- oder Männerberufe. Beide Geschlechter haben jedoch viel mehr Talente und viel mehr Berufsmöglichkeiten. Zum Kennenlernen der vielen Berufe hat eine Hauptschule in Mülheim an der Ruhr ein besonderes Praktikum eingeführt: den Rollentausch von Jungen und Mädchen. Während die Jungen in soziale Einrichtungen gingen, übten sich die Mädchen im Löten und Schweißen in den Industriebetrieben vor Ort.

Ayse machte ihr Praktikum in der Lehrlingswerkstatt von Mannesmann. Sie baute mit anderen Mädchen zusammen Kerzenleuchter aus Kupfer:

„Das Metall haben wir nach einer Mustervorlage ausgeschnitten und dann in der Mitte ein Loch reingebohrt. Die Oberfläche haben wir ganz fein gehämmert und am Schluss auch noch lackiert. Na ja, und dann war es schon zwölf ...".

68.1

Christian verbrachte sein Praktikum im Altenheim. Dort pflegte er z. B. eine 73-jährige gelähmte Frau:

„Wenn sie satt war, hat sie nur den Kopf weggedreht. Aber sie hat mich erkannt. Und ich glaube, sie hat sich gefreut, wenn sie mich gesehen hat. Das war ein schönes Gefühl für mich."

(Beide Texte aus: „Schulzeit – Magazin für Schule und Bildung in NRW, dritter Jahrgang 1/98, S. 8)

68.2

Anspruch …

Auch durch Gesetze versucht der Staat, Chancengleichheit zu erreichen. Es ist z. B. gesetzlich vorgeschrieben, dass Stellen und Ausbildungsplätze für Männer **und** Frauen ausgeschrieben werden. Wenn du aufgrund deines Geschlechts einen bestimmten Ausbildungsplatz nicht bekommst, kannst du dagegen wegen „geschlechtsspezifischer Diskriminierung" vor Gericht klagen.

Sie suchen

einen interessanten Beruf mit vielfältigen Entwicklungsmöglichkeiten. Sie haben Spaß am Umgang mit Menschen und Interesse an betriebswirtschaftlichen Zusammenhängen. Sie sind engagiert, haben ein aufgeschlossenes Wesen und arbeiten gerne im Team. Sie streben einen Realschulabschluss, Berufsfachschulabschluss oder Abitur an. Dann haben wir den richtigen Ausbildungsplatz für Sie!

Wir suchen zum August 2003

Auszubildende für den Beruf
Bankkauffrau/Bankkaufmann

Ihre Ausbildung absolvieren Sie direkt in einer unserer 30 Filialen und den angeschlossenen Geschäftsstellen. Innerhalb der Ausbildung werden Sie früh im kundennahen Bereich eingesetzt und lernen das Wertpapier und Kreditgeschäft einer großen Regionalbank kennen. Wenn wir Ihr Interesse geweckt haben, senden Sie jetzt Ihre Bewerbungsunterlagen an

eine Filiale der Oldenburgischen Landesbank AG in Ihrer Nähe.

Adressen, Ansprechpartner und weitere Informationen finden Sie auch im Internet unter: www.olb de „Job und Karriere"

deuka

Wir sind mit über 500 Mitarbeitern und 9 Produktionsstandorten in Deutschland das führende Unternehmen in Herstellung und Vertrieb von Qualitätsfuttermitteln für Nutz- und Heimtiere.
Zur Verstärkung des Produktionsbereiches unseres Werkes in Bramsche suchen wir eine/n engagierte/n

Mitarbeiter/in

Sind Sie interessiert? Dann senden Sie bitte Ihre vollständigen Bewerbungsunterlagen. Für telefonische Vorabinformation steht Ihnen unser Betriebsleiter, Herr Stuckenberg, unter der Tel.-Nr.: 05461-93 … zur Verfügung.

deuka Deutsche Tiernahrung GmbH & Co. KG
Am Flugplatz 1 – 49565 Bramsche –
www.deuka.de

… und Wirklichkeit?

69.1

Das Frauenaktionsbündnis bemängelt 2001:

„Da es kein Gleichberechtigungsgesetz für die Privatwirtschaft gibt, sind mehr als 12 Millionen Frauen von verbindlichen Gleichstellungsmaßnahmen ausgeschlossen. …".
(www2/hu-berlin.de/zif, unter Aktuelles)

1. Lest euch den Text zu Abb. 68.1 und 68.2 durch. Sprecht dann darüber, was für einen solchen Rollentausch spricht und ob er an eurer Schule auch möglich wäre.
2. Diskutiert in der Klasse das Thema „Chancengleichheit im Beruf – Anspruch und Wirklichkeit".
3. Was könnten die Frauen in Abb. 69.1 denken oder sagen? Legt mehrere Sprechblasen an, in die ihr verschiedene Gedanken oder Aussprüche hineinschreibt.

Chancengleichheit, Beispiel: Schweden

Schwedens Gleichstellungspolitik ist innerhalb der Europäischen Union (EU) am weitesten entwickelt.

Schwedische Frauen haben den höchsten Bildungsgrad in Europa. Sie sind fast in gleicher Anzahl berufstätig wie die schwedischen Männer (s. 70.1). Auch in der Politik sind sie viel stärker vertreten als in Deutschland. Aus diesen Gründen äußerten sich nicht wenige Frauen kritisch zum Beitritt Schwedens in die EU. Sie befürchteten, dass sich ihrer Situation so ähnlich verschlechtern würde wie in anderen europäischen Ländern.

Fläche	449 963 km^2
Einwohner	8,9 Mio
Hauptstadt	Stockholm
Städt. Bevölkerung	83 %

Einige Maßnahmen der schwedischen Regierung	**Einige Folgen**
Einrichtung einer nationalen Behörde, die die Gleichstellung überwacht. Alle Beschlüsse der Regierung werden daraufhin untersucht, welche Auswirkungen sie auf die Chancengleichheit haben.	Frauen sind im nationalen Parlament zu 43 % (Deutschland ca. 30 %) vertreten, in den Gemeinde- und Landräten mit über 40 %.
Die Witwenrente wurde völlig abgeschafft: D. h. eine verheiratete Frau, die nur als Hausfrau und Mutter gearbeitet hat, bekommt keine Rente, wenn ihr Mann stirbt.	Alle Frauen müssen finanziell für sich selbst sorgen. So sind fast gleich viele Frauen wie Männer berufstätig.

Obwohl in Schweden Frauen und Männer etwa in gleicher Anzahl erwerbstätig sind, verbirgt sich hinter diesen Zahlen ein ganz unterschiedliches Arbeitsleben. Es gibt nur wenige Berufe, in denen beide Geschlechter etwa gleich vertreten sind.
Über die Hälfte der Frauen arbeiten in sogenannten Frauenberufen mit mindestens 80 % Frauenanteil. Diese Berufe sind gesellschaftlich nicht so hoch angesehen und werden schlechter bezahlt.

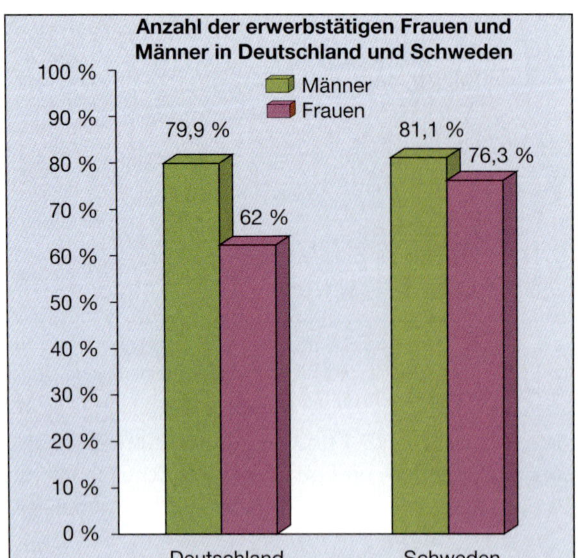

70.1 Anzahl der erwerbstätigen Frauen und Männer in Deutschland und Schweden

Schwedinnen verdienen im Durchschnitt etwa 90 % des männlichen Lohns – europaweit ein hoher Prozentsatz und dennoch nicht genug.

Schweden hat nicht nur eine der höchsten Beschäftigtenzahlen von Frauen in Europa, sondern auch eine der höchsten Geburtenraten. Für eine Schwedin stellt sich die Frage nicht, ob sie sich für Beruf oder Familie entscheiden soll.

Der Staat unterstützt Familien in der Vereinbarkeit von Beruf und Familie. Das wird durch ausreichend Kindergärten, Horte und Ganztagsschulen, die auch Mahlzeiten anbieten, ermöglicht.

In Deutschland wird Kinderbetreuung außer Haus noch oft als Notlösung angesehen. Mütter haben dann meist ein schlechtes Gewissen. In Schweden ist dies der ganz normale Alltag.

1995 wurde in Schweden der sogenannte „Papamonat" eingeführt.

Für mindestens 30 Tage muss auch der zweite Elternteil – in der Regel der Vater – den **Erziehungsurlaub** in Anspruch nehmen.

Vor diesem Gesetz lag die Beteiligung der schwedischen Männer an der Elternzeit bei 25 %.

71.1

„Frei für Kinder, Papa. Natürlich, man teilt sich den Erziehungsurlaub"

Mit diesem Plakat wurde auf den „Papamonat" aufmerksam gemacht.

Übrigens: Der Mann auf dem Plakat ist ein in Schweden bekannter Catcher.

1. Auf dieser Doppelseite findet ihr vier Maßnahmen, die in Schweden zur Chancengleichheit beitragen sollen. Welche sind es?
2. Der Papamonat ist in Schweden Pflicht. Sollte er auch in Deutschland eingeführt werden? Führt eine Pro- und Kontra-Diskussion.
3. In Schweden sind fast gleich viel Männer und Frauen berufstätig. Warum verdienen die Schwedinnen dennoch durchschnittlich 10 % weniger als die Männer?

TRIO-Methode: weiblich-männlich, Untersuchung von Jugendzeitschriften

Ihr lest sicher regelmäßig eure Lieblingszeitschrift. Ist euch schon einmal aufgefallen, wie Weiblichkeit und Männlichkeit darin dargestellt werden? Seht euch das einmal genauer an.

1. Vorbereitung

- Bringt eine eurer Lieblingszeitschriften mit in die Schule, die eine ***Fotostory*** über Mädchen und Jungen enthält. Bildet Zweier-Gruppen und verständigt euch in der Klasse, welche Storys in den Teams bearbeitet werden sollen.
- Findet gemeinsam Fragen, mit denen ihr die Zeitschrift auswertet.

Was interessiert euch an der Darstellung von Weiblichkeit und Männlichkeit?

Hier einige Vorschläge dazu:

a) Wie viele Personen gibt es in der Story?

b) Unterscheide zwischen passiven Personen (sind nur anwesend) und aktiven Personen.

c) Wer sind die Hauptpersonen?

d) Welche Eigenschaften fallen dir zu den einzelnen Personen ein, z. B. aggressiv, süß, cool usw.

2. Durchführung

- Geht nun die einzelnen Abschnitte eurer Fotostory anhand der erarbeiteten Frageliste durch.
  Besprecht eure Einschätzungen und notiert euch die Ergebnisse.
- Haltet auch schriftlich Fragen fest, die auftauchen.
  Besprecht diese zum Schluss bei der Auswertung in der Klasse.

3. Auswertung

- Tragt die Ergebnisse der Gruppenarbeit in eine große Wandtabelle ein.
- Vergleicht die einzelnen Zeitschriften: Gibt es mehr Unterschiede oder mehr Gemeinsamkeiten?
- Interpretiert die einzelnen Ergebnisse: z. B., dass die Hauptakteure überwiegend Männer sind oder bestimmte Eigenschaften nur bei einem Geschlecht vorkommen – wie könnt ihr euch das erklären?

Hey! Da kommt meine Schwester Ayse.
Ah! Frischfleisch. Echt geil.
Abends im Jugendclub treffen die Gangs der Sharks und der Eversburger aufeinander.
Wahnsinn Deine Schwester ist echt 'ne heiße Braut. Hat sie'n Freund?
Mann, bei der hast du keine Chance. Vergiss es.
Wow, genau die Richtige. Warum muss bloß der Chef der Sharks ihr Bruder sein?
Was für ein süßer Typ und nichts darf zwischen uns laufen?
Lass uns denen mal zeigen wo's langgeht.
Echt geile Idee. Diesen Warmduschern geben wir's.
Die Sharks provozieren die Eversburger
Ayse! Komm her!
Idiotisches Bandengetue. Ist total ätzend.
Bei der kannst du nicht landen!
Eh guck mal. Jussuf versucht bei Ayse anzukommen.
Bist wohl zu fein! Erst wenn du meinen Eignungstest bestanden hast, gehörst du zur Gang.
Eure Gang interessiert mich nicht die Bohne.
Bis jetzt habe ich noch jede rumgekriegt.
Nun hab dich doch nicht so. Du willst doch auch!
Lass das, fass mich bloß nicht an!

Chancengleichheit erreicht?

Verfassung
der Bundesrepublik:
„Männer und Frauen sind gleichberechtigt."

In den Verfassungen von DDR und Bundesrepublik war die Gleichberechtigung von Frauen und Männern seit **1949** festgeschrieben.

Verfassung der DDR:
„Mann und Frau sind gleichberechtigt. Alle Gesetze und Bestimmungen, die der Gleichberechtigung der Frau entgegenstehen, sind aufgehoben."

Elisabeth Selbert ist es zu verdanken, dass der Satz zur Gleichberechtigung von Frauen und Männern 1949 in die Verfassung der Bundesrepublik aufgenommen wurde.

Sie war als Juristin eine der vier Frauen, die neben 61 Männern über das Grundgesetz beraten sollte. Ihr Vorschlag, die Gleichberechtigung ins Grundgesetz aufzunehmen, wurde anfangs selbst von den drei anderen Frauen abgelehnt.

Selbert wandte sich daraufhin an die Öffentlichkeit. Unter den schwierigen Bedingung der Nachkriegszeit reiste sie wie eine Wanderpredigerin von einer Versammlung zur nächsten. Sie machte deutlich, dass nur die ganz klare Formulierung der Gleichberechtigung für die Frauen etwas bringen würde. Daraufhin gingen waschkörbeweise Briefe ein, die sie unterstützten.

74.2 Die vier Mütter des Grundgesetzes: von links F. Nadig (SPD), E. Selbert (SPD), H. Weber (CDU) und H. Wessel (Zentrum)

74.1 Darstellung von Frauen in den 50er-Jahren. Aus einer Werbung in der Bundesrepublik

74.3 Darstellung von Frauen in den 50er-Jahren. Plakat aus der DDR

1990 wurde durch den Beitritt der DDR die Wiedervereinigung der beiden deutschen Staaten vollzogen.
In einer Umfrage beurteilten ostdeutsche Frauen schon ein Jahr danach ihr Leben wesentlich skeptischer und hoffnungsärmer als die ostdeutschen Männer.
Zunehmend wurde die tatsächliche Umsetzung des Gleichstellungsgesetzes gefordert. **1994** trat das 2. Gleichberechtigungsgesetz in Kraft. Im Grundgesetz heißt es seitdem:

„Männer und Frauen sind gleichberechtigt. Der Staat fördert die tatsächliche Durchsetzung der Gleichberechtigung von Frau und Mann und wirkt auf die Beseitigung bestehender Nachteile hin."

Dass die Forderung nach einem neuen Gleichberechtigungsgesetz gerade von den ostdeutschen Frauen erhoben wurde, hat ganz klare Hintergründe:
Während für die meisten Frauen in den alten Bundesländern nach der Vereinigung mit der DDR alles beim Alten blieb, veränderte sich für die ostdeutschen Frauen sehr viel. Sie verloren vielfach ihre Arbeit und damit ihre finanzielle Sicherheit und gewohnte Anerkennung als berufstätige Frau. Von den Arbeitslosen in Ostdeutschland sind 60 % Frauen, bei den Langzeitarbeitslosen sind es sogar 70 %.
Ein konkretes Beispiel für die Zeit nach der Vereinigung: Im Automobilwerk in Eisenach arbeiteten 6500 Beschäftigte, davon 2600 Frauen. Als aus dem Wartburg-Werk ein Opel-Werk wurde, übernahm man ca. 2000 Beschäftigte – darunter nur etwa 100 Frauen.

75.1 Marie Marcks: „Frauen – Opfer der Einheit"

1. Schaut euch die beiden Abb. 74.1 und 74.3 an. Vergleicht die Darstellungen von Frauen.
2. Was will die Zeichnerin M. Marcks mit ihrer Karikatur aussagen?
3. Nehmt Stellung: Ist die Chancengleichheit in Deutschland erreicht?

Soziale Sicherung – Anspruch und Realität des Sozialstaates

77.1 *Anzeige der Caritas, einer katholischen Hilfsorganisation, in der Deister-Weser-Zeitung vom 25. 5. 1998*

Menschen können in Not geraten

Alexandra Grosser (15) schreibt einen Brief.

Hallo, Luisa!

Ich habe eine Stinkwut, kann ich dir sagen. Meine Alten gehn mir echt so auf den Keks, wie kann ich dir gar nicht sagen.
Will ich mir mal coole Klamotten kaufen, heißt es: „Nee, geht nicht, kein Geld da."
Heute wollt ich mir 'n CD-Player holen. Das haben mir meine Eltern gleich verboten. Und was soll ich jetzt machen? Komm ich mit dem alten Gerät, lachen sie mich in der Schule doch aus.
Ein Handy hab ich auch nicht. Seit mein Vater arbeitslos ist, geht das schon so. Er kriegt immer weniger Geld und brüllt zu Hause oft rum. Und in der Schule? Alle lachen schon über mich, weil ich immer noch meine alten Jeans habe. Oh Mann! Arm zu sein ist das Uncoolste.
Alexandra

1. Gib die Probleme von Alexandra in eigenen Worten wieder. Nimm Stellung dazu.
2. Schildere die Auswirkungen der väterlichen Arbeitslosigkeit auf Alexandra.
3. *„Arm zu sein ist das Uncoolste."* Welche Erfahrungen stehen hinter dieser Aussage?

Erich und Karina Grosser haben zwei schulpflichtige Kinder, Merten und Alexandra.
Herr Grosser ist seit Jahren arbeitslos. Um wenigstens das Notwendigste zum Leben zu haben, hat Frau Grosser eine Halbtagsstelle als Verkäuferin angenommen. Sie verdient monatlich etwa 320 Euro.
Grossers können eigentlich nur das kaufen, was absolut notwendig ist. Miete und Zinsen für Schulden, die sie früher gemacht hatten, lassen nur wenig Geld über.

Seit anderthalb Jahren erhält Erich Grosser auf seine Bewerbungen nur Absagen. Dabei hatte sein Berufsweg gut begonnen:

Nach Hauptschule, Höherer Handelsschule und Bundeswehr fand der heute 43-Jährige eine Stelle als Lagerist bei einem Elektronikhändler. Dann kam der erste Schock: Die Niederlassung schloss.

Erich Grosser fragte beim Arbeitsamt nach offenen Stellen. Die gab es für ihn nicht, dafür schlug der Berater eine Weiterbildung zum Industriekaufmann und Programmierer vor.
Das Arbeitsamt würde nicht nur ein **Unterhaltsgeld** in Höhe von 60 Prozent des pauschalierten Nettogehalts zahlen, sondern auch alle Kosten der Maßnahme. Herr Grosser nahm das Angebot an.

Zwei Jahre später erreichte er in beiden Prüfungen vor der Industrie- und Handelskammer ein „Gut". Anschließend vermittelte ihm das Arbeitsamt eine Stelle als kaufmännischer Angestellter. Aber zwei Jahre später ging das Unternehmen in Konkurs.

Während er in den ersten Monaten noch **Arbeitslosengeld** bekam, steht ihm heute **Arbeitslosenhilfe** zu. Das sind nur noch 57 % des früheren Gehaltes.

Herrn Grossers Lage scheint sich zu bessern, denn eine seiner Bewerbungen als Programmierer könnte erfolgreich sein. Nach dem zweiten Vorstellungsgespräch meinte der Personalchef, dass er sich „zu 90 Prozent" für Erich Grosser entscheiden werde.
Nun hofft die Familie, dass er Arbeit findet.

Stellt euch vor, Herr Grosser findet Arbeit. Was verändert sich in der Familie? Wie wirkt sich die Veränderung aus?

Arbeitslosigkeit ist auch ein Problem für Kinder

80.1 Wie erlebt man Armut?

Wilken: *Kinder von Arbeitslosen weisen häufiger als ihre Altersgenossen Kopf- und Magenschmerzen, aber auch Husten auf. Konzentrationsstörungen und schulische Probleme nehmen zu. Besonders Langzeitarbeitslose und deren Familien ziehen sich von Verwandten und Bekannten zurück, isolieren sich. Denn Armut wird in der Bundesrepublik noch immer diskriminiert. Sie wird als persönliche Schuld betrachtet ... So etwas spüren natürlich auch Kinder, die versuchen, die Armut zu verstecken. Das kann zu spektakulären Aktionen führen, um sich zu beweisen.*

Frage: Was kann getan werden für diese Kinder?

Wilken: *Man muss für die von Arbeitslosigkeit betroffenen Kinder die Folgen mindern. Und zwar durch kostenlose öffentliche Angebote im kulturellen Bereich, im Freizeit- und Bildungsbereich ... Das gibt den Kindern viel höhere Chancen, mit der Situation fertig zu werden. Ein Teufelskreis: Wo Armut wohnt, ist auch kein Geld für solche Maßnahmen.*

(Interview mit Walter Wilken, zitiert nach: Kontrovers. Arbeitsmarktpolitik. Bundeszentrale f. polit. Bildung [Hrsg.], 1996, verändert. Walter Wilken ist seit 1980 Bundesgeschäftsführer des Kinderschutzbundes)

1. Stell dar, wie Kinder unter der Arbeitslosigkeit ihrer Eltern leiden können.
2. Was ist Armut für dich? Schreib deine Gedanken auf.

Sozialhilfe

Wer bei uns in Not gerät, soll dennoch ein menschenwürdiges Leben führen können.

Die **Sozialhilfe** ist das letzte Auffangnetz für Menschen, die in Not geraten sind. Das Bundessozialhilfegesetz garantiert das Recht auf persönliche und wirtschaftliche Hilfe.

Beim Sozialamt kann man einen Antrag auf Hilfe stellen. Um Missbrauch zu vermeiden, werden die persönlichen und wirtschaftlichen Verhältnisse genau geprüft.

Die Sozialhilfe unterstützt die in Not geratenen Menschen. So wird die schlimmste Armut vermieden.

81.2

Andrea ist eine alleinerziehende Mutter, sie bezieht Sozialhilfe

Sie verschweigt ihre Geldnot nicht wie viele andere und erzählt:
„Gegen Monatsende habe ich oft nur noch 5,50 Euro pro Tag für meine drei Kinder und mich übrig. Dann kommen Bratkartoffeln, Eier und Soße auf den Tisch. Oder es gibt belegte Brote.
Ich besitze keinen Wintermantel, nur eine Jacke, keine Winterstiefel, nur Boots. Im Winter trage ich dann zwei Paar Strümpfe, um nicht zu frieren."
Der Kindergartenleiterin hat sie gesagt, dass sie am Geburtstag ihrer kleinen Tochter keine 35 Euro für Kuchen, Geschenke und Eis hat. Ein selbst gebackener Kuchen – mehr sei nicht drin. *„Die Schule"*, klagt sie, *„erwartet, dass die Kinder aus Gründen der Gleichheit bestimmte Markenartikel anschaffen, obwohl es bei ‚Aldi' billigere Alternativen gibt. Wenn ich alles einkaufen würde, was der Lehrer empfiehlt, würde uns am Monatsende das Geld fürs Essen fehlen. So weit reicht das Vorstellungsvermögen mancher Pädagogen nicht."*
Und dann sagt sie, was viele Sozialhilfeempfänger sagen: *„Warum ist am Ende des Geldes immer noch so viel Monat übrig?"*

81.1

1. Welche Aufgabe hat die Sozialhilfe?
2. Nenne Gründe, warum Menschen zum Sozialamt gehen (Abb. 81.2).
3. Versetz dich in die Lage von Andrea. Welche Gefühle wird sie gegenüber ihren Kindern und der Schule haben (Text 81.1)?
4. *„Warum ist am Ende des Geldes immer noch so viel Monat übrig?"* Erkläre, was Andrea damit meint.

TRIO-Methode: Ein-Minuten-Vortrag zum Thema „Menschen in Not"

Bereite einen Vortrag zu einem Thema über „Menschen in Not", S. 78–81, vor.
Er soll nicht länger als eine Minute sein – aber auch nicht kürzer.

Wichtig:

Du musst dich inhaltlich und sprachlich gut vorbereiten. Schreibe Stichpunkte zu deinem Thema auf. Übe das Sprechen vor deinem Vortrag einige Male!

Wie gehst du vor?

1. Vorbereitung

Eine klare Gliederung hilft dir und den Zuhörern, den roten Faden zu behalten. Sie können besser folgen, wenn du die Punkte für alle sichtbar aufzeigst.

Schreibe auf Folie, an die Tafel oder auf Wortkarten.
Besonders hilfreich ist eine Folie des Schaubildes.

2. Durchführung

Gliedere deinen Kurzvortrag in drei Schritte.

- *Einleitung* – Nenne das Thema.
- *Hauptteil* – Gib die Ergebnisse deiner Arbeit wieder.
- *Schluss* – Gib eine kurze Zusammenfassung deiner Gedanken.

3. Auswertung

Biete deinen Zuhörern ein Gespräch oder eine Diskussion über dein Thema an.

Kurzvortrag über das Schaubild „Warum Menschen zum Sozialamt gehen" (S. 81.2).

1. Einleitung

Ich halte einen Kurzvortrag über das Schaubild: „Warum Menschen zum Sozialamt gehen."

2. Hauptteil

Das Schaubild gibt wieder, aus welchen Gründen Haushalte vom Sozialamt Hilfen zum Lebensunterhalt bekommen. Es unterscheidet zwischen West- und Ostdeutschland.

In beiden Teilen Deutschlands bekommen viele Menschen Sozialhilfe, weil sie arbeitslos sind. Im Westen 30 von 100 Haushalten, im Osten 54 von 100 Haushalten.

Im Westen folgen dann als wichtigste Gründe für die Hilfe „Zu geringe Rente" und „Tod oder Ausfall des Ernährers" mit jeweils 10 von 100 Haushalten. Dann folgen „Zu geringes Einkommen" (7 von 100) und „Krankheit" (5 von 100). Im Osten sind der Reihenfolge nach „Zu geringes Einkommen" (6 von 100), „Zu geringe Rente" (3 von 100), „Krankheit" (2 von 100) und „Tod und Ausfall des Ernährers" (1 von 100). „Sonstige Gründe" gibt es im Westen (38 von 100) wie im Osten (34 von 100) in etwas mehr als einem Drittel aller Fälle.

3. Schluss

Nach dieser Grafik ist Arbeitslosigkeit der wichtigste Grund dafür, dass Familien in Ost und West Sozialhilfe erhalten – eine schlimme Sache!

Soziale Sicherung – Aufgabe von Politik?

Arbeitslosigkeit und Armut sind in den meisten Fällen nicht selbst verschuldet. Um Menschen ein Leben in Hunger und Elend zu ersparen, hat der Staat gesetzliche Grundlagen für Hilfen geschaffen.

Ab 1883 verabschiedete der damalige Reichstag die ersten **Sozialgesetze**. Die Gesetze verpflichteten sowohl die Arbeiter als auch die Unternehmen zur Zahlung von Beiträgen in die jeweiligen Versicherungskassen. Schon bald kamen weitere Gesetze hinzu.

Im Fall von Krankheit, Arbeitsunfall oder im Alter zahlten die Versicherungen. Daran hat sich bis heute nichts geändert.
Das Grundgesetz verpflichtet zusätzlich den Staat, in Not geratenen Menschen zu helfen.

Christian Gerdes besucht eine Fachschule in Braunschweig und kann deshalb nicht mehr bei seinen Eltern im Harz wohnen. Er bekommt insgesamt 365 Euro ~~~~~~~~ ~~~~~~. Die Hälfte wird er später zurückzahlen müssen.

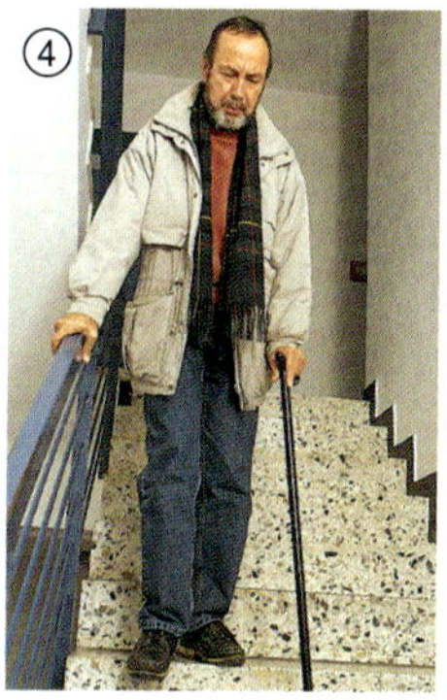

Herr Bauer ist körperbehindert und arbeitsunfähig. Als ~~~~~~ bekommt er für seinen Lebensunterhalt vom Sozialamt jeden Monat einen Regelsatz von 280 Euro.

Herr und Frau Leder haben drei Kinder im Alter von 11, 13 und 17 Jahren. Deshalb bekommen sie monatlich 462 Euro ~~~~~~.

Familie Brauer hat ein Kind. Frau Brauer möchte sich ganz der Betreuung ihrer Tochter widmen. Sie erhält als ~~~~~~ zwei Jahre lang 310 Euro.

Frau Lang wohnt als Rentnerin in einer Altbauwohnung in Osnabrück. Sie erhält vom Sozialamt ein ~~~~~~ in Höhe von 190 Euro, weil ihre Rente zu klein ist.

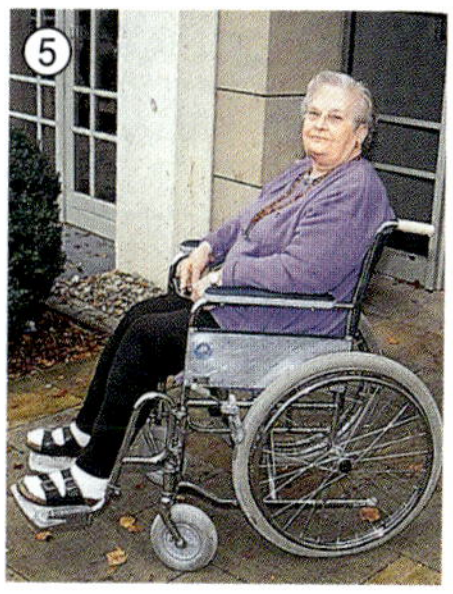

1. Ordne die Begriffe den fünf Fällen zu: *Wohngeld, Kindergeld, Sozialhilfe, Erziehungsgeld, Ausbildungsförderung.* Arbeite in deinem Heft.
2. Welche Beiträge zur Sozialversicherung hat ein Arbeitnehmer monatlich zu erbringen? Informiere dich z. B. im Internet bei dem Bundesministerium für Arbeit und Soziales: www.bma.de.

Und was ist, wenn ich arbeitslos werde?

Sechs Schicksale

„Ich hab' nach der Schule eine Friseurlehre angefangen. Hat mir überhaupt nicht gefallen. Nach einem Monat hab' ich aufgehört. Dann hab' ich erst mal im Krankenhaus in der Spülküche gejobbt – neun Monate – Geld verdient. Das war's natürlich auch nicht. Ja, dann war ich kurz arbeitslos. Am liebsten würde ich Verkäuferin im Supermarkt oder in einer Bäckerei. Ich bewerbe mich ständig auf Stellen aus dem Internet. Ich find' sicher was."
Jacqueline M., 18, Euskirchen

„Ich war mit meiner Lehre als Maler und Lackierer fast fertig. Da bin ich krank geworden und hab' total den Anschluss verpasst. Als ich wieder gesund war, war die Lehrstelle weg und ich arbeitslos. Das Arbeitsamt Brühl hat mich dann in eine **ABM-Stelle** vermittelt. Im Sommer, wenn ich fertig bin, will ich meine alte Lehre fertig machen. Kontakte habe ich schon!"
Tassilo B., 21, Brühl

„Ich bin nach der achten Klasse von der Schule. So ohne richtigen Schulabschluss habe ich nichts Richtiges gefunden. Da bin ich zum Arbeitsamt. Zurzeit habe ich eine ABM-Stelle im Garten- und Landschaftsbau. Geht noch ein Vierteljahr. Die Gärtnerei ist auf Dauer nicht mein Ding. Am liebsten würd' ich Dachdecker. Leider habe ich bis jetzt nur Absagen bekommen, aber ich schreibe regelmäßig Bewerbungen – vielleicht kommt ja noch was."
Björn H., 20, Euskirchen

84.1 „Jump"-Prospekt

Keine Ausbildung, kein Job, kein Plan, wie's beruflich weitergehen soll?

Sie sind nicht allein mit Ihrem Problem!
„JUMP" unterstützt
→ Ihren erfolgreichen Start ins Arbeitsleben,
→ Ihre berufliche Zukunft.

Lesen Sie dieses Faltblatt in aller Ruhe durch.
Und dann rufen Sie die kostenlose Hotline an!
Hotline 08000-100001

Das ist die Rufnummer zu Ihrem Arbeitsamt. Am anderen Ende der Leitung wartet jemand darauf, dass Sie ihn ansprechen.

Und Geld steht bereit:
→ damit Sie den Hauptschulabschluss nachholen können,
→ damit Sie sich gezielt auf eine Ausbildung vorbereiten können,
→ damit Sie noch was dazulernen können, um einen guten Arbeitsplatz zu finden,
→ oder damit Sie einen Job bekommen, weil das Arbeitsamt Ihr Gehalt im Bedarfsfall zunächst mitfinanziert und Sie bei Problemen am Arbeitsplatz berät.

Sie sind dabei:
→ **wenn Sie noch nicht 25 Jahre alt sind,**
→ **wenn Sie keine Ausbildung haben,**
→ **wenn Sie keinen Job haben und Hilfen benötigen.**

„Lehre abgebrochen, mit meinen Eltern total verkracht, wohnte mal hier, mal da – bei Freunden, wo grad' Platz war. Null Plan, wie es weitergehen sollte. Irgendwann hat mich ein Kumpel zu den Leuten von ‚Lichtblick' gebracht. Die haben mir geholfen, eine Wohnung zu finden, und mich dann in so einer Art Schule mit Praktikum angemeldet. Hier kann ich ausprobieren, welcher Beruf zu mir passt. Im November bin ich damit fertig. Ich freu' mich drauf. Endlich hab' ich dann so eine Art Schulabschluss. Dann finde ich sicher auch eine Lehrstelle."

Nicole S., 19, Chemnitz

„Ich hab' nach der Schule einfach keine Lehrstelle gefunden. Nur Absagen. Da bin ich zum Arbeitsamt und dann in einer ABM-Stelle im Metallbau gelandet. Gefällt mir gut! Die ABM läuft hier noch fünf Monate. Danach will ich mir was im kaufmännischen Bereich suchen. Hab' schon damit angefangen."

Himaj D., 18, ist Kosovo-Albaner. Er lebt seit zehn Jahren in Deutschland und spricht gut Deutsch.

„Nach meinem Hauptschulabschluss hatte ich eine Lehre als Teilezurichter in einem Metall verarbeitenden Betrieb. Kurz vor der Zwischenprüfung hatte ich einen Unfall – leider! Hab' dann einfach den Anschluss verpasst und war arbeitslos. Vor drei Monaten hat mich das Arbeitsamt in eine ABM-Stelle im Metallbau vermittelt. Macht echt Spaß hier. Wenn ich fertig bin, suche ich mir eine Lehrstelle als Industriemechaniker."

Bernd Sch., 22, Hürth

(Quelle: Interviews „Mach mit. Mein JUMP in den Job", www.arbeit-fuer-junge.de, Abruf 10. 6. 02, verändert)

Worauf warten Sie noch? Das ist Ihre Chance!

Eine Arbeitsbeschaffungsmaßnahme mit Qualifizierung. Das Arbeitsamt zahlt Ihr Gehalt.

→ Möglich, dass es schon viele Misserfolge gab, dass Sie jetzt den Mut verloren haben – vielleicht auch ein Grund, warum Sie noch ohne Job sind.

→ Egal, es gibt noch einen Weg:
Sie können in einer Arbeitsbeschaffungsmaßnahme starten und Berufserfahrung sammeln, wenn Sie arbeitslos sind.
Das Arbeitsamt bezahlt Ihre Arbeit. In kleinen Schritten können Sie hier beruflich verwertbare Kenntnisse erwerben. Gleichzeitig merken Sie wieder, was Sie können, und Sie werden schließlich auch fit für den freien Arbeitsmarkt.

Sie sehen: Es gibt keinen Grund, sich nicht an der Aktion „JUMP" zu beteiligen.

1. Stell anhand der Schicksale zusammen, warum die sechs jungen Leute arbeitslos wurden.
2. Wie versuchen sie, ihr Leben in den Griff zu kriegen?
3. Informiere dich beim Arbeitsamt über ABM.
4. Inwiefern gehört ABM zu der sozialen Sicherung?
5. Erkläre in eigenen Worten, wie JUMP hilft.
6. Suche Belege dafür, dass soziale Sicherung Aufgabe von Politik sein muss.

Was ist, wenn ich alt werde?

Zukunftsträume

In der Klasse 9a rauchen die Köpfe. Die Schülerinnen und Schüler stellen sich vor, wie sie leben wollen, wenn sie in Rente gehen.
„Das ist doch erst in … zig Jahren!“, sagt Nicole. *„Bis dahin sind wir doch Omas und Opas.“*
Florian meint: *„Ich will mir alle Wünsche erfüllen können, auch wenn ich in Rente bin.“* Ina spricht von einem *„sorgenfreien Leben“*. Und Cord überlegt: *„Ich will dann meinen gewohnten Lebensstil weiterführen. Ich möchte auf nichts verzichten.“*
Aber können diese Wünsche in Erfüllung gehen? Oder bleiben sie nur Träume oder Illusionen?
Bei jungen Leuten kann die Höhe ihrer späteren Rente nur sehr schwer vorausgesagt werden, weil der weitere Verlauf ihres Erwerbslebens unsicher ist. Es ist kaum abzuschätzen, wann sie in Rente gehen, wie viel sie bis zum Ruhestand verdienen und welche Beitragszeiten zusammenkommen.

86.3 *Karikatur*

86.1 *Bauarbeiter M.*

Bauarbeiter M.:

Mit 16 Jahren aus der Schule. Dann drei Jahre Maurerlehre und Bundeswehr. Danach als Maurer in verschiedenen Firmen. Er verdient etwa 1750 Euro im Monat. Mit 60 Jahren ist er arbeitslos.

Rente mit 65 Jahren: 975 Euro

86.2 *Verkäuferin S.*

Verkäuferin S.:

Bis zum Alter von 28 Jahren berufstätig. Verdient 970 Euro im Monat. Mutter von zwei Kindern, bleibt sechs Jahre zu Hause. Anschließend arbeitet sie fünf Jahre halbtags und verdient 1100 Euro. Mit 46 Jahren Filialleiterin und erhält 3100 Euro im Monat. Mit 61 Jahren beginnt die Altersteilzeit. Mit 63 Jahren geht sie in Rente.

Rente mit 63 Jahren: 860 Euro

1. Welche Zukunftsträume hast du für dein Alter?
2. Listet die Unterschiede in den Erwerbstätigkeiten des Bauarbeiters M. und der Verkäuferin S. auf. Sprecht darüber.
3. Berechnet, wann ihr voraussichtlich in Rente gehen werdet.

Der Generationenvertrag

Alte Menschen bekommen Rente. Das beruht auf dem „**Generationenvertrag**". Seine Grundidee ist, dass alle Arbeiter und Angestellten Beiträge an die Sozialversicherungen bezahlen. Sie stellen damit die Versorgung der älteren, nicht mehr arbeitenden Generation sicher.

„Ich halte den Generationenvertrag bei der Rente für eine unserer ganz großen sozialen Errungenschaften. An ihm darf nicht gerüttelt werden. Die Großfamilie von einst, in der es die Pflicht der Jungen war, für die Alten zu sorgen, gibt es nicht mehr. Ihre Stelle nimmt jetzt über den Generationenvertrag die Solidargemeinschaft aller Bürger ein. Das halte ich für die richtige Lösung. Vielleicht gibt es heute junge Menschen, die den Sinn des Generationenvertrages nicht ganz einsehen. Ich selber habe mir in den jungen Jahren darüber keine Gedanken gemacht. Für mich war das alles selbstverständlich. Aber wenn die jungen Leute selbst Rentner sind, werden sie nicht anders denken als wir Älteren heute."

87.1 Johanna Riedel, 86 Jahre

„Viele Freunde in meinem Alter halten den Generationenvertrag für überholt. Für uns junge Leute bedeutet der doch, dass wir immer höhere Rentenbeiträge zahlen müssen, damit die Rentner ihr Geld bekommen. Und was wird mit uns? Wer garantiert uns denn, dass wir später überhaupt eine Rente bekommen? Trotzdem bin ich persönlich eigentlich dafür. Mein Großvater hat für seine Eltern Rentenbeiträge gezahlt, mein Vater zahlt für ihn, ich für meine Eltern und meine Kinder eines Tages für mich.
Leute, die keine Kinder haben, sollten die doppelten Beiträge zahlen. Da bin ich hart. Allerdings sollten die Parteien eine Regelung finden, dass die Beiträge nicht über 20 % steigen – für mich die Schmerzgrenze."

87.2 Sönke Freitag, 21 Jahre, Auszubildender

1. Erkläre in eigenen Worten den Generationenvertrag. Nimm zu diesem „Vertrag" Stellung.
2. Stell Gemeinsamkeiten und Unterschiede in den Meinungen von J. Riedel und S. Freitag zusammen.
3. Erfrage bei unterschiedlichen Altersgruppen Meinungen zur Rentenversicherung. Gestalte daraus ein Kurzreferat.

Ein Blick in die Zukunft

Sind die Renten zukünftig sicher?

Diese Frage beschäftigte auch die Klasse 9a besonders. Denn schließlich werden im Jahre 2050 die meisten Schüler aus der Klasse schon „in Rente" sein. Nadine und Matthias halten einen kurzen Vortrag über die Zukunft der Renten.

1. Einleitung

Im 21. Jahrhundert wird es in Deutschland nie wieder so viele Kinder und junge Menschen geben wie heute. Immer mehr alte und immer weniger junge Menschen werden in unserem Land leben.

2. Hauptteil

Die Bevölkerungszahl insgesamt geht zurück. Heute ist knapp ein Viertel der Bevölkerung älter als 80 Jahre. Im Jahr 2050 wird es ein Drittel sein. Kommen heute 40 Rentner auf 100 Erwerbstätige, werden es in 50 Jahren 75 Rentner sein. Das gilt jedoch nur dann, wenn zusätzlich 200 000 Ausländer im Jahr einwandern.

Der Grund für diese Entwicklung ist die geringe Zahl der Geburten in Deutschland. Die Menschen dürfen sich auf ein immer längeres Leben freuen.

Geburtenrückgang plus höhere Lebenserwartung ergibt einen Überhang an älteren Menschen. Die Folgen sind: Ebbe in der Rentenkasse, zunehmender Bedarf an Altenpflege und Altenheimen, Schulschließungen, Fachkräfte- und Arbeitskräftemangel.

Selbst wenn jährlich eine halbe Million Menschen zuwandern, bleibt der Bevölkerungsrückgang.

3. Schluss

Die Rente wird im Jahre 2050 nicht mehr sicher sein. Sie wird auch nicht mehr so hoch sein können wie heute.

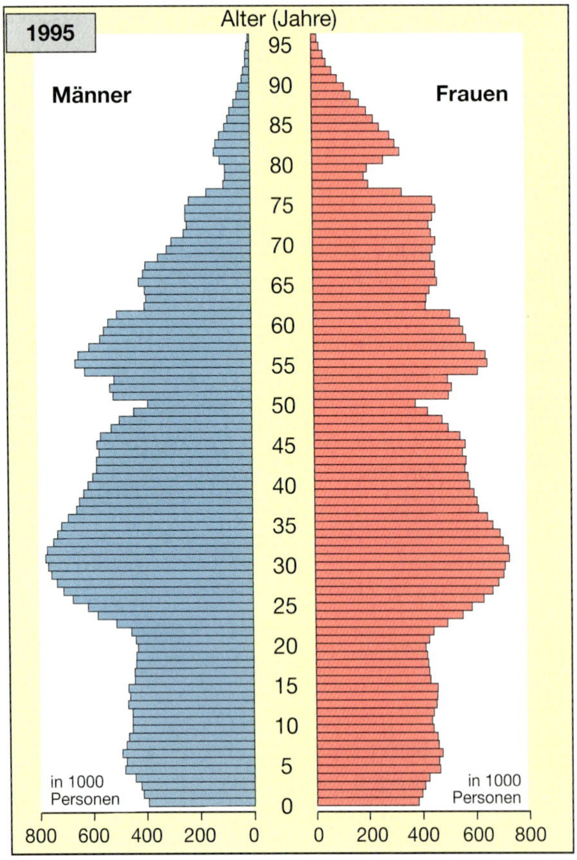

*88.1 Altersaufbau in Deutschland am **1. 1. 1995***
(Bundesinstitut für Bevölkerungsforschung)

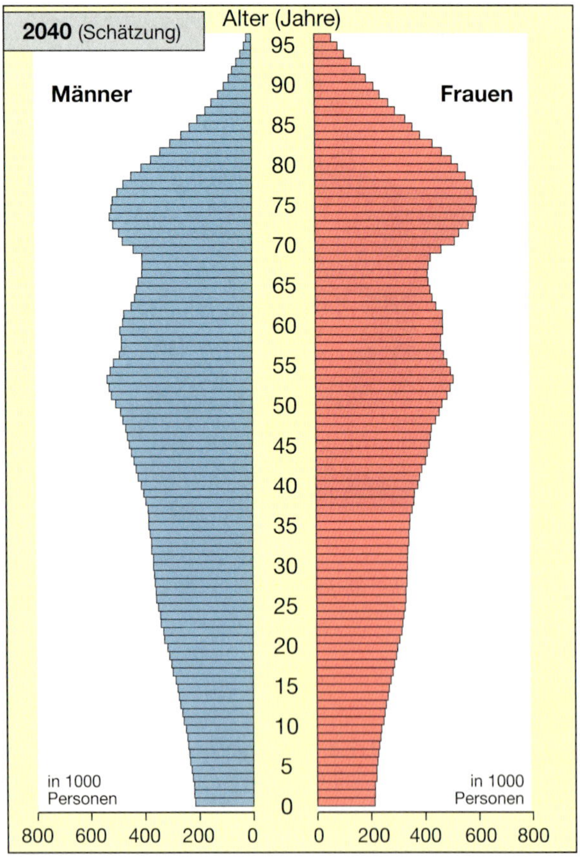

*88.2 Altersaufbau in Deutschland am **1. 1. 2040***
(Bundesinstitut für Bevölkerungsforschung)

„Wie sollen wir denn mit so wenig Rente auskommen?" Yvonne, Kathrin, Richard und Volker stellten in der 9a diese Frage. *„Bei meiner Großmutter reicht es ja heute kaum zum Leben. Und die Miete muss sie auch noch zahlen!" „Meine Großeltern bekommen Wohngeld und Heizkostenzuschuss." „Meine haben eine Zusatzrente. Das reicht."* Volker sagt: *„Meine Eltern wollen ihre Rente durch zusätzliches Sparen sichern. Das heißt **Riester-Rente** oder so ähnlich."*

89.1 Bevölkerungspyramide 2050 (Haitzinger)

INFO

*Die Sozialversicherungen beruhen auf dem **Prinzip der Solidarität:** Alle Arbeitnehmerinnen und Arbeitnehmer zahlen jeden Monat einen großen Teil ihres Einkommens als **„Sozialabgaben"**. Diese Abzüge sind gesetzlich festgelegt. Die jungen Menschen zahlen Beiträge zur Rentenversicherung, damit ihre älteren Mitbürger Rente beziehen können. Die Erwerbstätigen zahlen Beiträge zur Arbeitslosenversicherung, damit Arbeitslose unterstützt werden.*

Die gesunden Menschen zahlen Beiträge zur Krankenversicherung, damit Kranke medizinisch versorgt werden können usw. Und je besser jemand verdient, desto höhere Beiträge zahlt er.

Diese Solidarität nutzt allen, denn wer bleibt schon immer gesund, erwerbstätig und jung?

1. Stell mithilfe des Textes und der Grafiken auf S. 88 die Bevölkerungsentwicklung dar.
2. Welche Folgen hat der Bevölkerungsrückgang?
3. Die Einwanderung von Ausländern hilft, die Rente in Deutschland sicherer zu machen. Begründe, warum.
4. Was will Haitzinger mit seiner Karikatur 89.1 aussagen?

Vorsorgen statt Versorgen

(Auszug aus einem Beitrag der EXPO-Beteiligungsgesellschaft der Deutschen Wirtschaft zur Weltausstellung EXPO 2000)

1. Gib den Inhalt des Comics bis Bild 9 in eigenen Worten wieder.
2. Erkläre die Voraussetzungen für eine sichere Rente.
3. Welche Idee hat die Frau in Bild 10? Nimm Stellung dazu.
4. *„Um das Rentensystem zu sichern, brauchen wir mehr eigene Vorsorge."* Diskutiert die Folgen für eure Zukunft.

Politische Mitbestimmung – eine Utopie?

93.1 Jungwähler im Wahllokal

93.2 Demonstration

93.3 Jugendparlament

Null-Bock auf Politik?

In einem Internet-Projekt wurden Schülerinnen und Schüler nach ihrer Meinung über Politik gefragt.

Ich meine, dass Politik sehr wichtig ist für die Zukunft, dann weiß man, was so gerade läuft. Politik ist auch gut, weil da in verschiedenen Stadtteilen für Ordnung gesorgt wird. Wenn es keine Politik geben würde, dann gäbe es keinen Bürgermeister oder Bundeskanzler. *(Tobias)*

Politik ist wichtig, aber nur für die, die davon etwas verstehen. Ich verstehe nicht viel von Politik. Ich denke, dass man nicht viel ändern kann. *(Esra)*

Eigentlich habe ich nicht so viel mit Politik zu tun, aber ich finde es wichtig, dass sich jemand um Jugendliche und ihre Interessen kümmert. *(Sabine)*

Mich interessiert Politik nicht! Ich finde sie langweilig. Außerdem weiß ich nicht einmal genau, was Politik ist! *(Felix)*

Ich interessiere mich nicht für Politik. Es ist langweilig und öde. Man kann als einzelner Mensch nichts verändern. Selbst wenn sich mehrere Leute zusammentun, würde nichts dabei rauskommen. *(Philipp)*

Politik ist etwas sehr Wichtiges für die Menschheit. Aber wenn ich das so höre, ist das etwas total Langweiliges und nicht interessant. *(David)*

Meiner Meinung nach ist Politik sehr langweilig. Aber ohne Politik hätte man nichts zum Diskutieren und zum Bessermachen.
(Es interessiert mich auch gar nicht!) *(Öznur)*

Wenige Jugendliche zeigen politisches Interesse. Die Jugendlichen werden ihre Freizeit bestimmt nicht für Informationsbeschaffung über die verschiedenen Parteien verschwenden. *(Nadia)*

1. Diskutiert die verschiedenen Meinungen, die von den Schülerinnen und Schülern geäußert werden.
2. Was fällt euch zum Stichwort „Politik" ein? Führt dazu eine Kartenabfrage in der Klasse durch (s. S. 206).

Die Abkehr von der Politik ist ein Stachel

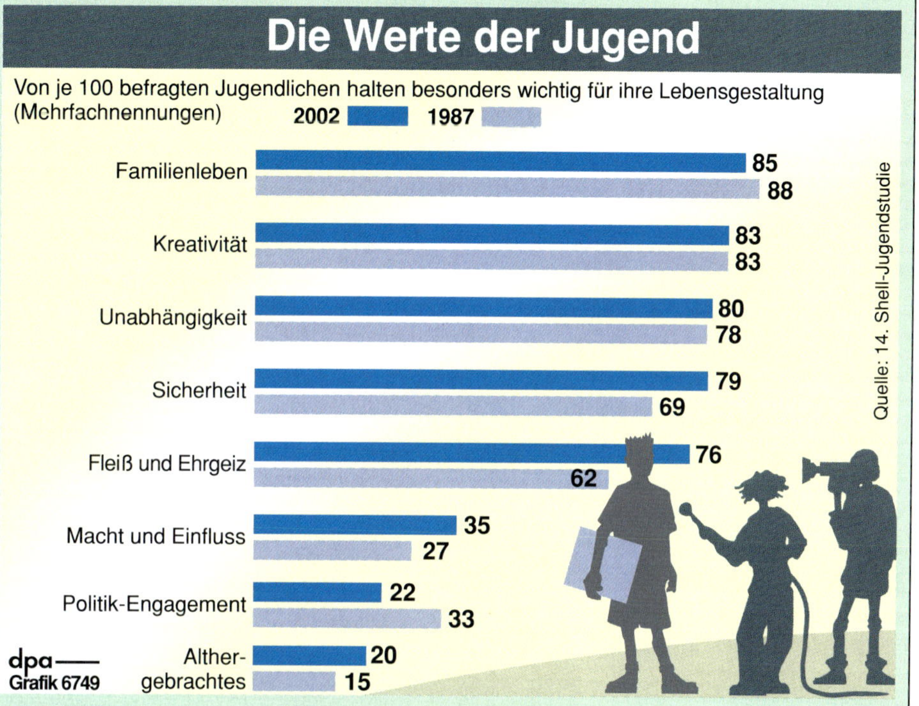

(aus: Hannoversche Allgemeine Zeitung vom 20.8.2002, S. 2)

Die Jugend ist zukunftsorientiert und will die aktuellen gesellschaftlichen Herausforderungen meistern. „Diese Generation kann der Politik Mut machen", sagt die ehemalige Familienministerin Bergmann. „Sie engagiert sich auch im sozialen Umfeld."

Wirklich? (...) Und die Politikverdrossenheit? Die große Mehrheit der Jugendlichen will mit Politik nicht viel zu tun haben – sie trauen den Parteien nichts zu.

In der 14. Shell-Studie 2002 bezeichneten sich nur 34 Prozent der Jugendlichen als politisch interessiert. 1991 waren es noch 57 Prozent. Gerade 35 Prozent würden sicher an Wahlen teilnehmen. „Das ist natürlich ein Stachel", sagt Frau Bergmann. Sie hält allerdings wenig davon, wenn Politiker nun versuchen würden, besonders jugendlich zu wirken. Vielmehr müssten sich die Parteien überlegen, warum ihre Strukturen unattraktiv für junge Menschen seien und Angebote machen. Einübung in demokratisches Verhalten könne gar nicht früh genug beginnen – zum Beispiel schon im Kindergarten.

1. Was verstehst du unter: Familienleben, Kreativität, Unabhängigkeit und Sicherheit?
2. In welchen Bereichen haben sich die Werte der Jugend besonders stark verändert? Erkläre.
3. *„Die Abkehr von der Politik ist ein Stachel."* Was ist mit dieser Aussage gemeint?

„united crazy girls“ – einmischen vor Ort

1. Welches Ziel hat sich die Mädchengruppe gesetzt?
2. Warum haben die Mädchen schwarzweiße und farbige Fotos angefertigt? Erkläre.

Ergebnisse der Recherche vor Ort

Zuerst die schlechte Nachricht!
Die schrecklichsten Ecken in Barenburg (Ausschnitt)

Zerstörte Bushaltestelle

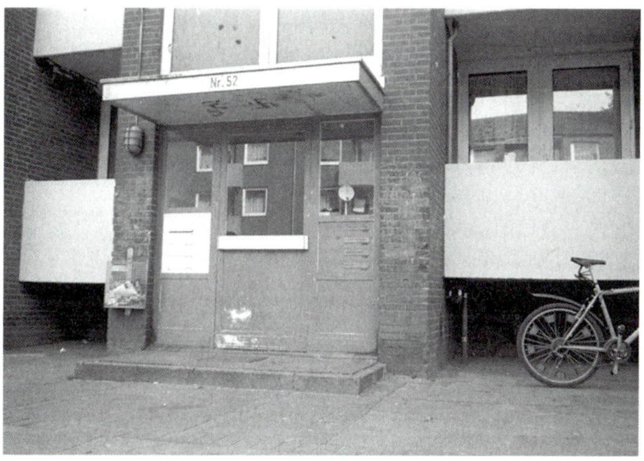

Der Eingang eines Hauses. Alles ist beschmiert. Es stinkt saumäßig.

Stinkende Müllberge und kaputte Glasflaschen auf einem Spielplatz

Jetzt die gute Nachricht!
Angebote für Mädchen in Barenburg (Ausschnitt)

So schön könnte Barenburg sein!

Kinder- und Jugendhaus Barenburg

Mädchenraum im Kinder- und Jugendhaus Barenburg

Der Schritt in die Öffentlichkeit
Alle öffentlichen Termine, wie „Pressetreffen" oder die „girls meetings" (Treffen der Mädchen mit Verantwortlichen aus Politik, Wirtschaft und Verwaltung) wurden vorher geplant und geprobt.

Im **Rollenspiel** haben wir Situationen, die uns in unserem Stadtteil immer wieder missfallen, verdeutlicht. Wir erprobten auch neue Handlungsmöglichkeiten, um uns besser behaupten zu können. Nach kurzer Zeit sahen uns viele Menschen als selbstsichere Expertinnen für unseren Stadtteil.

Zur Vorbereitung informierten uns unsere Betreuerinnen über die Verwaltung und die Politik der Stadt. Jetzt wussten wir, wer in unserer Stadt etwas zu bestimmen hat. Wir wählten die drei für uns wichtigsten Themen aus und schrieben Einladungen an den dafür zuständigen Politiker, Verwaltungsangestellten und Vertreter aus der Wirtschaft. Hierbei war es uns wichtig, dass die Eingeladenen auch in der Lage waren, während des „girls meetings" Teilzusagen oder Zusagen zu machen.

Das erste „girls meeting"
Das erste „girls meeting" bestand aus drei Talkrunden, die mit Videoeinspielungen untermalt wurden.
Wir bekamen in jeder Talkrunde Zusagen von den Verantwortlichen.

Die Talkrunden wurden von uns selbst geleitet und durchgeführt. Eine Erwachsene saß nur als Rückhalt für uns mit auf der Bühne. Die Mädchen, die nicht auf der Bühne waren, konnten während der Diskussion Fragen stellen. Nach Abschluss der Talkrunden stellte das Publikum Fragen oder gab Anregungen. Am Ende wurden die Ergebnisse von uns noch einmal zusammengefasst.

Ich setze mich ein

Ein Lob an die „United Crazy Girls" aus Barenburg

Ein Beitrag von EZ-Leser
WALTER DAVIDS
SPD-Ratsherr
August-Bebel-Straße 66
Emden

Die United Crazy Girls (ein Zusammenschluss aus Gruppen des Bürgervereins Barenburg, des Kinder- und Jugendhauses Barenburg und der Paulusgemeinde) wollten aufzeigen, wie der Stadtteil Barenburg für sie attraktiver wird. Sie entwickelten eine Broschüre, die überall im Stadtteil verteilt wurde und die großen Anklang fand. Am 15.3. fand ihr Girlsmeeting statt, zu dem die Mädchen Politiker und Verwaltungsfachleute eingeladen haben, um gemeinsam zu besprechen, wie dieses Ziel zu erreichen ist. Ich erhielt meine Einladung aufgrund meiner Zuständigkeit im Ausschuss „Öffentliche Sicherheit, Ordnung und Bürgerservice" und war positiv überrascht von dem, was die Mädchen vortrugen. Sie hatten keine Angst, „unbequeme" Fragen zu stellen, und hakten bei Antworten, die sie nicht zufrieden stellten, immer wieder nach. Diese Mädchen sind der Beweis, dass es doch Jugendliche gibt, die sich für Politik interessieren.

(Emder Zeitung (EZ) vom 21. 3. 02, S. 8)

Die wichtigsten Zusagen waren:

- ***Beleuchtung:** Zusage für eine Begehung am Pestalozziplatz und Überdenken einer Finanzierung bzw. Kostenermittlung*
- ***Einladung zum Treffen des Präventionsrates***
- ***Die Einrichtung einer gemütlichen Eisdiele oder eine Art Café zu schaffen, wird von den Verantwortlichen weiterverfolgt.***

1. *„Eine intensive Vorbereitung kostet Zeit und Mühe – macht aber fit!"* Bewerte diese Aussage bezogen auf das Mädchen-Projekt.
2. Überlege, warum die Zusagen beim „girls meeting" wichtig sind.
3. Welche Position vertritt der Ratsherr Walter Davids gegenüber dem Mädchen-Projekt?

Umsetzung der Ergebnisse

Kurz danach wurde eine Begehung des Weges am Pestalozziplatz durchgeführt. Teile des Präventionsrates (eine Arbeitsgruppe, die Gewalt im Stadtteil verhindern will) trafen sich mit uns, um sich ein Bild von unseren Ängsten in unserem Stadtteil zu machen. Hierbei stellte sich heraus, dass Erwachsene auch nicht immer eine Patentlösung aus dem Ärmel zaubern können. Wir spielten ihnen eine Szene aus dem Alltag in Barenburg vor. Dann baten wir sie, uns ihre Lösung vorzuspielen.

Anschließend trafen wir uns mit der Marketingabteilung der Emder Stadtwerke. Wir wollten mit ihnen den Malwettbewerb für die Bushaltestellen planen. Wir glauben, dass Jugendliche Bushaltestellen nicht zerstören, wenn sie diese mitgestaltet haben. Auch hier gab es wieder Zusagen. Das Papier für den Wettbewerb sowie den Druck von Flyern (Einladungsschreiben) übernahmen die Stadtwerke.

Für den Malwettbewerb stiftete der Bürgerverein für die besten zehn Bilder Sachpreise.

99.1 Weg vom Pestalozziplatz. Hier gibt es abends keine Beleuchtung! Das ist gruselig.

1. Was für eine Szene könnten die Mädchen dem Präventionsrat vorgespielt haben? Diskutiert.
2. Welches Ziel verfolgt die Mädchengruppe mit dem Malwettbewerb für die Bushaltestellen? Was hältst du davon?

Erste Erfolge

Ziel des zweiten „girls meetings" war es, zu prüfen, welche Zusagen und Versprechungen von den Verantwortlichen eingehalten worden waren.

Wir beschlossen, den Ablauf vom ersten „meeting" beizubehalten, mit zwei Ausnahmen: Die Verantwortlichen, die namentlich eine Zusage gemacht hatten, mussten uns Frage und Antwort auf dem „Heißen Stuhl" geben.

Zwei Tage vor dem „girls meeting" stand immer noch nicht fest, ob alle Eingeladenen erscheinen würden. Das war für uns sehr anstrengend. Selbst am Tag des „girls meetings" kamen noch Absagen und Ummeldungen.

Das zweite „girls meeting" verlief trotz schweißtreibender Sommertemperaturen und einer geringen Beteiligung von eingeladenen Zuschauern sehr positiv.

Die Politiker merkten wieder einmal, dass unsere Forderungen sehr ernst gemeint sind. Alle ließen sich auf den „Heißen Stuhl" ein, auch wenn es einigen sichtlich unangenehm war.

100.1 *Die „united crazy girls" im Gespräch „Heißer Stuhl" mit Politikern und Vertretern der Verwaltung (EZ-Bild: R. Ledig)*

Das Ergebnis war:

- *Laternen werden am Pestalozziplatz im Herbst installiert.*
- *Der Malwettbewerb läuft nach den Herbstferien an. Die Bushaltestellen werden nach der Sanierung der Hermann-Allmers-Straße aufgestellt.*
- *Die Verantwortlichen wollen sich darum bemühen, dass es im neuen Stadtteilzentrum Räume für Eisdielen und Restaurants gibt.*
- *Ein Politiker hat uns den Vorschlag gemacht, dass wir einen Namen für den Weg am Pestalozziplatz vorschlagen sollen (mittlerweile haben wir zwei Namen eingereicht: united crazy street und Crasse Gasse).*

„Wir haben durch unsere Arbeit am Projekt viel bewirkt. Das Projekt hat auch viel bei uns bewirkt. Wir haben lange und intensiv an der Umsetzung unserer Interessen gearbeitet. Dabei haben wir gemerkt, dass wir ernst genommen werden.
Außerdem wissen wir, dass wir in der Lage sind, etwas zu verändern. Wir sind durch die Arbeit im Projekt selbstbewusster, lockerer (im Umgang mit den Verantwortlichen), mutiger und stärker geworden. Wir können alle auf das Erreichte und auf unseren Zusammenhalt in der Gruppe stolz sein."

UTE LIPPERHEIDE zu: „Heißer Stuhl" in Barenburg

Frische Ideen

Zehn Mädchen zwischen zehn und 15 Jahren aus Barenburg treffen sich jeden Mittwoch und sprechen mit ihren Betreuerinnen über Probleme im Stadtteil.
Nach neun Monaten haben sie Vertreter aus Rat und Verwaltung auf den „Heißen Stuhl" gesetzt, um zu überprüfen, was von deren Versprechungen eingehalten wurde. Eine klasse Idee, die auch in anderen Stadtteilen Schule machen sollte.

Respekt gebührt diesen „United Crazy Girls". Sie zeigen Jugendlichen, dass es sich lohnt, in der Politik vor Ort mitzumischen. Sie bringen so eigene, frische Ideen in den Stadtteil. Ihnen ist es nicht egal, was um sie herum geschieht. Umso wichtiger, den Elan der Gruppe nicht durch bürokratische Hürden zu bremsen.
Wenn junge Menschen diese Art von Initiative zeigen, muss dies gefördert werden. Bürger mit der Einstellung „Lass die da oben doch machen, wir ändern ja sowieso nichts" gibt es leider schon viel zu viele.

Uns interessiert auch Ihre Meinung. Leserbriefe bitte an:
Emder Zeitung, Redaktion, Postfach 1453, 26694 Emden.
Oder E-Mail: redaktion@emderzeitung.de

1. Liste auf, welche Vorbereitungen wohl notwendig waren, um ein gutes „girls meeting" durchzuführen.
2. Was hat das Projekt im Stadtteil bewirkt?
3. Die Mädchen sind *selbstbewusster, lockerer, mutiger und stärker* geworden. Überlege, warum.
4. Diskutiert eure Überlegungen zu Aufgabe 2.
5. Welche Meinung zum Mädchen-Projekt vertritt Frau Lipperheide in ihrem Kommentar?

Wahlen – eine Erzählung

Wahlen
Häufig vergessen wir, wie gut wir es eigentlich haben. Wir sind so frei, dass wir in fast jeder Lebenslage zwischen verschiedenen Möglichkeiten auswählen können. Die Wahl wird nicht selten zur Qual und das Wählen zum Stress. Denn jede Entscheidung für eine Sache ist immer auch eine Entscheidung gegen eine andere.
Ja, das Wählen ist hin und wieder ganz schön schwer, doch dieser „Preis" für die Freiheit ist nicht sehr hoch.

Die fähigste Person wählen
Wir können jemanden aus unserer Mitte auswählen, der dann Entscheidungen für uns trifft und an unserer Stelle handelt. Es ist unmöglich, dass alle bei allem mitreden können. Das wären einfach zu viele Leute, um Entscheidungen zu treffen.

Dieses Wählen eines Vertreters, eines Sprechers oder Abgeordneten, der einen dann bei solchen Entscheidungen vertritt, ist der Anfang von Politik.
Es spielt keine Rolle, ob wir einen Klassensprecher, einen Schulsprecher oder einen Betriebsrat wählen. Es geht immer darum, dass sich eine Gruppe von Menschen jemanden ausguckt, der ihre Wünschen, Sorgen und Interessen vertritt.

102.1

1. Liste Eigenschaften auf, die eine gute Klassensprecherin oder ein guter Klassensprecher haben sollte.
2. In der Schülerzeichnung 102.1 ist eine Waage abgebildet. Welche Aussage soll damit verdeutlicht werden?
3. *„Wählen gehen ist der Preis für die Freiheit."* Was ist damit gemeint?

Viele Wahlen – viel Demokratie

Demokratie ist die sogenannte Herrschaft des Volkes und sie ist die Regierungsform der Bundesrepublik.

Die Bevölkerung bestimmt für vier Jahre, welche Abgeordneten sie in den Parlamenten vertreten und welche Partei die Mehrheit bekommt. Sie wählen dann den Regierungschef.
So geschieht es im **Bundestag**, den **Landtagen**, den **Kreistagen** und den **Gemeinde- oder Stadträten**.

Dann gibt es noch das **Europäische Parlament**. Auch im Europäischen Parlament ist Deutschland vertreten. Die Abgeordneten des Europaparlaments werden natürlich von uns gewählt.
Das sind also insgesamt fünf sogenannte Volksvertretungen, die in fünf Wahlen gewählt werden.

Wie geht das?
Das geschieht in

allgemeinen, unmittelbaren, freien, gleichen und geheimen Wahlen.

So steht es in Artikel 28 des Grundgesetzes und klingt selbstverständlicher, als es ist.

Wahlgrundsätze

Allgemein bedeutet, dass jeder volljährige Bürger der Bundesrepublik – mit 18 Jahren – wahlberechtigt ist, unabhängig davon, ob es sich um Mann oder Frau, arme oder reiche Menschen handelt.

Unmittelbar bedeutet, dass wir unsere Vertreter direkt wählen und nicht erst einen, der sie dann wiederum stellvertretend für uns wählt.

Frei bedeutet, es darf niemand in seiner Wahl beeinflusst werden, zum Beispiel indem er Geld bekommt.

Gleich heißt, dass jede Stimme der Wahl gleich viel zählt, egal wer sie abgegeben hat.

Geheim heißt, dass niemand weiß, wer der Wähler war, wie er ausgesehen hat und was er gewählt hat.

Dies sind die Grundsätze des demokratischen Wahlrechts.

103.1

1. Welche Parlamente können wir wählen? Schreibe auf.
2. Was bedeutet *„allgemeine", „unmittelbare", „freie", „gleiche" und „geheime" Wahlen*? Erkläre mit eigenen Worten.
3. Welche Aufforderung steckt in der Schülerzeichnung zur Kommunalwahl?

Wahlen – eine Erzählung

Wer wird gewählt?
Gewählt werden die Abgeordneten der verschiedenen **Landesparlamente**, des ***Bundestages*** *und des* **Europaparlaments**. Sie vertreten ihre Wähler. Es werden aber nicht nur einzelne Personen, sondern zugleich Mitglieder einer Partei oder eine Partei gewählt. Deshalb enthalten die Stimmzettel zum Bundestag sowohl eine Liste der Personen als auch eine Liste der Parteien, die man wählen kann. Jeder Wähler hat damit sozusagen zwei Stimmen.

Mit seiner ersten Stimme kann er jemanden direkt auswählen, eine Frau oder einen Mann aus seiner Gegend (seinem „Wahlkreis"), die oder der ihn im Bundestag vertreten soll.

Der Kandidat aus einem Wahlkreis, der die meisten Stimmen erhält, wird Abgeordneter.

Es gibt 299 Wahlkreise in Deutschland. Dafür bekommen die Abgeordneten 299 Sitze im Bundestag. Aber der Bundestag besteht aus 598 Abgeordneten.

104.1

Hier nun kommt die *zweite Stimme* ins Spiel. Die gibt der Wähler der Partei, die er gut findet. Auch diese Stimmen werden ausgezählt.
Nach der Wahl wird ausgerechnet, wie viele Abgeordnete die Parteien in den Bundestag schicken dürfen. Diese kommen dann zu den 299 direkt gewählten Abgeordneten noch hinzu.

Gewählt wird übrigens nicht der Bundeskanzler, obwohl die Kanzlerkandidaten im Wahlkampf die großen Stars sind. Der Kanzler wird nicht von den Bürgern gewählt, sondern von den bei der Bundestagswahl gewählten Abgeordneten.

(aus: http://www.bundeskanzler.de/Wahlen-.7970. htm, Abrufdatum: 28.10.02, verändert)

1. Erkläre, warum auf dem Stimmzettel für die Bundestagswahl zwei Stimmen zu vergeben sind.
2. Was ist mit dem Aufruf *„Lauft nicht weg, geht wählen"* gemeint? Erkläre.

Ich geh wählen, weil ...

1. Diskutiert die verschiedenen Meinungen, die in den Sprechblasen geäußert werden.
2. Welcher Meinung könntest du dich anschließen? Begründe.

TRIO-Methode: Wir schreiben einen Leserbrief

Einen Leserbrief zu schreiben ist gar nicht so schwer. Beachte folgende Regeln:

Der Leserbrief
Die Leserbriefseite ist eine viel beachtete Rubrik in der Zeitung. Diese Rubrik bietet Gelegenheit für das Gespräch der Leserinnen und Leser mit der Zeitung und untereinander.

Leserbriefe beeinflussen vielfach die Meinungs- und Entscheidungsprozesse von Politikerinnen und Politikern vor allem in kleineren Kommunen.
Denn Leserbriefe werden
- von sehr vielen Menschen gelesen und
- vor allem als Stimmungsbarometer der Bevölkerung in der Gemeinde beachtet!

Schreibe schnell
Medien sind heute kurzlebig. Was nicht einen Tag nach der Meldung in der Redaktion ist, kann man meistens vergessen. Benutze möglichst E-Mail. Solche Texte ersparen der Redaktion Mühe und Zeit.

Schreibe kurz
Was nicht auf eine Seite passt, wird in den Redaktionen nicht mehr gelesen. Journalisten haben keine Zeit und werden mit Texten zugeschüttet. Nimm darauf Rücksicht. Je kürzer, desto besser. Schreibe einen kurzen Brief und streiche dann die Hälfte. Dann passt es.

Schreibe lebendig
Verwende Vergleiche, keine Abhandlungen, keine lang aufgebauten Gedanken. Komm sofort zur Sache und wiederhole nicht, was in dem Artikel steht. Der Journalist weiß, was er geschrieben hat.

Beschimpfe niemanden
Schimpfworte sind schlechter Stil und werden ohnehin – schon aus rechtlichen Gründen – nicht veröffentlicht. Verwende Ironie, wenn du jemanden kritisieren willst.

Schreibe nie anonym
Dein Begleitschreiben sollte deinen vollständigen Namen, Vornamen, Adresse und Telefon sowie die Bitte um Veröffentlichung enthalten.

Schreibe an einzelne Redakteure
Versuche herauszufinden, wer etwas geschrieben hat. Ein persönlicher Brief an den Autor wirkt besser.

Bedenke Folgendes
Nicht jeder Leserbrief wird veröffentlicht. Die Redaktion kann auch Leserbriefe kürzen.

1. Vorbereitung

Bereitet in der Klasse eine große Wandtapete vor.
Klebt den Zeitungsbeitrag *„Frische Ideen"* (s. S. 101) auf. Achtet darauf, dass für alle eure Leserbriefe (DIN-A5-Papier) genügend Platz auf der Wandtapete ist.
Nun geht es weiter in Einzelarbeit.

Schreibe zu dem Zeitungsbeitrag „Frische Ideen" einen Leserbrief.

2. Durchführung

Lies dir noch einmal die Hinweise zum Schreiben eines Leserbriefes durch.

Überleg nun, was du mit deinem Leserbrief erreichen möchtest.
Schreibe deinen Leserbrief auf (DIN-A5-Papier).
Überprüfe noch einmal, ob du alle Punkte bei deinem Leserbrief beachtet hast.
Sind z. B. die Gegenargumente zum Zeitungsartikel deutlich geworden?
Schreibe deinen Leserbrief sauber ab und hänge ihn an die Wandtapete.

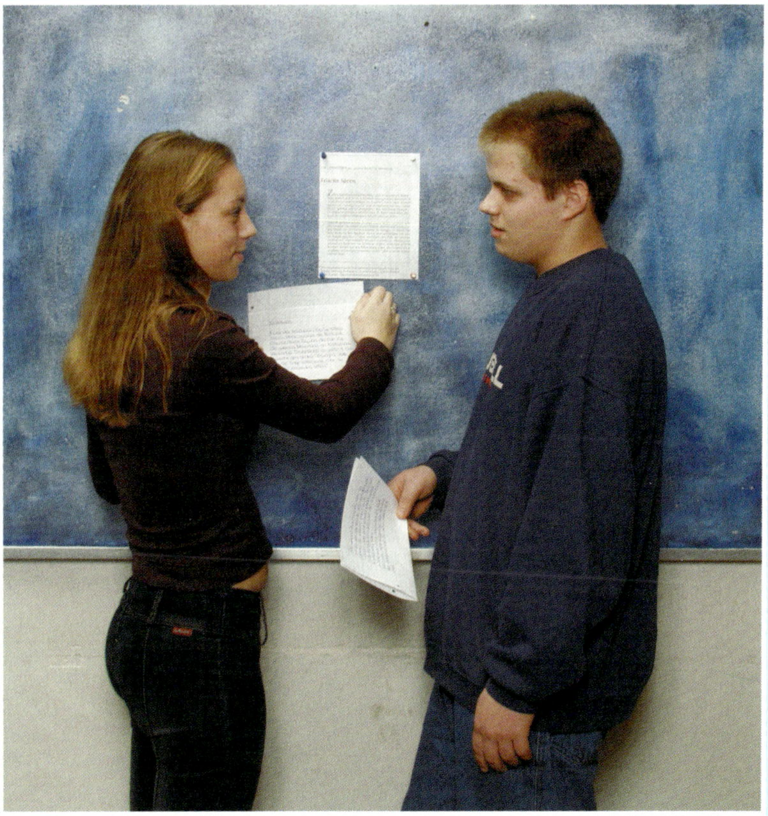

3. Auswertung

Lies dir fünf Leserbriefe durch. Überlege, welche Briefe du besonders gelungen findest. Schreibe deine Überlegungen in Stichworten auf.

Diskutiert in der Klasse, welchen Leserbrief ihr an die Zeitung senden würdet. Nehmt eure schriftlichen Stichworte zur Hilfe.

Der Bundestag

Der Deutsche **Bundestag**, das Parlament der Bundesrepublik Deutschland, wird vom Volk gewählt.

Seine wichtigsten Aufgaben sind:

- die Wahl des Bundeskanzlers,
- die Kontrolle der Bundesregierung und der Bundesverwaltung sowie
- die Gesetzgebung in Zusammenarbeit mit dem Bundesrat.

Der Bundestag wählt auch die Bundestagspräsidentin oder den Bundestagspräsidenten. Sie oder er leitet Bundestagssitzungen und ist Chefin oder Chef der Bundestagsverwaltung.

In der **Fraktion**, dem Zusammenschluss der Abgeordneten einer Partei, werden alle politischen Probleme diskutiert. Es wird eine Mehrheitsmeinung gebildet. Dann wird verbindlich festgelegt, welche Haltung bei Abstimmungen im Bundestag eingenommen wird.

Die Abgeordneten oder Mitglieder des Bundestages (MdB) sind nach Artikel 38, Absatz 1, des Grundgesetzes:

„Vertreter des ganzen Volkes, an Aufträge und Weisungen nicht gebunden und nur ihrem Gewissen unterworfen.“

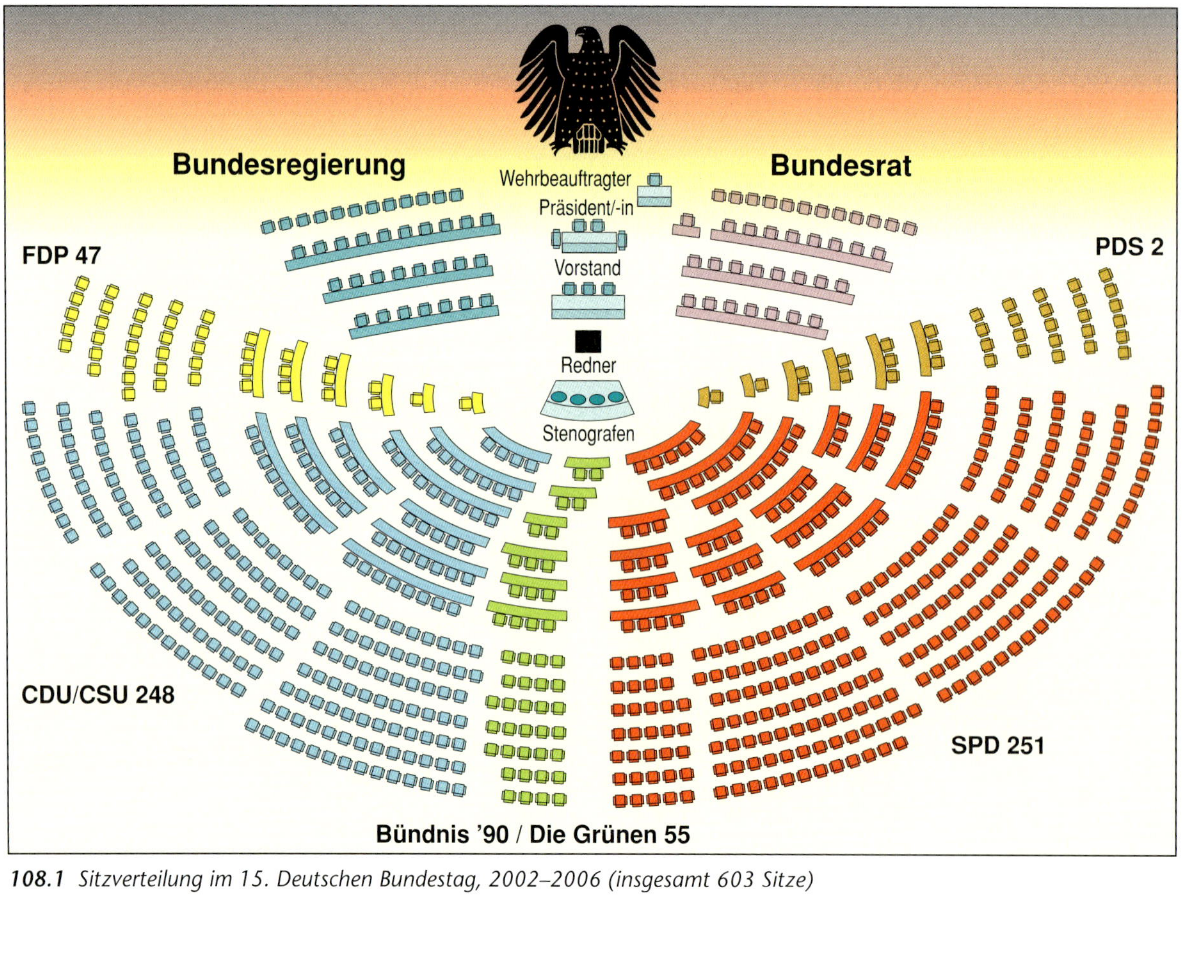

108.1 Sitzverteilung im 15. Deutschen Bundestag, 2002–2006 (insgesamt 603 Sitze)

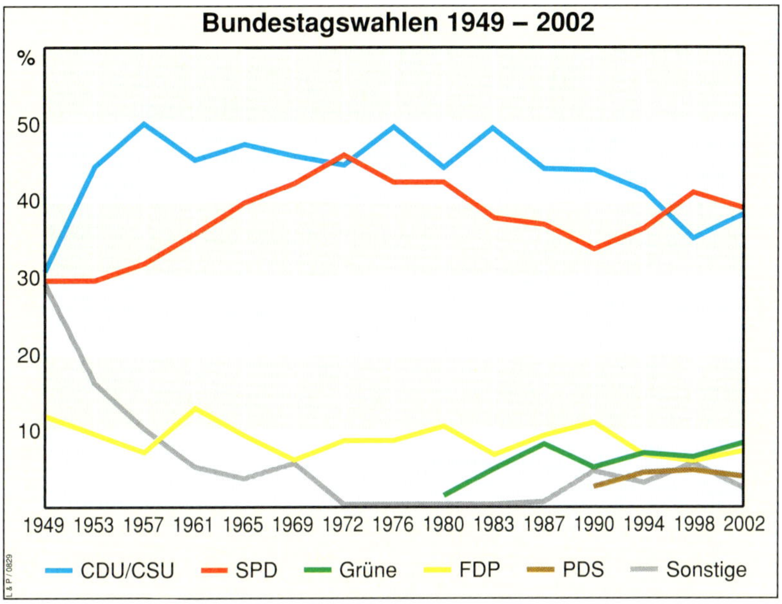

109.1 *Bundestagswahlergebnisse 1949–2002*

Im Bundestag werden politische Fragen und Probleme diskutiert und politische Entscheidungen getroffen. Die Diskussionen sind öffentlich.

Für die **Opposition** ist der Bundestag der wichtigste Ort ihrer Arbeit. Die Parteien der Opposition bilden keine Koalition, arbeiten aber von Fall zu Fall zusammen.

Die Opposition ist ein ebenso wichtiger Bestandteil des Parlaments wie die Regierung selbst. Die Abgeordneten der Opposition haben im Parlament die gleichen Rechte wie die Abgeordneten der Regierungsparteien.

Der wesentliche Teil der parlamentarischen Arbeit ist die Vorbereitung der Gesetzgebung. Diese Arbeit wird in den **Ausschüssen** geleistet. Dort arbeiten die Experten der Fraktionen an einem bestimmten Sachgebiet, z. B. im Ausschuss für Umwelt, Naturschutz und Reaktorsicherheit oder im Finanzausschuss. Hier werden Gesetzentwürfe beraten und dem Parlament zur Abstimmung vorgelegt.

Auch hier kann die Opposition oft wichtige Veränderungen bewirken.

1. Welche Aufgaben hat der Bundestag?
2. Erkläre folgende Begriffe: Sitze, Fraktion, Opposition.

Opposition

Zur Opposition gehören die nicht an der Regierung beteiligten Parteien im Parlament.

Die Opposition hat u. a. folgende Aufgaben:

- Kontrolle der Regierung
- Mitwirkung bei Wahlen (Bundeskanzler/Bundespräsident/Bundesverfassungsrichter)
- Mitwirkung bei der Gesetzgebung (Einbringen eigener Entwürfe/Zustimmung zu Regierungsentwürfen)
- Mitwirkung bei der Verabschiedung des Haushaltes.

Der Bundeskanzler/die Bundeskanzlerin

Der Bundestag wählt den **Bundeskanzler**, der vom **Bundespräsidenten** vorgeschlagen wird. Zuvor führt der Bundespräsident mit den Vorsitzenden der im Bundestag vertretenen Parteien Gespräche.
Der Bundeskanzler hat das Recht, das Bundeskabinett zu bilden. Er schlägt dem Bundespräsidenten die Kandidaten für die Ministerämter, und damit die Mitglieder des Bundeskabinetts, vor. Auf gleiche Weise erfolgt die Entlassung der Bundesminister.
Der Bundeskanzler hat den Vorsitz im Bundeskabinett und leitet die Kabinettsitzungen.

Zur Wahl des Bundeskanzlers heißt es im Grundgesetz:

Grundgesetz, Artikel 63

(2) Gewählt ist, wer die Stimmen der Mehrheit der Mitglieder des Bundestages auf sich vereinigt. Der Gewählte ist vom Bundespräsidenten zu ernennen.

Amtseid des Bundeskanzlers:

„Ich schwöre, dass ich meine Kraft dem Wohle des deutschen Volkes widmen, seinen Nutzen mehren, Schaden von ihm wenden, das Grundgesetz und die Gesetze des Bundes wahren und verteidigen, meine Pflichten gewissenhaft erfüllen und Gerechtigkeit gegen jedermann üben werde. So wahr mir Gott helfe."

Der Eid kann auch ohne religiöse Beteuerung geleistet werden.

***110.1** Vereidigung des Bundeskanzlers Gerhard Schröder im Bundestag durch den Bundestagspräsidenten.*

Die Bundeskanzler der Bundesrepublik Deutschland

Konrad Adenauer
CDU (1945–1963)

Ludwig Erhard
CDU (1963–1966)

Kurt Georg Kiesinger
CDU (1966–1969)

Willy Brandt
SPD (1969–1974)

Helmut Schmidt
SPD (1974–1982)

Helmut Kohl
CDU (1982–1998)

Gerhard Schröder
SPD (1998–2005)

Angela Merkel
CDU (ab 2005)

Der Bundeskanzler bestimmt die Richtlinien der Regierungspolitik und trägt dafür die Verantwortung. Diese Richtlinienkompetenz beschränkt sich auf die Vorgabe eines Rahmens für die einzelnen Ministerien.

Innerhalb der vom Bundeskanzler bestimmten Richtlinien leitet jede Bundesministerin und jeder Bundesminister seinen Geschäftsbereich selbstständig und unter eigener Verantwortung. Über Meinungsverschiedenheiten zwischen den Bundesministern entscheidet die Bundesregierung. Der Bundeskanzler trägt die Regierungsverantwortung gegenüber dem Bundestag.

Häufig bestehen Regierungen aus Koalitionen, die zwei oder mehrere Parteien eingehen, um über eine Mehrheit im Bundestag zu verfügen.

Dem Kabinett der „Großen Koalition" gehören die Kanzlerin Angela Merkel und die folgenden Ministerinnen und Minister an:

Das Bundeskabinett; der Bundespräsident, Horst Köhler, hat die Ernennungsurkunden überreicht. Er steht in der ersten Reihe, Mitte, neben der Kanzlerin Angela Merkel.

- Heidemarie Wieczorek-Zeul (SPD) – Bundesministerin für wirtschaftliche Zusammenarbeit und Entwicklung
- Annette Schavan (CDU) – Bundesministerin für Bildung und Forschung
- Franz Müntefering (SPD) – Bundesminister für Arbeit und Soziales und Vizekanzler
- Frank-Walter Steinmeier (SPD) – Bundesminister des Auswärtigen
- Wolfgang Schäuble (CDU) – Bundesminister des Innern
- Peer Steinbrück (SPD) – Bundesminister für Finanzen
- Ursula von der Leyen (CDU) – Bundesministerin für Familie, Senioren, Frauen und Jugend
- Michael Glos (CSU) – Bundesminister für Wirtschaft und Technologie
- Thomas de Maizière (CDU) – Bundesminister für besondere Aufgaben und Chef des Bundeskanzleramtes
- Sigmar Gabriel (SPD) – Bundesminister für Umwelt, Naturschutz und Reaktorsicherheit
- Wolfgang Tiefensee (CDU) – Bundesminister für Verkehr, Bau- und Stadtentwicklung
- Brigitte Zypries (SPD) – Bundesministerin für Justiz
- Horst Seehofer (CSU) – Bundesminister für Ernährung, Landwirtschaft und Verbraucherschutz
- Ulla Schmidt (SPD) – Bundesministerin für Gesundheit
- Franz Josef Jung (CDU) – Bundesminister der Verteidigung

Innerhalb dieser Regierungskoalition ist der Bundeskanzler an die Absprachen mit dem Regierungspartner gebunden, will er das Bündnis nicht unnötig belasten. Der Bundeskanzler entscheidet auch über seinen Stellvertreter (Vizekanzler). Dieses Amt übernimmt ein Bundesminister, in der Regel der Außenminister. Handelt es sich um eine Koalitionsregierung, wird gewöhnlich ein Parteimitglied des Regierungspartners zum Stellvertreter ernannt.

Mithilfe der Vertrauensfrage kann sich der Bundeskanzler vergewissern, ob seine Politik vom Bundestag unterstützt wird. Findet der Antrag keine mehrheitliche Zustimmung der Abgeordneten, hat der Bundeskanzler das Recht, dem Bundespräsidenten die Auflösung des Parlaments vorzuschlagen. Dieses Recht erlischt jedoch, wenn der Bundestag mit der Mehrheit seiner Mitglieder einen neuen Bundeskanzler wählt.

1. Welche Ministerinnen und welche Minister gehören der SPD und welche Bündnis 90/Die Grünen an?
2. Liste die Aufgaben des Bundeskanzlers auf.
3. Begründe, warum der Bundeskanzler einen Minister des Koalitionspartners zum Vizekanzler ernennt?

Friedenssicherung – mit und ohne Waffen

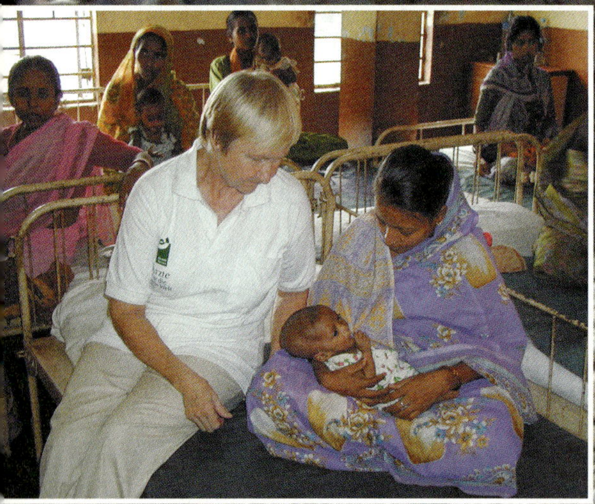

112.1 Ärzte helfen in der Dritten Welt

112.2 Zerstörte Häuser in der palästinensischen Stadt Dschenin

113.1 Bundeswehrsoldaten bei einer Übung

113.2 Bundeswehrsoldaten helfen beim Hochwasser

Der Nahost-Konflikt

Naher Osten – ferner Frieden?

20 Tote bei Anschlag in Jerusalem

Jugendlicher Attentäter sprengt Bus in die Luft

Täter soll 14 Jahre alt sein/Israel kündigt Vergeltungsschlag an

(Süddeutsche Zeitung vom 20. 6. 02)

Schlagzeilen in der Presse dokumentieren die tägliche Gewalt in **Palästina**. Die Gewaltspirale dreht sich immer weiter. Fast immer müssen Tote betrauert werden. Frieden ist in weite Ferne gerückt. Wo liegen die Ursachen für diese Spirale der Gewalt?
Gibt es eine Lösung?

114.1 Palästinensischer Attentäter hat einen israelischen Bus gesprengt, 2002

Der Alltag der **Intifada** im besetzten Gazastreifen:

Mohammed ist zwar erst zwölf Jahre alt, aber schon so etwas wie ein Anführer. Eifrig folgen Schulfreunde und Nachbarjungs seinen fachkundigen Anweisungen, bis der alte Autoreifen endlich Feuer gefangen hat und schwarze Rauchwolken die Straßenkreuzung einhüllen.
„Damit", so erklärt er lässig, „locken wir die Soldaten an. Wenn sie dann kommen, werfen die Kids mit Steinen und leeren Flaschen", beschreibt er die im Gazastreifen schon zur täglichen Routine gewordenen Auseinandersetzungen zwischen palästinensischen Jugendlichen und israelischen Sicherheitskräften (...): „Dann jagen uns die Soldaten, und wenn sie einen von uns erwischen, dann muss die Familie Strafe zahlen. Manchmal", so fährt er fort, „schießen die Soldaten mit Tränengas, mit Plastikkugeln oder mit scharfer Munition".

(J. Hundertmark-Dinkela, B. Lilienthal, Der Nahe Osten, S. 101/102)

Der Alltag der **Intifada** für die israelische Bevölkerung:

„Jerusalem, Innenstadt, am Freitagmittag: Zwei junge palästinensische Frauen werden von aufgebrachten jüdischen Bürgern umringt. „Tod den Arabern, Tod den Terroristen", hallt es ihnen entgegen. Sie werden von Polizisten festgenommen. Ihr Vergehen: Sie hatten kurz zuvor ein Küchenmesser gekauft, das ihre Mutter im Haushalt benötigte. Als sich diese Version als wahr herausstellte, wurden die beiden Frauen freigelassen. Sie hatten Glück, nicht gelyncht worden zu sein. Denn die jüngsten Messerstechereien palästinensischer Extremisten haben die Nerven vieler Israelis bloßgelegt."

(J. Hundertmark-Dinkela, B. Lilienthal, Der Nahe Osten, S. 115)

1. Was weißt du über den Nahost-Konflikt? Schreibe wichtige Aussagen auf.
2. Erläutere anhand der Texte das Verhältnis zwischen Arabern und Israelis.
3. Sammelt für den weiteren Unterricht Berichte über den Nahost-Konflikt.

Palästina liegt im Nahen Osten. Es entspricht etwa dem Gebiet der Länder Israels und Jordaniens ohne die Wüstengebiete im Süd- und Nordosten. Die politischen Grenzen in diesem Gebiet haben sich seit dem Altertum immer wieder geändert.

115.1 „Wir waren schon immer hier!" Zeichnung (Fritz Behrendt)

Palästina war seit dem 3. Jahrtausend v. Chr. eine Region mit großer wirtschaftlicher Bedeutung. Hier trafen Verkehrswege von drei Kontinenten aufeinander. Dadurch wurde es auch zum Schnittpunkt für religiöse und kulturelle Einflüsse.
In Jerusalem entstanden wichtige religiöse Stätten des Judentums, des Christentums und des Islams.
Heute erheben die Juden und die Palästinenser Anspruch auf ein und dasselbe Gebiet.

1. Erläutere mithilfe der Zeitleiste die Karikatur.
2. Welche besondere Bedeutung kommt den Versprechungen der Engländer in den Jahren 1915 und 1918 zu?

Geschichte Palästinas im Überblick

2000–2500 v. Chr.	Ammoniter und Kanaaniter (Vorfahren der Araber) siedeln sich in Palästina an.
1500 v. Chr.	Besiedlung Palästinas durch jüdische Stämme.
1000 v. Chr.	Es entsteht ein vereintes israelitisches Reich unter König David.
63 n. Chr.	Eroberung Palästinas durch die Römer. Vertreibung der Juden.
638 n. Chr.	Eroberung Palästinas durch die Araber. Verstärkte Besiedlung durch die Eroberer.
1517–1918	Palästina unter osmanischer, dann unter türkischer Herrschaft.
1896	Forderung nach einem jüdischen Staat. Einwanderungen aus Osteuropa.
1915	England verspricht den Arabern einen eigenen Staat in Palästina.
1918	Palästina unter britischer Verwaltung. England sichert den Juden eine Unterstützung für eine „Heimstatt" in Palästina zu.
1932–1945	250 000 jüdische Einwanderer.
1948	14. Mai: Gründung des Staates Israel 15. Mai: Erster arabisch-israelischer Krieg – alle arabischen Nachbarstaaten greifen Israel an.

Die heutige Situation im Nahen Osten hat seinen Ursprung in der britischen Politik nach dem Ersten Weltkrieg. Juden und Arabern war ein eigener Staat versprochen worden. Die in Europa verfolgten Juden wanderten in Palästina ein. Konflikte mit der dort lebenden arabischen Bevölkerung waren die Folge. Großbritannien gab sein UN-Mandat über Palästina zurück.

1947 beschlossen die Vereinten Nationen die Teilung Palästinas. Jerusalem sollte wegen seiner religiösen Bedeutung für Juden, Moslems und Christen unter UN-Kontrolle bleiben. Die Araber lehnten den Teilungsplan ab, da ihnen als größte Volksgruppe nur der kleinere Teil zugesprochen werden sollte. Sie wollten ihr Land behalten.

1948 wurde der Staat Israel gegründet. Einen Tag nach der Staatsgründung überfielen die arabischen Nachbarstaaten Israel mit dem Ziel, es zu zerschlagen.

116.1 Israel 1948

116.2 Israel 1985

1. Werte die Karte 116.1 aus: Welches Ziel verfolgt der UN-Teilungsplan von 1947? Was hat sich durch die Staatsgründung Israels geändert?
2. Beschreibe die weiteren Veränderungen des Staates Israel bis 1985.

Seit 1948 gab es immer wieder Anläufe, in Palästina einen dauerhaften Frieden zu schaffen. Ein entscheidender Durchbruch wurde in dem *Gaza-Jericho-Abkommen 1994* und dem *Oslo II-Abkommen 1995* gesehen. Letzteres regelt den Abzug der israelischen Truppen aus Jericho und dem Gazastreifen. Diese Abkommen wurden nicht erfüllt. Im Gegenteil: Israel förderte den Siedlungsausbau in den besetzten Gebieten.

Als Reaktion darauf begann im September 2000 eine zweite blutige Intifada. Mit Selbstmordattentaten der Palästinenser und militärischen Übergriffen Israels auf Gebiete der Palästinenser wuchs die Gewalt.

2002 legte der saudische Kronprinz Abdullah Ibn Abd Al-Asis einen neuen Friedensplan vor. – Kann ein Friede gefunden werden?

117.1 Israel 2002

Kernpunkte im Streit um den Frieden

- Jüdische Siedlungen auf dem Gebiet der Palästinenser
- Rückkehrrecht der aus Israel geflohenen Palästinenser

Das Gaza-Jericho-Abkommen „Land für Frieden" (1994)

- Beginn des Rückzugs der Israelis aus dem Gazastreifen und den Gebieten um Jericho
- Aufbau einer palästinensischen Selbstverwaltung
- Anerkennung des Existenzrechtes Israels
- Förderung der wirtschaftlichen Beziehungen

Der saudische Friedensplan (2002)

1. Rückzug Israels auf die Grenzen von 1967
2. Rückkehrrecht palästinischer Flüchtlinge
3. Aufgabe jüdischer Siedlungen in den besetzten Gebieten
4. Zustimmung für einen palästinensischen Staat mit der Hauptstadt Jerusalem
5. Anerkennung des Staates Israel von allen arabischen Staaten mit der Abgabe von Sicherheitsgarantien
6. Normalisierung des Handels

1. Erkläre anhand der Karte 117.1 die Stärken und Schwächen der beiden Friedenspläne.
2. Gib den Inhalt des Titels „Land für Frieden" in eigenen Worten wieder.
3. Suche Informationen zur augenblicklichen Situation im Nahen Osten. Erstell einen Zeitstrahl als Überblick.

Bundeswehreinsätze in internationalen Konflikten

Die Aufgaben der Bundeswehr

Internationale Konflikte und der Kampf gegen den weltweiten Terrorismus haben die Aufgaben der **Bundeswehr** verändert.

Am 30.6.1995 debattierte der Bundestag zum ersten Mal über einen Kampfeinsatz der Bundeswehr. Die Bundesregierung hatte den Antrag gestellt, deutsche Truppen im ehemaligen Jugoslawien einzusetzen. Anlass war die Ermordung Tausender Bosnier. Nach den Vorstellungen der Bundesregierung sollten bis zu 2000 Bundeswehrsoldaten in das ehemalige Jugoslawien verlegt werden.

Der Einsatz war umstritten. Viele sahen darin einen Akt der Solidarität mit den europäischen Bündnispartnern, andere sahen in dem Kampfeinsatz das Risiko, in einen Krieg hineingezogen zu werden.

Der Bundestag billigte schließlich mit der Mehrheit der Bundestagsabgeordneten aller Parteien den Einsatz.

Aufgaben der Bundeswehr

- Die Bundeswehr schützt Deutschland und seine Staatsbürger gegen politische Erpressung und äußere Gefahr.
- Die Bundeswehr fördert die militärische Stabilität und Integration Europas.
- Die Bundeswehr verteidigt Deutschland und seine Verbündeten.
- Die Bundeswehr hilft bei Katastrophen, rettet Menschen in Notlagen und unterstützt humanitäre Aktionen.
- Die Bundeswehr dient dem Weltfrieden und der internationalen Sicherheit im Einklang mit der Charta der Vereinten Nationen.

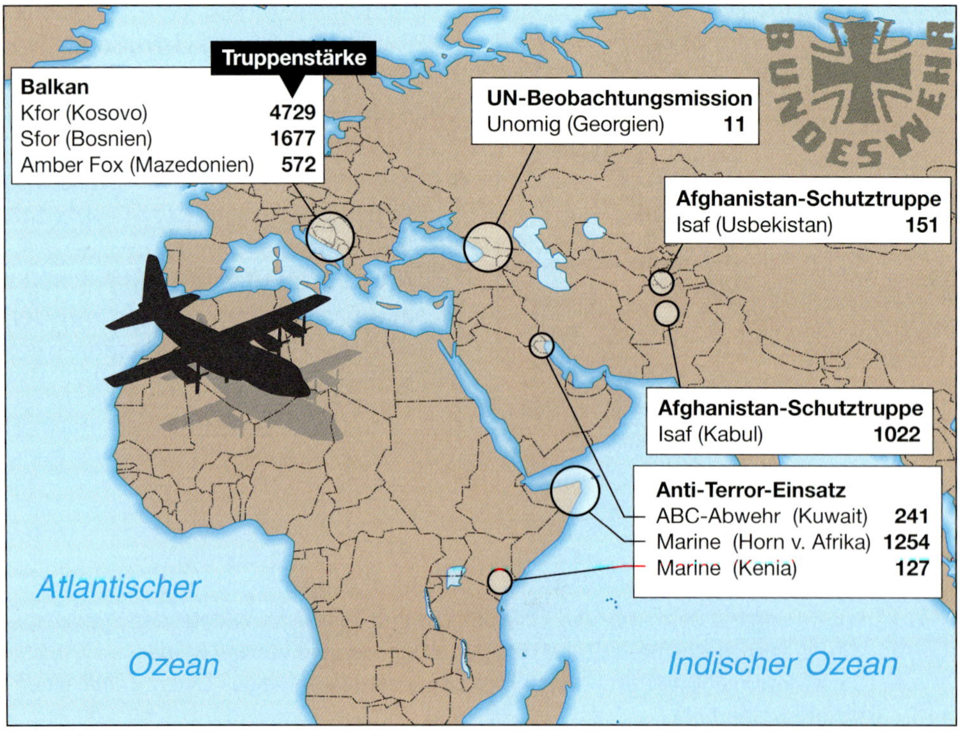

118.1 Krisenregionen und Einsatz von Bundeswehrsoldaten

Der Bündnisfall tritt ein

Die Anschläge von Terroristen auf das World Trade Center und andere Gebäude in den USA am 11. September 2001 waren auch für Deutschland von großer Bedeutung.

Sie waren nach Meinung der **Nato** wie eine Kriegserklärung gegenüber den USA einzuschätzen. Deshalb stellte die Nato fest: Der Angriff gegen die USA ist als ein Angriff gegen alle Nato-Partner anzusehen.

Sie berief sich dabei auf Artikel 5 des Nato-Vertrages (s. Kasten).

Nato-Vertrag, *Artikel 5*

„Die Parteien vereinbaren, dass ein bewaffneter Angriff gegen einen oder mehrere von ihnen in Europa oder Nordamerika als Angriff gegen sie alle angesehen wird; sie vereinbaren daher, dass im Falle eines solchen bewaffneten Angriffs jede von ihnen Beistand leistet ... einschließlich der Anwendung von Waffengewalt, die sie für erforderlich erachtet, um die Sicherheit des nordatlantischen Gebietes wiederherzustellen und zu erhalten."

Der Beschluss, deutsche Soldaten auch außerhalb Europas zu stationieren war nicht unumstritten.

119.1

1. *„Internationale Konflikte sind weit weg aber auch ganz nah."* Was meinst du?
2. Soll die Bundeswehr in internationalen Konflikten eingesetzt werden? Nehmt Stellung und begründet eure Meinung.

Einsatz der Bundeswehr in Afghanistan

Die USA machten für die Terroranschläge in New York das weltweite Terrornetz der El Kaida („Die Basis") verantwortlich. El Kaida wurde von dem Taliban-Regime in Afghanistan unterstützt. Deshalb befanden sich dort auch die Ausbildungslager für Terroristen.

Seit Oktober 2001 beteiligt sich Deutschland an der Internationalen Afghanistan-Friedenstruppe.

Dies war möglich geworden, nachdem der Deutsche Bundestag dem Einsatz von ca. 3500 deutschen Soldaten im Anti-Terror-Kampf zugestimmt hatte. Das Mandat war zeitlich begrenzt und wurde verlängert. Ziel des Einsatzes war es, das Regime der Taliban zu stürzen und die Terrororganisation El Kaida zu vernichten.
Nach dem Sturz der Taliban sollen jetzt demokratische Strukturen gefördert und Hilfe beim Wiederaufbau des Landes geleistet werden. Vorrangiges Ziel ist dabei die Sicherheit der Menschen in der Hauptstadt Kabul und Umgebung.

120.1 Krisenregionen

Der Einsatz von Soldaten ist überall mit einem hohen Risiko verbunden. Im März 2002 wurden zwei deutsche Soldaten beim Entschärfen einer Bombe getötet.
Seit Januar 2002 sind auch deutsche Elitesoldaten des Kommandos Spezialkräfte (KSK) in Afghanistan. Sie werden gemeinsam mit amerikanischen Soldaten eingesetzt. Ihre Aufgabe ist es, die letzten El-Kaida-Kämpfer festzunehmen.
Seit Februar 2002 beobachten deutsche See- und Luftstreitkräfte unter der militärischen Führung der USA alle Schiffsbewegungen am Horn von Afrika, im Roten Meer und im Golf von Aden. Die internationale Seeschifffahrt soll vor terroristischen Angriffen geschützt werden. Damit wird die Versorgung terroristischer Gruppen über See unterbunden.

1. Erkläre, warum deutsche Soldaten in Afghanistan eingesetzt werden.
2. Sprecht über Gefahren und Risiken dieser Einsätze.
3. Sucht in Zeitungen Berichte über die heutige Situation in Afghanistan.

Das Taliban-Regime ist 2001 gestürzt worden. Die Übergangsregierung wurde für mehrere Jahre bestätigt. Jetzt braucht das Land finanzielle und humanitäre Hilfe für den Wiederaufbau. Auch Deutschland hat Hilfe zugesagt. Es leistet finanzielle Hilfe, unterstützt den Aufbau von Schulen, bildet die Polizei aus, kümmert sich um eine gesunde Ernährung und fördert das Gesundheitssystem.

Beispiele für internationale Hilfe

Reinhard Fichtl, Projekt-Koordinator von terre des hommes, berichtet:

„In Kabul führen derzeit 100 Mitarbeiter unsere Straßenkinderzentren und die Mutter-Kind-Gesundheitsprojekte weiter. Dabei werden über 80 000 Mütter mit Kindern medizinisch versorgt. Und über 3000 Straßenkinder kommen täglich in unsere Zentren und essen dort. In diesen Tagen werden wir einen Medikamententransport nach Kabul bringen, wo dringend Nachschub benötigt wird. In Kabul bereiten wir auch umfangreiche Nothilfe für den Winter vor: Die Menschen sollen mit Nahrungsmitteln, Trinkwasser, Decken und Brennstoff versorgt werden."
(www.tdh.de, Abrufdatum 20. 6. 02)

***121.1** Bundeswehrsoldaten auf Patrouillengang*

Verglasungsaktionen durch OFARIN
(Organisation zur Förderung Afghanischer Regionaler Initiativen und Nachbarschaftshilfen e. V. – www.ofarin.de, regelmäßige Berichte: www.leineblick.de)

„Wir klopfen an eine Tür, wieder dürfen wir eintreten, nachdem die Frauen für uns außer Sicht gebracht und der Hund angekettet wurde. Wir betreten den großen Innenhof. Alles ist kahl und staubig. Nirgendwo ist ein Grasfleck. Die wenigen Bäume sind scheinbar ausgetrocknet. Eine Kuh trottet durch den Staub. Die Fenster in den Kabuler Wohnhäusern sind groß. Nur in Ausnahmefällen ist noch eine intakte Scheibe vorhanden. Wir messen die Fenster aus und gehen zum nächsten Haus. Wir können nur für einen Raum Glas besorgen. Das Glas wird von OFARIN in einer Glaserei gekauft und zu den Familien gebracht, die die Scheiben selber einsetzen. Später machen wir noch einen Kontrollbesuch.
(www.ofarin.de/nachrichten.htm Abrufdatum 20. 6. 02)

1. Informiere dich unter den angegebenen Internetadressen über weitere Ziele und Hilfen.
2. Warum ist internationale Hilfe in Afghanistan wichtig?

Wehrdienst in der Bundeswehr

Der Grundwehrdienst – ein Einschnitt in Jans Leben

122.1

Grundgesetz, Artikel 12 a
(Wehr- und Dienstpflicht)

(1) Männer können vom vollendeten achtzehnten Lebensjahr an zum Dienst in den Streitkräften, im Bundesgrenzschutz oder in einem Zivilschutzverband verpflichtet werden.

„Ich gelobe, der Bundesrepublik Deutschland treu zu dienen und das Recht und die Freiheit des deutschen Volkes tapfer zu verteidigen."

123.1 Soldaten bei der Vereidigung

In der Bundesrepublik besteht Wehrpflicht für junge Männer. Der **Wehrdienst** dauert neun Monate. Für die Wehrpflichtigen ist der Wehrdienst in der Bundeswehr ein tiefer Einschnitt in ihr bisheriges Leben.
Jeder Wehrpflichtige hat auch die Möglichkeit, freiwillig bis zu 23 Monaten Wehrdienst zu leisten. Diese Soldaten bekommen ab dem zehnten Monat neben dem Wehrsold einen Wehrdienstzuschlag.

Auch für Soldaten gelten während ihrer Dienstzeit die Bestimmungen des Grundgesetzes.

Es gibt für den Soldaten jedoch Einschränkungen: Er muss während der Dienstzeit in Gemeinschaftsunterkünften wohnen und ist in seiner Reisefreiheit eingeschränkt. Er darf auf dem Bundeswehrgelände keine Werbung für eine bestimmte Partei machen. Wenn er an einer Demonstration teilnehmen will, so darf er das nicht in Uniform tun.
Fühlen sich Soldaten ungerecht behandelt, können sie sich beim Wehrbeauftragten des Bundestags beschweren. Er wacht darüber, dass die Grundrechte des Soldaten eingehalten werden.
Bei besonderen Vorkommnissen kann der Wehrbeauftragte auch von sich aus eingreifen.

1. Erkläre, was der Grundwehrdienst für Jan bedeutet.
2. Welche Gedanken würden dir an Jans Stelle durch den Kopf gehen? Notiere sie als Tagebucheintrag.
3. Was mag zur gleichen Zeit z. B. eine Mutter, ein Freund oder ein Basketballmitspieler denken?
4. Sammelt in Gruppen Fragen zum Wehrdienst bei der Bundeswehr.
5. Ladet den Jugendoffizier ein und legt ihm die Fragen vor.
6. *„Der Dienst bei der Bundeswehr sollte für jeden selbstverständlich sein."* Was meinst du?

124.1 Der erste Appell auf dem Kasernenhof

124.3 Auf dem Schießplatz

124.2 Geländelauf

Stell dir vor, du wärst an der Stelle eines Wehrpflichtigen. Welche Gedanken bewegen dich in den drei abgebildeten Situationen?

Für Frauen gibt es in Deutschland keine Wehrpflicht. Aber seit 1991 können Frauen bei der Bundeswehr alle Laufbahnen im Sanitäts- und Militärmusikdienst einschlagen.
Seit dem 1. 12. 2000 können sie sich für den Dienst an der Waffe melden. Kanonier Nancy Watzl schreibt in ihrem Tagebuch:

Dienstag, 2. 1. 2001: Ich wohne in Zimmer 136 im zweiten Stock. Dort stehen Stockbetten aus Eisen und ein paar Schränke. Unser Zug besteht aus 46 Leuten, davon 14 Frauen. Wir Frauen sind Zeitsoldaten, die Männer sind alle Wehrpflichtige. Die sind mindestens genauso eingeschüchtert wie wir. Wir müssen die Spinde, die Fensterbank und die Leisten am Fußboden penibel abwischen und kehren. Alles wird kontrolliert. Ich habe ständig Angst davor, etwas falsch zu machen und vor den anderen runtergeputzt zu werden.

Freitag, 5. 1. 2002: Heute ist Fitnesstest. Standweitsprung, Sit-ups, Liegestütze. Beim Laufen bin ich beste Frau. Danach geht's mir richtig gut.

Sonntag, 7. 1. 2001: Auf dem Programm stehen Waffen, Kampfmittel und ihre Wirkung. Ich will mir gar nicht vorstellen, was diese Waffen beim Menschen anrichten. Vielleicht würde ich sonst Angst bekommen und könnte nicht mehr gut schießen.

Montag, 8. 1. 2001: Ich habe das erste Mal mit meinem Gewehr geschossen. Das war richtig toll. Das erste Mal abgedrückt, abkrümmen wie das heißt, ist wirklich was Besonderes. Auch wenn's diesmal noch Platzpatronen sind.

125.1 *Antreten in der Kaserne*

Mittwoch, 10. 1. 2001: Heute geht es auf den ersten Marsch, sechs Kilometer weit mit 15 Kilo Gepäck. Was ist, wenn ich das nicht schaffe? Nur nicht aufgeben, denke ich, sich bloß keine Blöße geben als Frau. Insgesamt erwarten die doch nichts anderes von uns. Bin total erleichtert, als ich die Kaserne sehe und stolz auf unsere Gruppe. Es hat uns irgendwie zusammengeschweißt. Diese Nacht schlafe ich erstmals wie ein Stein.

Dienstag, 30. 1. 2001: Wir liegen in einem Biwak. Beim Abendbrot wird festgelegt, wer wann den Alarmposten besetzt. Ich bin eingeteilt von ein bis zwei Uhr und von zwei bis drei Uhr als Feuerwache. Das heißt, mehr als zwei Stunden Schlaf ist nicht drin.

(Spiegel 10/2001, v. 5.3.01, S. 50 f.)

1. Du hast das Tagebuch gelesen und schreibst Nancy Watzl einen Brief. Überlege, welche Fragen du an sie richten möchtest.
2. Soll es eine Wehrpflicht für Frauen geben? Notiere Pro- und Kontra-Argumente.
3. Du hast dich als Frau für den Wehrdienst beworben. Welche Bedeutung haben für dich die auf S. 124 abgebildeten Situationen?

Kriegsdienstverweigerung – eine Gewissensentscheidung

126.1 Aussagen von Kriegsdienstverweigerern

Die Bundesrepublik Deutschland hat das Recht auf Kriegsdienstverweigerung als Grundrecht in die Verfassung aufgenommen.
Wehrpflichtige haben aber nicht die freie Entscheidung, den Wehrdienst zu verweigern. Sie ist an eine Gewissensentscheidung gebunden. Der Antragsteller muss deutlich machen können, dass ihm sein Gewissen das Töten anderer Menschen im Krieg grundsätzlich und zwingend verbietet.

Mit der Anerkennung als Kriegsdienstverweigerer beginnt die Zivildienstpflicht.
Als Ersatz für den Zivildienst wird auch der sogenannte **„Andere Dienst im Ausland“** (AdiA) offiziell anerkannt.

Grundgesetz

Artikel 4
(3) Niemand darf gegen sein Gewissen zum Kriegsdienst mit der Waffe gezwungen werden. Das Nähere regelt ein Bundesgesetz.

Artikel 12 a
(2) Wer aus Gewissensgründen den Kriegsdienst mit der Waffe verweigert, kann zu einem Ersatzdienst verpflichtet werden.

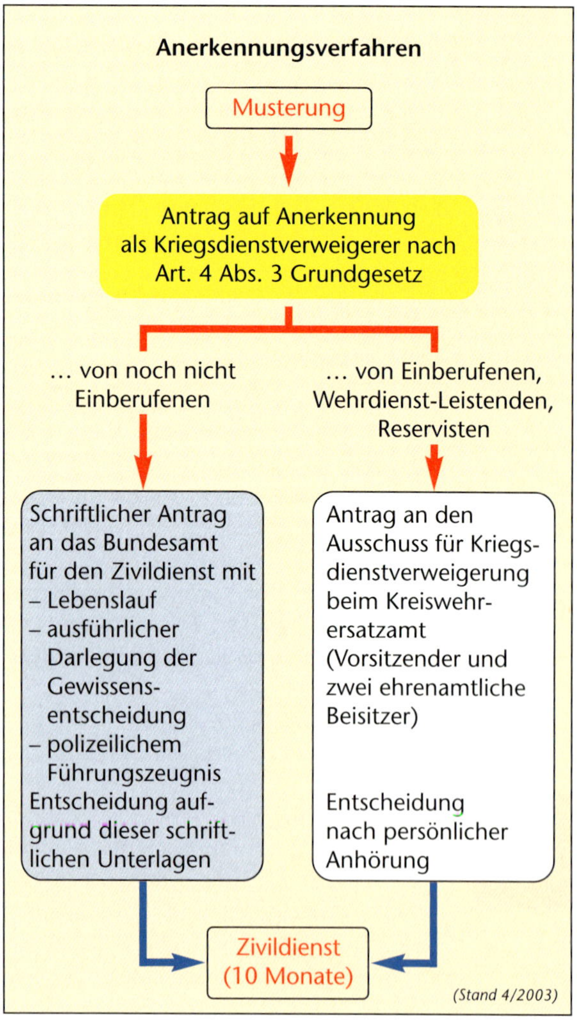

Der Zivildienst

Manche Bürger sehen in den Zivildienst-Leistenden Spinner, Faulpelze und Drückeberger. Andere halten sie für unentbehrlich, besonders im sozialen Bereich. Heute weiß man, dass die Zivis im Sozialbereich Enormes leisten. Häufig müssen sie Situationen bewältigen, die große seelische und körperliche Belastungen mit sich bringen.

Es gibt sehr unterschiedliche Einsatzmöglichkeiten im Krankentransport oder in der Altenpflege. Viele arbeiten aber auch in Behindertenwerkstätten, im Seniorensport und im Umweltschutz. Ohne die „Zivis" würden heute viele Pflegedienste zusammenbrechen.
Infos: www.zivildienst.de

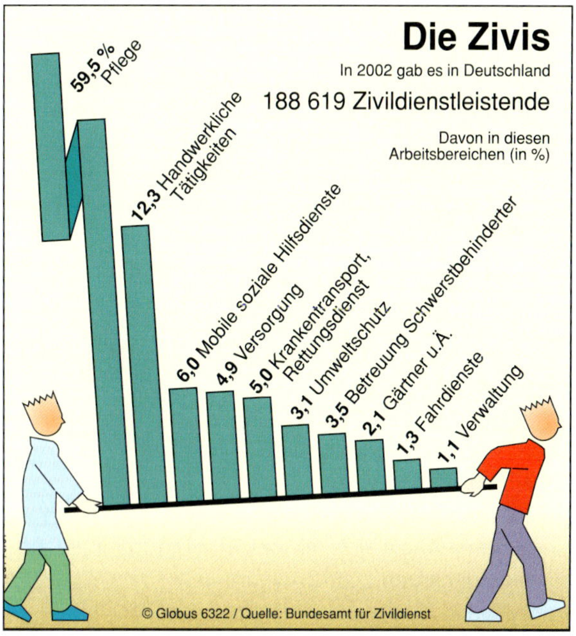

127.1

Der Zivildienst-Leistende Thomas Schlesinger berichtet:

1. August

Heute ist der erste Tag meines Zivildienstes. Die Leiterin des Behindertenwohnheims gibt mir den Dienstplan: Frühschicht von 6–9 Uhr, Spätschicht von 15–22 Uhr und alle zwei Wochen am Wochenende arbeiten. Ich soll morgen um 6 Uhr kommen. Dann werde ich die Behinderten kennen lernen.

2. August

Paul ist Spastiker und kann sich nicht alleine waschen. Ich soll ihn rasieren und ihm die Zähne putzen. Das ist irgendwie seltsam, eben habe ich ihn zum ersten Mal gesehen und jetzt … Danach gehe ich an den gemeinsamen Frühstückstisch und lerne die anderen Heimbewohner kennen.

127.2 Thomas Schlesinger

3. August

Heute hatten alle Bewohner Urlaub und wir fuhren in einen Freizeitpark. Ich musste kontrollieren, dass alle angeschnallt und die „Rollis" festgegurtet sind. Bevor wir losfahren konnten, musste Melanie, eine Rollstuhlfahrerin, aufs Klo. Ich ging mit ihr auf die Toilette. Es war sehr ungewohnt, aber sie half mir sehr, sodass es ganz OK war.

4. August

Heute musste ich die Heimbewohner mit einem Bus von der Arbeit abholen. Die meisten arbeiten in einer Werkstatt für Behinderte. Zwischen den Touren redete ich mit anderen Zivis über unsere Dienste. Ich habe gemerkt, dass ich einen ganz guten Job habe. Morgen habe ich wieder normalen Dienst im Wohnheim. Irgendwie freue ich mich, die anderen wiederzusehen.

1. *„Zivildienst-Leistende sind unentbehrliche Helfer."* Bezieht Stellung.
2. Was sagt die Grafik 127.1 über die Einsatzmöglichkeiten der Zivis aus?

TRIO-Methode: Wir nehmen Stellung

Wehrpflichtarmee oder Berufsarmee?

Seit Bestehen der Bundeswehr kommt es immer wieder zu Auseinandersetzungen über die Frage: Soll die Wehrpflicht abgeschafft und dafür eine Armee von Berufssoldaten gegründet werden? Zu dieser Frage sollte jeder Staatsbürger sich eine eigene Meinung bilden und dazu Stellung nehmen können.

128.1

1. Vorbereitung

Mit einer Stellungnahme sollst du deinen Standpunkt der Klasse verdeutlichen.

Dabei solltest du so vorgehen:

1. *Argumente sammeln*
   Du stellst aus verschiedenen Quellen Argumente zusammmen, die sich mit beiden Standpunkten auseinandersetzen.
   Neben Büchern und Aussagen von Fachleuten ist das Internet eine wichtige Informationsquelle.

2. *Standpunkt gewinnen*
   Welche Argumente beeindrucken und überzeugen dich am stärksten? Welche Argumente kannst du dir zu eigen machen?
3. *Standpunkte formulieren*
   Lege deinen Standpunkt schriftlich fest:
   „Ich bin für … und damit gegen … aus folgenden Gründen: 1. …, 2. …" usw.

2. Durchführung

Nach dieser Vorbereitung kannst du in schriftlicher oder mündlicher Form Stellung nehmen. Du musst dabei darauf achten, dass dein Standpunkt für den Leser oder Zuhörer deutlich erkennbar wird und durch die Argumentation gut nachvollziehbar ist. Dabei stehen die wichtigsten Gedanken am Schluss.

128.2

3. Auswertung

Die Auswertung der vorgestellten Stellungnahmen kann unter folgenden Gesichtspunkten erfolgen:

1. Wird der eigene Standpunkt klar und nachvollziehbar vorgestellt?
2. Wie überzeugend sind die einzelnen Argumente?
3. Sprecht über die unterschiedlichen Standpunkte in der Klasse.
4. Eventuell kann abschließend ein Meinungsbild zum Thema erstellt werden.

Zwei Stellungnahmen

Marvin schreibt:

Die Erfahrungen, die ich bei der Bundeswehr sammeln kann, sind mir für meine weitere Entwicklung im späteren Leben sehr wichtig.

…
Eine Wehrpflichtarmee hilft in Katastrophenfällen.

…
Mir ist es wichtig, dass die Aufgaben der Verteidigung von allen Menschen gemeinsam getragen werden. Jeder Soldat gibt mit seinem persönlichen Einsatz ein Zeichen für seine Verantwortung für unsere Verteidigung.

…
Da nur die Wehrpflicht für Wehrgerechtigkeit sorgt, bin ich für die Beibehaltung einer Wehrpflichtarmee.

Daniel trägt seinen Standpunkt vor:

Berufssoldaten sind die besseren Soldaten. Sie dienen länger und können deshalb besser an den Waffen ausgebildet werden.

…
Waffensysteme mit moderner Technik müssen von Fachleuten bedient werden.

…
Eine Berufsarmee kann am besten auf weltweite Gefahren reagieren. Der Berufssoldat ist für diese Einsätze besonders motiviert.

…
Es gibt immer mehr Länder in Europa, die sich für eine Berufsarmee entscheiden. Deshalb bin ich für die Abschaffung der Wehrpflicht und für die Berufsarmee.

Europa – mehr als die Europäische Union!

Albanien

Andorra

Belgien

Bosnien-Herzegowina

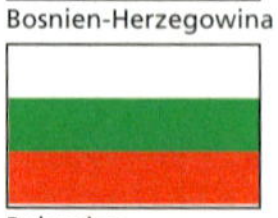
Bulgarien

Dänemark

Deutschland

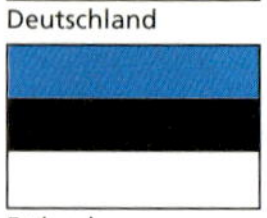
Estland

Finnland

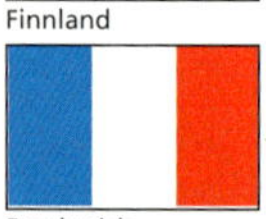
Frankreich

Griechenland

Großbritannien

Irland

Island

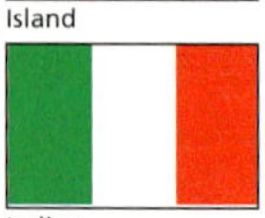
Italien

Jugoslawien

Kroatien

Lettland

Lichtenstein

Litauen

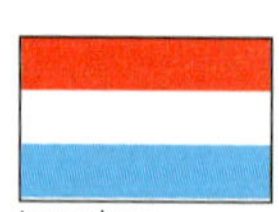
Luxemburg

Makedonien

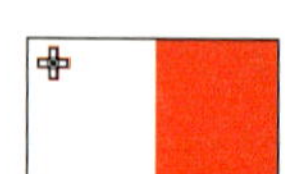
Malta

Zeichnet mithilfe eines Tageslichtprojektors eine große Europakarte. Sammelt alles, was euch zu Europa einfällt und gestaltet damit eine Plakatwand in eurer Klasse. Ergänzt sie laufend.

Zypern
Weißrussland
Vatikanstaat
Ungarn
Ukraine
Türkei
Tschechische Republik
Spanien
Slowenien
Slowakische Republik
Schweiz
Schweden
San Marino
Russland
Rumänien
Portugal

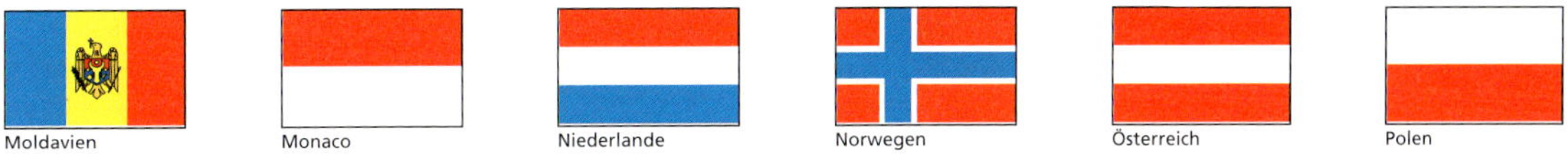
Moldavien
Monaco
Niederlande
Norwegen
Österreich
Polen

Jugendliche begegnen sich ...

132.1 Gastschüler aus sechs Nationen auf der Aller bei Rethem – Kette der Freundschaft

... als Gastschüler

Wer träumt nicht davon, ferne Länder kennen zu lernen? Wer möchte nicht mal raus aus dem Einerlei von Schule und Alltag? Ein Jahr ins Ausland – ein Traum, der wahr werden kann!

Der Aufenthalt in Ländern wie Großbritannien, Frankreich, Belgien, Norwegen oder Portugal kann den Grundstein für einen späteren Beruf legen. Ein Land und seine Menschen zu erleben ist eine Möglichkeit, sich der eigenen Herkunft bewusster zu werden. So kann man andere Menschen besser verstehen.

Im Gastland leben die Austauschschüler bei einer Familie. Hier werden sie als ganz normales Familienmitglied aufgenommen.

Durch den täglichen Schulbesuch lernen die Gastschüler nicht nur die Sprache. Sie passen sich schnell an ihre neue Umgebung an. Kontakte und Freundschaften wachsen. Bald gehören sie dazu.

1. Überlegt, welches europäische Land ihr gern besuchen würdet. Begründet eure Wahl.
2. Was würdet ihr in eurer Region Gastschülern zeigen?
3. Fragt Schülerinnen und Schüler aus europäischen Ländern, die bei uns zu Besuch sind, nach ihren Erfahrungen.

Nicole erzählt:

„Ich wohne in Paris, der Hauptstadt Frankreichs. Paris ist auch die größte Stadt in Frankreich. Hier leben rund neun Millionen Menschen aus vielen verschiedenen Ländern.

In Paris kann man sehr viel unternehmen. Es gibt viele Kinos, Cafés, Diskos, in denen man immer neue Leute kennen lernen kann. Gerne geh ich auch in den großen Kaufhäusern bummeln oder in eines der berühmten Museen, z. B. den Louvre.

Paris ist berühmt für seine Sehenswürdigkeiten, z. B. den Eiffelturm, den Arc de Triomphe oder die Kirche Notre Dame.

Viele Touristen kommen deshalb in unsere Stadt. Die Straßen und U-Bahnen (hier heißen sie Metro) sind in Paris leider sehr voll. Das nervt mich ziemlich."

133.1 *Metrostation in Paris*

Die Metro ist das wichtigste Verkehrsmittel in Paris. Täglich fahren damit vier Millionen Menschen. Keine andere europäische Stadt hat so viele Bahnhöfe wie Paris. Außerdem gibt es drei große Flughäfen.
Trotzdem erstickt Paris immer mehr im Autoverkehr. Jeden Tag fahren über eine Million Autos in die Stadt hinein und wieder hinaus.

Urs erzählt:

„Ich lebe in Zermatt, einem berühmten Urlaubsort in der Schweiz. Zermatt liegt in den Alpen, dem höchsten Gebirge in Europa. Der Ort ist von vielen Bergen umgeben, die höher als 4000 m sind.
Früher war Zermatt nur ein kleines Dorf, in dem Bauern lebten. Im Sommer zogen sie mit ihrem Vieh hoch auf die Almen. Im Winter blieben sie im Dorf. Heute kommen im Sommer Bergsteiger und Wanderer, im Winter Skifahrer in unseren Ort. Die meisten Dorfbewohner leben vom Tourismus. Ich arbeite jetzt schon mit im Hotel meiner Eltern und werde nach der Schule auch weiter dort arbeiten. So lerne ich viele Menschen aus verschiedenen Ländern kennen.
Wir einheimischen Jugendlichen im Ort kennen uns fast alle. Wir treffen uns zum Sport oder im Café. Ich möchte Zermatt nie verlassen."

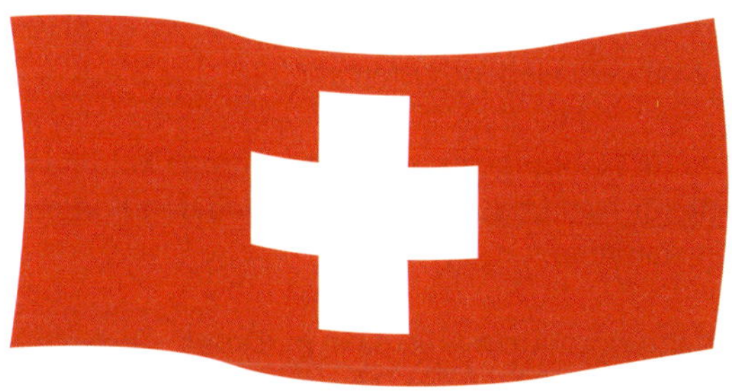

Fläche	41 285 km^2
Einwohner	7,1 Mio
Hauptstadt	Bern
Sprachen	Deutsch, Französisch, Italienisch, Rätoromanisch

133.2 *Länderinformation*

1. Suche die Wohnorte von Nicole und Urs im Atlas. Beschreibe ihre geografische Lage.
2. Informiere dich über ein europäisches Land. Gestalte daraus ein Info-Blatt nach dem Muster von 133.2 für eure Plakatwand.
3. Ergänzt die Plakatwand mit diesem Material.

Europa begegnet uns

134.1 Frisches Obst und Gemüse im Supermarkt: Vieles wird aus Europa oder aus anderen Kontinenten eingeführt.

Es ist für uns selbstverständlich, dass wir im Supermarkt zu jeder Jahreszeit alle möglichen Nahrungsmittel aus vielen Länden der Welt einkaufen können.

Erkundet in Partner- oder Dreier-Gruppen verschiedene Supermärkte in eurer Stadt oder in nahe gelegenen größeren Orten.
Stellt dabei fest, welche Nahrungsmittel nicht aus Deutschland stammen.

Legt zwei verschiedene Listen an:

- eine für Nahrungsmittel, die aus Europa kommen,
- eine für Nahrungsmittel, die aus anderen Kontinenten stammen.

Bei Nahrungsmitteln, die sich in Dosen, festen Verpackungen usw. befinden, könnt ihr mühelos feststellen, woher sie stammen.
Bei Obst oder Gemüse am Stand könnt ihr häufig auf der Preistafel nachlesen, aus welchem Land es eingeführt wurde.
Manchmal müsst ihr den Geschäftsführer oder einen anderen Mitarbeiter, der sich auskennt, befragen. Schon deshalb solltet ihr euch im Supermarkt zuerst an eine Mitarbeiterin oder einen Mitarbeiter wenden und sagen, was ihr vorhabt.

134.2 Woher kommen die Nahrungsmittel?

So solltet ihr euch verhalten:

- Dosen usw. wieder an den Platz stellen, von dem ihr sie zum Notieren weggenommen habt,
- keine offenen Waren anfassen.

Ergänzt eure Plakatwand.

TRIO-Methode: Ein Referat halten

Das Thema *Europa* bietet viele Möglichkeiten für die selbstständige Bearbeitung einzelner, frei gewählter Inhalte.
Klaus, Sabine und Stefanie möchten ein Referat über eines der Themen halten. Sie können z. B. einzelne Länder Europas vorstellen.

Sabine will ein Referat über das Land Polen halten. Ihre GSW-Lehrerin schlägt ihr vor, über *Naturraum, Bevölkerung, Besiedlung, Politik und Geschichte, Verkehr, Kultur oder Wirtschaft* zu berichten.
Dabei sollte sie sich aber nur auf einige dieser Themen beschränken, denn das Referat sollte nicht länger als sechs oder sieben Minuten dauern.

Andere Themen findest du auf den folgenden Seiten des Buches. Sie bieten Material für Referate über unterschiedliche Themen.

Wie geht ihr vor?

1. Vorbereitung

Zunächst sollte geklärt werden, wie viel Zeit für die Erarbeitung zur Verfügung steht. Danach richtet sich auch der Umfang des Referates.
Bei der *Materialsammlung* kannst du viele verschiedene Quellen nutzen.

Sabine bekommt von ihrer Lehrerin eine Checkliste. Darauf sind Hinweise, wo sie Material bekommen könnte.

Nachdem sie sich einen ersten Eindruck verschafft hat, entschließt sich Sabine dazu, ihr Referat vor allem mithilfe des Internets vorzubereiten. Sie nimmt aber auch noch einen Atlas zu Hilfe.

Checkliste

- Klassen- und Schulbücherei
- Bibliotheken
- Atlanten, Jahrbücher
- Reiseführer
- Botschaft des Landes, über das du das Referat halten willst
- Internet:
  www.inforegio.cec.eu.int
  www.europa.eu.int.
  www.auswaertiges-amt.de
  www.polen-info.de
  www.botschaft-polen.de
  www.reiten-in-polen.de
  www.polska-info.de

Materialangebot (Beispiel)

2. Durchführung

Der nächste Arbeitsschritt besteht darin, die *Materialien sorgfältig durchzuarbeiten.*

Wichtiges musst du markieren und dir *Randnotizen* machen (s. unten).

Am besten heftest du die Zettel an eine Info-Wand. So kannst du alle Informationen den Gliederungspunkten leichter zuordnen.

Es ist ratsam, für jeden Punkt der Gliederung ein extra Blatt anzulegen.

136.1 Atlaskarte

Polen, Land und Leute

Polen ist eine parlamentarische Demokratie. Der offizielle Name „Republik Polen" geht auf die Anfänge des 16. Jahrhunderts zurück. Staatswappen ist der weiße Adler auf rotem Feld. Die Nationalfarben Polens sind Weiß-Rot. Das oberste gesetzgebende Organ ist das Parlament. Es besteht aus dem Sejm und dem Senat. Staatsoberhaupt ist der Staatspräsident. Er hat eine Amtszeit von fünf Jahren. Oberstes Staatsorgan ist der Ministerrat (Regierung), an dessen Spitze der Premierminister steht.

Dort, wo einst die jahrhundertealten Handelsstraßen aufeinandertrafen und sich heute moderne Verkehrswege kreuzen, zwischen West und Ost, Nord und Süd, liegt Polen inmitten des europäischen Kontinents. Im Norden bildet die Ostsee seine Grenze. Hier liegen die drei großen Häfen Gdynia, Gdansk und Szczecin. Im Süden bildet der Gebirgszug der Karpaten mit der felsigen Hohen Tatra die Grenze. Im Osten verläuft sie entlang des Flusses Bug. Im Westen ist die schiffbare Oder die Grenze. Mitten durch das Land fließt die Weichsel. Sie ist mit 1047 km Länge der größte Fluss Polens.

An der Weichsel liegt Warschau, die Hauptstadt Polens. Auch Krakau, Sandomierz, Kazimierz, Plock, Torun und Gdansk liegen an ihrem Lauf. Sie sind alle berühmt wegen ihrer Sehenswürdigkeiten in herrlichen Altstädten. Sie erinnern nicht nur an die schwierige und oftmals stürmische Geschichte Polens, sondern auch an dessen Blütezeit. (...)

(www.botschaft-polen.de/polen/polen.html, verändert)

1. Politische Informationen:
Staatswappen
Nationalfarben
Parlament
Staatspräsident

2. Geografische Gegebenheiten:
Grenzen, Städte,
Flüsse
Hauptstadt (...)

Staatsbezeichnung:	Republik Polen
Fläche:	312 685 km²
Einwohner:	38,6 Mio
Bevölkerungsdichte:	123 Ew./km²
Hauptstadt:	Warschau (Warszawa)
Einwohner:	1,6 Mio
Verwaltungsgliederung:	49 Wojwodschaften, davon drei Stadtwojwodschaften: Warschau, Lodsch (Łodź), Krakau (Kraków)
Amtssprache:	Polnisch
Religion:	römisch-katholisch 1994 – 92,0 %

Wichtige Städte:
Lodsch/Lódź
Krakau/Kraków
Breslau/Wrocław
Posen/Poznań
Danzig/Gdańsk
Stettin/Szczecin

137.1 Polen in Zahlen

Gliederung
1. Einleitung
Polen – ein europäisches Land
2. Hauptteil: Polen, Land und Leute
1. Politische Informationen
2. Geografische Gegebenheiten
3. Polen im 2. Weltkrieg
4. Die Landschaften (Naturraum)
Masuren
Urwälder
Pflanzen und Tiere
5. Wirtschaft und Bodenschätze
6. Als Tourist in Polen
7. ...
3. Schluss: Polen gehört zu Europa

137.2 Stadt in Polen: Danzig

Nun kannst du mit dem Schreiben des Referattextes beginnen. Fasse die gesammelten Informationen in eigenen Worten zusammen.
Mit deiner Gruppe kannst du den Text dann überarbeiten. Denk daran, dass deine Mitschülerinnen und Mitschüler dir gern helfen, etwas besser und verständlicher darzustellen.

Du kannst den Text deines Referates ablesen. Oder du bereitest Stichwortzettel für die einzelnen Punkte vor.

3. Referat halten

Bevor du dein Referat vorträgst, solltest du dir überlegen, welche Bilder und Materialien du deinen Zuhörern zeigen willst (z. B. eine Karte von Polen). Diese können dann vielleicht das Vorgetragene besser verstehen. Notiere dir aber die Stellen in deinem Konzept, an denen du Bilder, z. B. mithilfe eines Tageslichtprojektors, einsetzen willst.

Tipp:
Übe das Vortragen deines Referates mehrere Male durch lautes Sprechen. Dadurch wirst du sicherer!

Zusammenarbeit in Europa

Anfänge nach 1945

138.1 Nach dem Krieg, 1945

Die Katastrophe des Zweiten Weltkriegs hatte fast ganz Europa verwüstet. Die Menschen litten Not. Sie hungerten, lebten in Notunterkünften, waren arbeitslos. Hoffnungslosigkeit und Verzweiflung nahmen vielen den Lebensmut. Überall wurde Deutschland verachtet und die Deutschen gehasst, denn sie hatten diesen Krieg angefangen.
Mutige Politiker setzten sich für eine Versöhnung ein. Die wichtigsten waren Winston Churchill, Robert Schuman und Konrad Adenauer. Ihr Leitgedanke für das künftige Europa lautete: Nur die Zusammenarbeit zwischen den Ländern kann den Frieden in Europa sichern.

Winston Churchill, Premierminister von Großbritannien, 1946:

„Wir müssen etwas wie die Vereinigten Staaten von Europa schaffen. Nur so können Hunderte von Millionen schwer arbeitender Menschen wieder die einfachen Freuden und Hoffnungen zurückgewinnen, die das Leben lebenswert machen. (...)

Der erste Schritt muss eine Partnerschaft zwischen Frankreich und Deutschland sein. (...) Die Zeit ist vielleicht knapp. Gegenwärtig haben wir eine Atempause. Die Geschütze schweigen. Der Kampf hat aufgehört, aber nicht die Gefahren."

(aus: Europa-Dokumente ..., Hrsg. Forschungsinstitut der Dt. Gesellschaft für auswärtige Politik, Bonn 1962, Bd. 1, S. 113 ff.)

Konrad Adenauer, erster deutscher Bundeskanzler, 1949:

„Das Verhältnis zwischen Frankreich und Deutschland ist eines der wichtigsten, wenn nicht das wichtigste Problem für Frankreich, für Deutschland, vielleicht auch für Europa. Seine Lösung wird entscheidend sein für den Frieden für lange Zeit."

Der französische Außenminister Robert Schuman, 1950:

„Europa lässt sich nicht mit einem Schlag herstellen und auch nicht durch eine einfache Zusammenfassung; es wird durch konkrete Tatsachen entstehen."

Seit über vierzig Jahren arbeiten die Staaten der Europäischen Gemeinschaft zusammen. Sie haben sich gemeinsame Ziele gesetzt. Wirtschaftlich sind große Teile des Kontinents eng miteinander verzahnt.

Die Fotos in Abb. 139.1 zeigen Bereiche der Zusammenarbeit der Staaten in Europa, z. B. *Verkehrswesen, Landwirtschaft, Umwelt und Wirtschaft.*

139.1 Zusammenarbeit in Europa heute

1. Erkläre, warum Politiker Mut brauchten, wenn sie nach 1945 Versöhnung forderten.
2. Suche aus den Worten von Churchill, Adenauer und Schumann die Kernaussagen heraus. Nimm Stellung.
3. Sucht in Partnerarbeit heraus, welche Bilder in Abb. 139.1 zu den kursiven Begriffen passen.

Europa wird eins

Die Einigung Europas hat 1951 begonnen und ist noch nicht beendet.

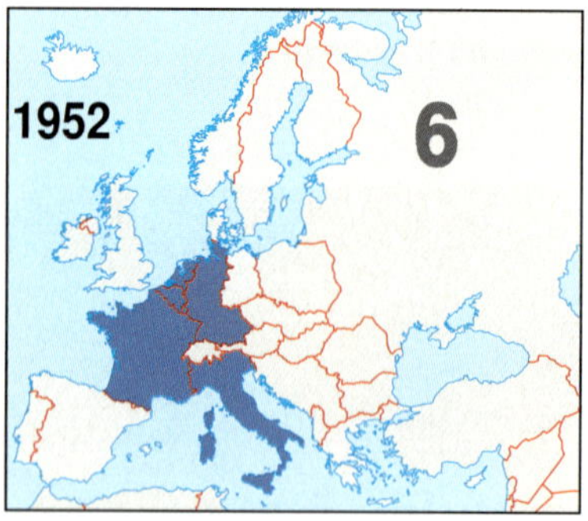

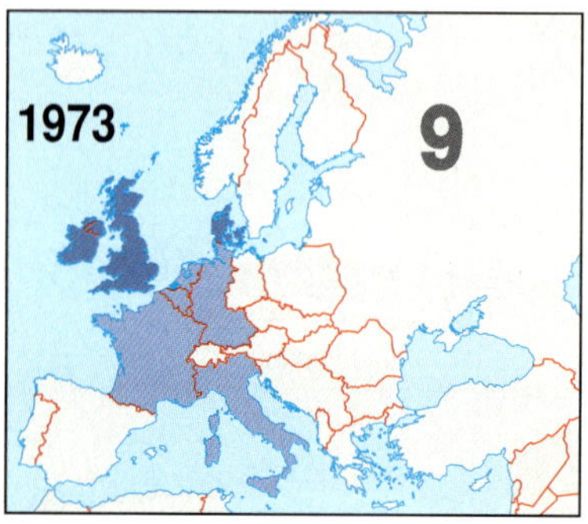

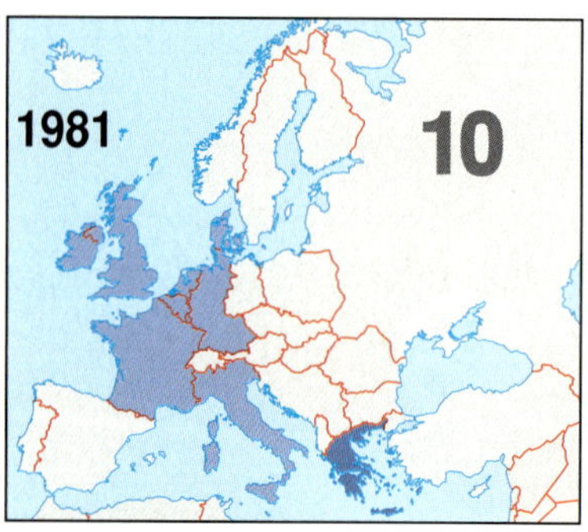

Vertrag über die Europäische Union (EU) vom 7. Februar 1992

SEINE MAJESTÄT DER KÖNIG DER BELGIER, IHRE MAJESTÄT DIE KÖNIGIN VON DÄNEMARK, DER PRÄSIDENT DER BUNDESREPUBLIK DEUTSCHLAND, DER PRÄSIDENT DER GRIECHISCHEN REPUBLIK, SEINE MAJESTÄT DER KÖNIG VON SPANIEN, DER PRÄSIDENT DER FRANZÖSISCHEN REPUBLIK, DER PRÄSIDENT IRLANDS, DER PRÄSIDENT DER ITALIENISCHEN REPUBLIK, SEINE KÖNIGLICHE HOHEIT DER GROSSHERZOG VON LUXEMBURG, IHRE MAJESTÄT DIE KÖNIGIN DER NIEDERLANDE, DER PRÄSIDENT DER PORTUGIESISCHEN REPUBLIK, IHRE MAJESTÄT DIE KÖNIGIN DES VEREINIGTEN KÖNIGREICHS GROSSBRITANNIEN UND NORDIRLAND –
ENTSCHLOSSEN, den (...) Prozess der europäischen Integration auf eine neue Stufe zu heben, (...)
IN BESTÄTIGUNG ihres Bekenntnisses zu den Grundsätzen der Freiheit, der Demokratie und der Achtung der Menschenrechte und Grundfreiheiten und der Rechtsstaatlichkeit,
IN DEM WUNSCH, die Solidarität zwischen ihren Völkern (...) zu stärken (...)
ENTSCHLOSSEN, eine gemeinsame Unionsbürgerschaft für die Staatsangehörigen ihrer Länder einzuführen,
ENTSCHLOSSEN, den Prozess der Schaffung einer immer engeren Union der Völker Europas (...) weiterzuführen,
IM HINBLICK auf weitere Schritte (...), um die europäische Integration voranzutreiben,
HABEN BESCHLOSSEN, eine Europäische Union zu gründen (...).

(aus: Der Vertrag Europäische Union: die Vertragstexte von Maastricht, Union Verlag, Bonn 1994, S. 18, gekürzt)

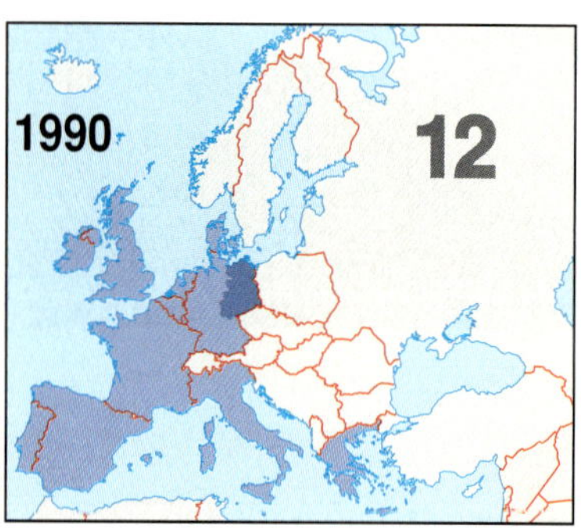

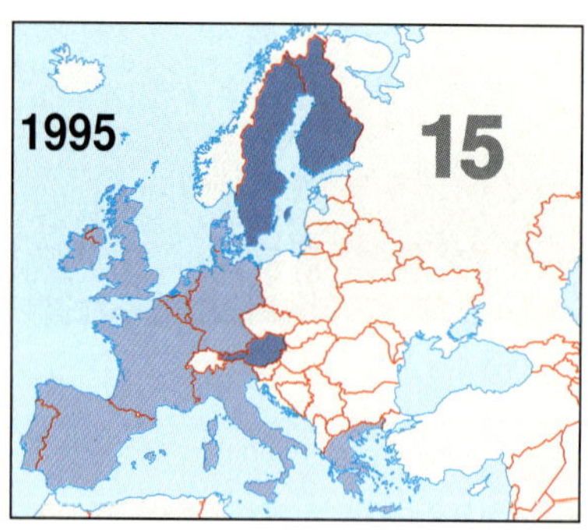

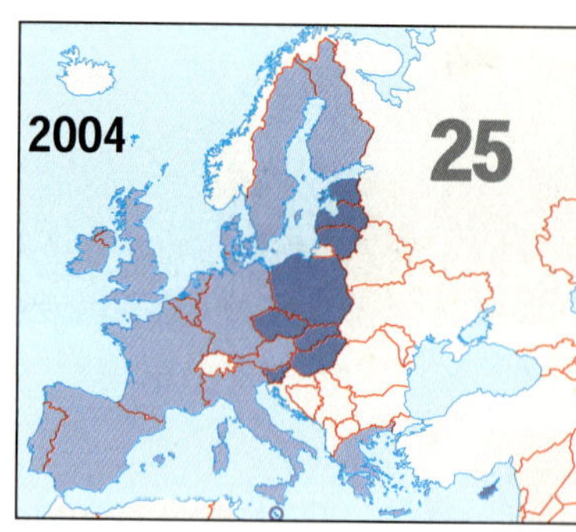

Die heutige **Europäische Union** (EU) ist ständig gewachsen.
Im Jahr 2004 sind zehn weitere Staaten hinzugekommen. 2007 wurden als weitere Staaten Bulgarien und Rumänien aufgenommen.

Der Weg zur Europäischen Union

2007 Die EU hat jetzt 27 Mitglieder.

1999 Umfassende Änderungen der bestehenden Verträge wurden verabschiedet (**„Amsterdamer Vertrag"**).

1979 Die Abgeordneten des Europäischen Parlaments wurden zum ersten Mal direkt gewählt.

2002 Der Euro wurde als Bargeld eingeführt.

1968 **Zollunion:** Importe und Exporte zwischen EWG-Staaten sind zollfrei.

1972 Die EWG-Staaten arbeiten auf den Gebieten der Energie und Umwelt zusammen.

1951 **Europäische Gemeinschaft für Kohle und Stahl (EGKS).** Im Gründungsvertrag heißt es, die sechs Staaten seien entschlossen, *„den ersten Grundstein für eine weitere und vertiefte Gemeinschaft unter Völkern zu legen, die lange Zeit durch blutige Auseinandersetzungen entzweit waren."*

1993 Seit dem 1. Januar 1993 ist der **Binnenmarkt** verwirklicht.

1992 „Vertrag über die **Europäische Union (EU)**." Die Partner arbeiten verstärkt in den Bereichen Bildung, Kultur, Gesundheitswesen, Verbraucherschutz, Industrie, Entwicklungshilfe, Außen- und Sicherheitspolitik, Justiz und Inneres zusammen.

1957 Die sechs EGKS-Staaten schlossen sich zur **Europäischen Wirtschaftsgemeinschaft (EWG)** und zur **Europäischen Atomgemeinschaft (EURATOM)** zusammen. In der EWG wurde die gemeinsame Politik vom Bereich Kohle und Stahl auf Landwirtschaft, Fischerei, Verkehrswesen und Außenhandel ausgedehnt.

Wichtige Daten auf dem Weg zur Europäischen Union:

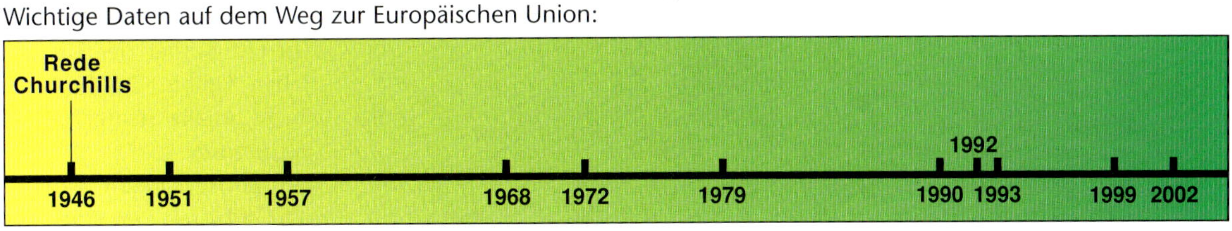

1. Erstell eine Tabelle mit Stichworten, in der die Erweiterungen der EU von 1952 bis 1995 erfasst werden.
2. Schreibe auf, welche Länder den Vertrag über die Europäische Union von 1992 unterzeichnet haben.
3. Nenne vier Ziele des Vertrages.

Die Verwirklichung des europäischen Binnenmarktes

Seit 1993 gibt es in den 15 Staaten der EU den **Binnenmarkt**. Das ist ein Gebiet, in dem sich das wirtschaftliche Geschehen für alle Teilnehmer nach weitgehend einheitlichen Regelungen, Gesetzen und unter gleichen Bedingungen abspielt.

Kennzeichen des Binnenmarktes sind die *„Vier Freiheiten"*:

142.1 *Hier gilt der Euro*

1. ***Der freie Verkehr von Personen (Freizügigkeit)***
Das heißt:
keine Grenzen für die Menschen, freie Wahl des Arbeitsplatzes, Anerkennung von Abschlüssen und Zeugnissen.

2. ***Freier Kapitalverkehr***
Das heißt:
Freizügigkeit für Geld- und Kapitalbewegungen, gemeinsame Währung.

3. ***Freier Warenverkehr***
Das heißt:
keine Kontrollen an den Grenzen, Angleichung der Steuern, Normen und Vorschriften.

4. ***Freier Verkehr von Dienstleistungen***
Das heißt:
europaweite Transportmärkte und Telekommunikation, keine Grenzen für Banken und Versicherungen.

Du bist Bürger der Europäischen Union. Du hast das Recht, in alle Staaten der EU einzureisen.
Du darfst überall wohnen und arbeiten: in Griechenland oder Spanien, Finnland oder Irland.
Wer keine Arbeit hat, kann sich in einigen EU-Staaten drei, in den meisten sechs Monate aufhalten und nach Arbeit suchen.

143.1 Euro-Geldscheine

Die Einführung des Euro ist auch für dich wichtig.
Auslandsreisen: Kein Umtausch mehr und keine Umtauschgebühren bei der Bank.
Du machst deine **Lehre** in einem Land der EU: Dein sauer verdientes Geld gilt dann auch in Deutschland.

Mit dem Jahresbeginn 2002 wurde in den meisten Staaten der Europäischen Union die gemeinsame Währung eingeführt (siehe Karte 142.1).
EU-Bürger können nun ungehindert Überweisungen in alle Länder der EU vornehmen.

143.2 Beispiele für die „Vier Freiheiten"

1. Ordne die Abbildungen von 143.2 den *Vier Freiheiten* zu.
2. Suche für die *Vier Freiheiten* je ein Beispiel. Die Abbildungen können dir helfen.
3. Freizügigkeit der Person – was ist damit gemeint?

Probleme des Arbeitsmarktes Europa

Auf einer Großbaustelle in Hannover. Es unterhalten sich:
Sven und Tom, deutsche Bauarbeiter, Jorge, ein Portugiese, und Mateusz, ein Pole.

Sven sagt zu Tom:

Sven spricht die beiden ausländischen Kollegen an.

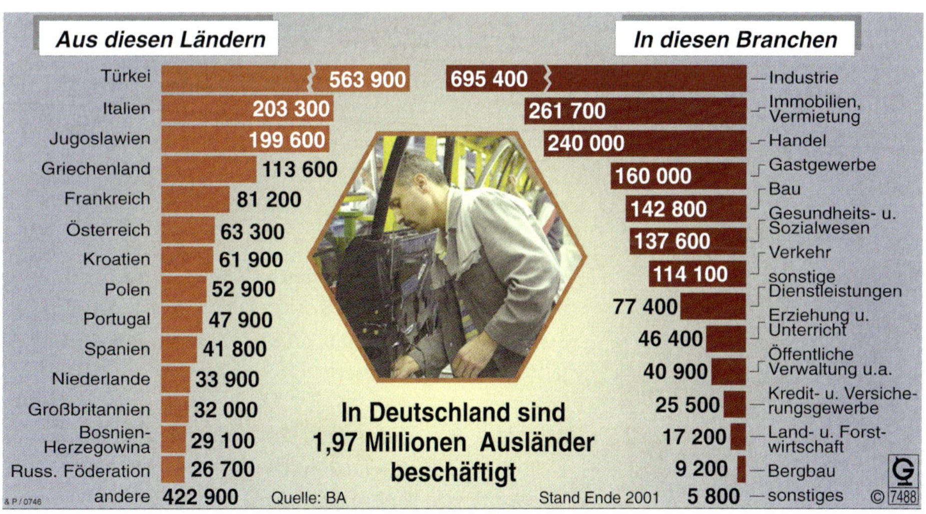

145.1 Beschäftigung von Ausländern in Deutschland

Freizügigkeit gilt für alle Bürger der Europäischen Union. In allen Ländern gelten alle schulischen und beruflichen Abschlüsse.

Jeder, der mobil ist und die Sprache ausreichend gut beherrscht, kann sich in jedem Land der EU um Arbeit bemühen.

1. Spielt das Gespräch zwischen den Bauarbeitern nach.
2. Stellt zusammen, welche Interessenlagen die Personen haben. Nimm Stellung.
3. Kennst du andere Bereiche mit ähnlichen Problemen? Nimm die Grafik 145.1 zu Hilfe.
4. Erkläre die Bedeutung ausländischer Arbeitskräfte für die deutsche Wirtschaft.
5. Setz dich mit der Aussage des Chefs in Bild 9 auseinander.

Riesenerfolge durch Zusammenarbeit

Der Airbus wäre nie gestartet, wenn es nicht den Binnenmarkt gäbe. Entwicklung und Produktion sind außerordentlich kostspielig.
Schließlich besteht ein solches Flugzeug aus rund 3,5 Millionen Einzelteilen, die von ca. 6000 Unternehmen in der ganzen Welt gefertigt werden.

Solche großtechnischen Entwicklungen können einzelne Staaten Europas nicht mehr allein durchführen.

Es entstehen zu hohe Kosten und zu aufwendige Forschungsarbeiten. Deshalb ist Zusammenarbeit über die Staatsgrenzen hinweg notwendig. Und das gestattet der Binnenmarkt.

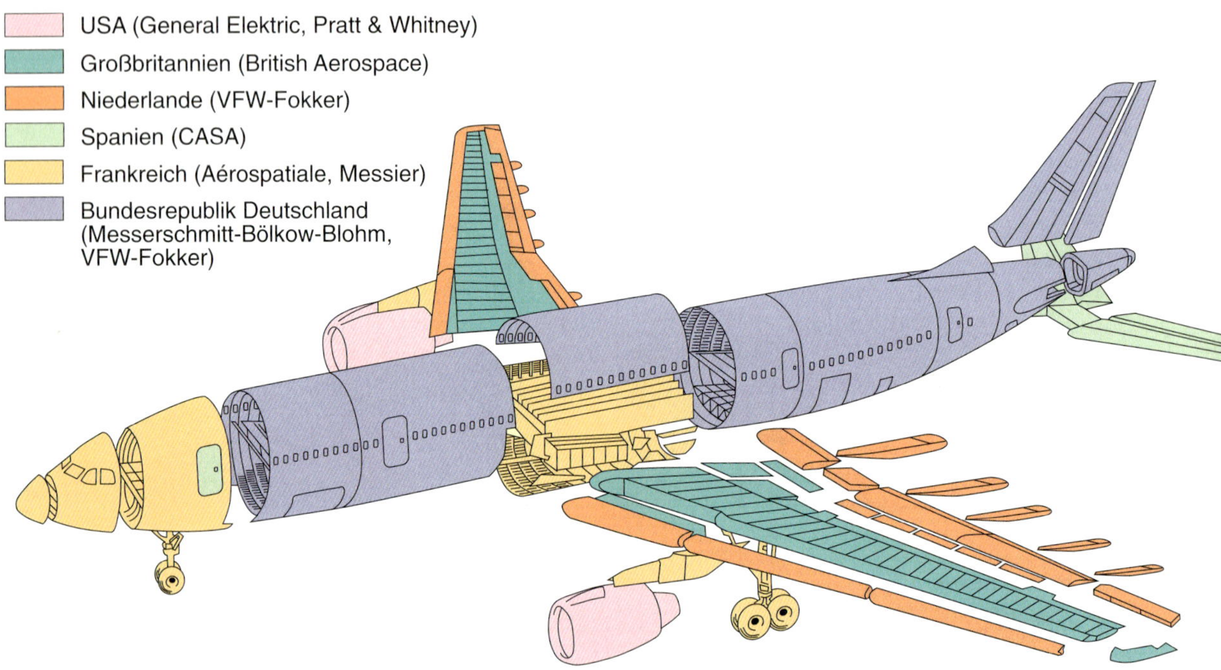

146.1 Der Airbus – ein europäisches Flugzeug

146.2 Fertigung von Rumpfteilen in Hamburg

In Hamburg fanden die Entwicklung und Konstruktion des großen Airbus A318 statt. Diese Maschine wird hier auch endmontiert. Die ersten Maschinen wurden im Jahre 2002 ausgeliefert.

Mit dem Bau des A3XX stößt die Airbusindustrie an Grenzen. Bisher wurden die Flugzeugteile per Lufttransport von einem Standort zum anderen transportiert. Das geht aber wegen der Größe der Teile für den A3XX nicht mehr. Nun wird der Schiffstransport notwendig.

Die Airbus-Industrie schafft allein in Hamburg rund 45 000 neue Arbeitsplätze. Das Werksgelände wird um 140 Hektar Fläche vergrößert.
Dafür wird ein Teil des Landschaftsschutzgebietes „Mühlenberger Loch" geopfert.

147.1 Bau der Flügel in Chester

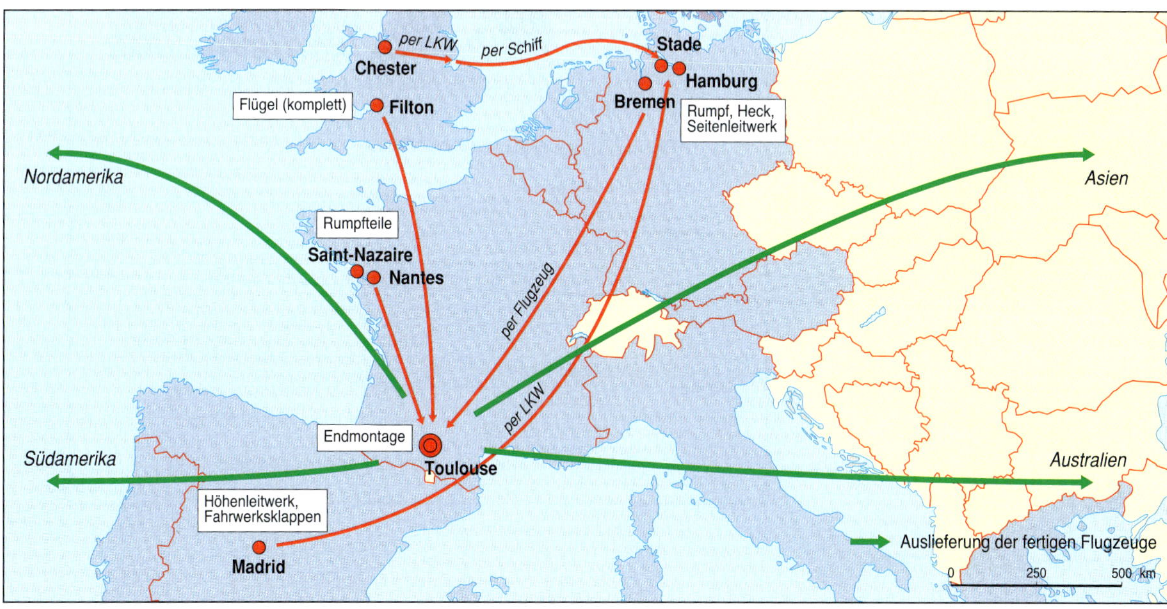

147.2 Europäische Transportwege für den Airbus

1. Erkläre, warum nur der Binnenmarkt die Entwicklung der Airbus-Flugzeuge ermöglichen konnte.
2. Suche die Produktionsorte des Großraumflugzeuges A3XX im Atlas. Schreibe die Verbindungen auf dem Seeweg zwischen ihnen auf.
3. Zeichne eine Kartenskizze für die Plakatwand.

So funktioniert die EU

Mitglieder: Staats- und Regierungschefs aller Länder und der Präsident der EU-Kommission. Tritt halbjährlich zusammen.

Anhörung

Ministerrat beschließt Gesetze

Mitglieder: Fachminister der EU-Staaten

Stimmenverteilung im Ministerrat:

Stimmen	Länder
3	Malta
4	Luxemburg, Zypern, Estland, Slowenien, Lettland
7	Litauen, Irland, Finnland, Dänemark, Slowakei
10	Österreich, Schweden, Bulgarien
12	Portugal, Ungarn, Belgien, Tschechien, Griechenland
13	Niederlande
14	Rumänien
27	Polen, Spanien
29	Italien, Frankreich, Großbritannien, Deutschland

Wirtschafts- und Sozialausschuss

222 Vertreter wirtschaftlicher und sozialer Gruppen

Agrarpolitik,
Verkehrspolitik,
Sozialpolitik,
Bildungsförderung,
Verbraucherschutz,
Umweltpolitik,
Struktur- und Regionalpolitik,
Industriepolitik,
Forschungsförderung u. a.

1. Erkläre die Aufgaben der Kommission in eigenen Worten.
2. Der Ministerrat der EU beschließt ein Gesetz. Welche anderen Institutionen werden beteiligt?
3. Wer beschließt die Gesetze in der Bundesrepublik Deutschland? Vergleiche.

Anhörung, Mitentscheidung, Mitwirkung, Haushaltsbeschlüsse

Vorschläge

Entscheidungen

Die Europäische Kommission tagt

Sitz ist Brüssel

Aufgaben:
Entwirft **Gesetze**, stellt den **Haushalt**sentwurf auf, verwaltet die **Fördermittel**, führt die Gesetze aus, wirkt in der **Außenpolitik** mit, setzt das **Gemeinschaftsrecht** gegen Mitgliedstaaten durch

Entscheidungen

Vorschläge

Ausschuss der Regionen

222
Vertreter
von Ländern, Regionen
und Gemeinden

Struktur- und Regionalpolitik,
Förderung der allgemeinen
und beruflichen Bildung,
Gesundheitswesen,
transeuropäische Netze

Anhörung

Anfragen

Mitwirkung
Zustimmung zur Einsetzung der Kommissare,
Kontrolle,
Misstrauensvotum

Das Europaparlament (EP) in Straßburg hat 784 Abgeordnete (2007).

Organe der EU

Die Europäische Kommission

Das Machtzentrum der EU ist die **Europäische Kommission**. Ihr Sitz befindet sich in Brüssel. Sie ist das wichtigste Organ der EU. Sie schreibt den übrigen Institutionen wesentliche Teile für ihre Arbeit vor.
Die Europäische Kommission besteht zurzeit aus 25 Mitgliedern. Ihre Amtszeit beträgt fünf Jahre.

Die Regierungen der EU-Länder schlagen die Kommissare vor. Die Kandidaten stellen dem **Europaparlament (EP)** ihre Ziele und Vorstellungen vor. Erst nach Zustimmung des EP können sie ernannt werden.

Im November 2004 begann die neue Amtsperiode. Mit den zwölf neuen Mitgliedstaaten ist die Kommission um sieben Kommissare auf 27 gewachsen.

150.1 *Die Europäische Kommission an ihrem Arbeitsplatz*

Die Arbeit der Kommission

Die Kommissionsmitglieder (Kommissare) sind allein „Europa" verpflichtet und nicht den nationalen Parlamenten:

Sie fassen Beschlüsse mit Stimmenmehrheit.

Wie wichtig die Kommission ist, wird an der Zahl der Bediensteten deutlich. Rund 19 000 Beamte erarbeiten die Gesetzesvorlagen, Vorschriften und Verordnungen. Sie werden gemeinsam beraten und z. B. dem EP zur Beschlussfassung vorgeschlagen.

In der Außenpolitik arbeitet die Kommission mit den Staaten zusammen, die der EU beitreten möchten.
Sie steuert die Entwicklungszusammenarbeit mit den Staaten Afrikas, Mittelamerikas und des Pazifischen Ozeans (AKP-Staaten). Diese sind besonders eng mit der EU verbunden (assoziiert).

Der Europäische Rechnungshof

Der Europäische Rechnungshof vertritt die Interessen der Steuerzahler. Er wacht darüber, dass die Europäische Union ihre Gelder für die vorgesehenen Zwecke verwendet.

Manche nennen den Rechnungshof das „finanzielle Gewissen" der Union, andere nennen ihn einen „Wachhund".

151.1 Sitz des Europäischen Rechnungshofes

Die Berichte des Rechnungshofes informieren ausführlich darüber, wie die Union mit ihrem Geld umgeht.

Mit seiner Kontrolltätigkeit gibt der Rechnungshof dem Steuerzahler die Gewissheit, dass die EU mit seinem Geld verantwortungsvoll umgeht.

Der Europäische Gerichtshof

Die Richter des Europäischen Gerichtshofes sorgen dafür, dass das Gemeinschaftsrecht gewahrt und richtig angewandt wird.
Durch ihr Urteil können, wie bereits häufig geschehen, ein Staat, Unternehmen oder andere Organisationen zur Umsetzung des europäischen Rechts gezwungen werden (siehe Kasten).

1. Stell die Bedeutung der Kommission in eigenen Worten dar.
2. Welche Bedeutung hat das Bosman-Urteil?

Ein Urteil des Europäischen Gerichtshofes (EuGH)

Berühmt geworden ist ein Urteil des Gerichtshofes aus dem Jahr 1995.

Die Klage des belgischen Profifußballspielers Bosman war der Anlass für den EuGH zu einem aufsehenerregenden Urteil.
Danach haben Profisportler wie alle anderen Bürger der EU das Recht auf Freizügigkeit. Auch sie dürfen überall in der EU ihren Beruf ausüben.

Eine Folge dieses „Bosman-Urteils" ist, dass seither auf deutschen Fußballplätzen für Spieler aus anderen Staaten der Europäischen Union nicht mehr die „Ausländer-Regel" gilt.
Diese verbot es einem Verein, mehr als drei ausländische Spieler einzusetzen.

Der Gerichtshof entschied:
Staatsangehörige aus anderen Staaten der EU dürfen nicht als Ausländer behandelt werden. Die EU-Verträge verbieten innerhalb des Binnenmarktes jede Schlechterstellung eines Unionsbürgers aufgrund der Nationalität. Jeder hat das Recht, überall in der EU zu arbeiten.

Die Erweiterung der EU

Beitrittsvoraussetzungen

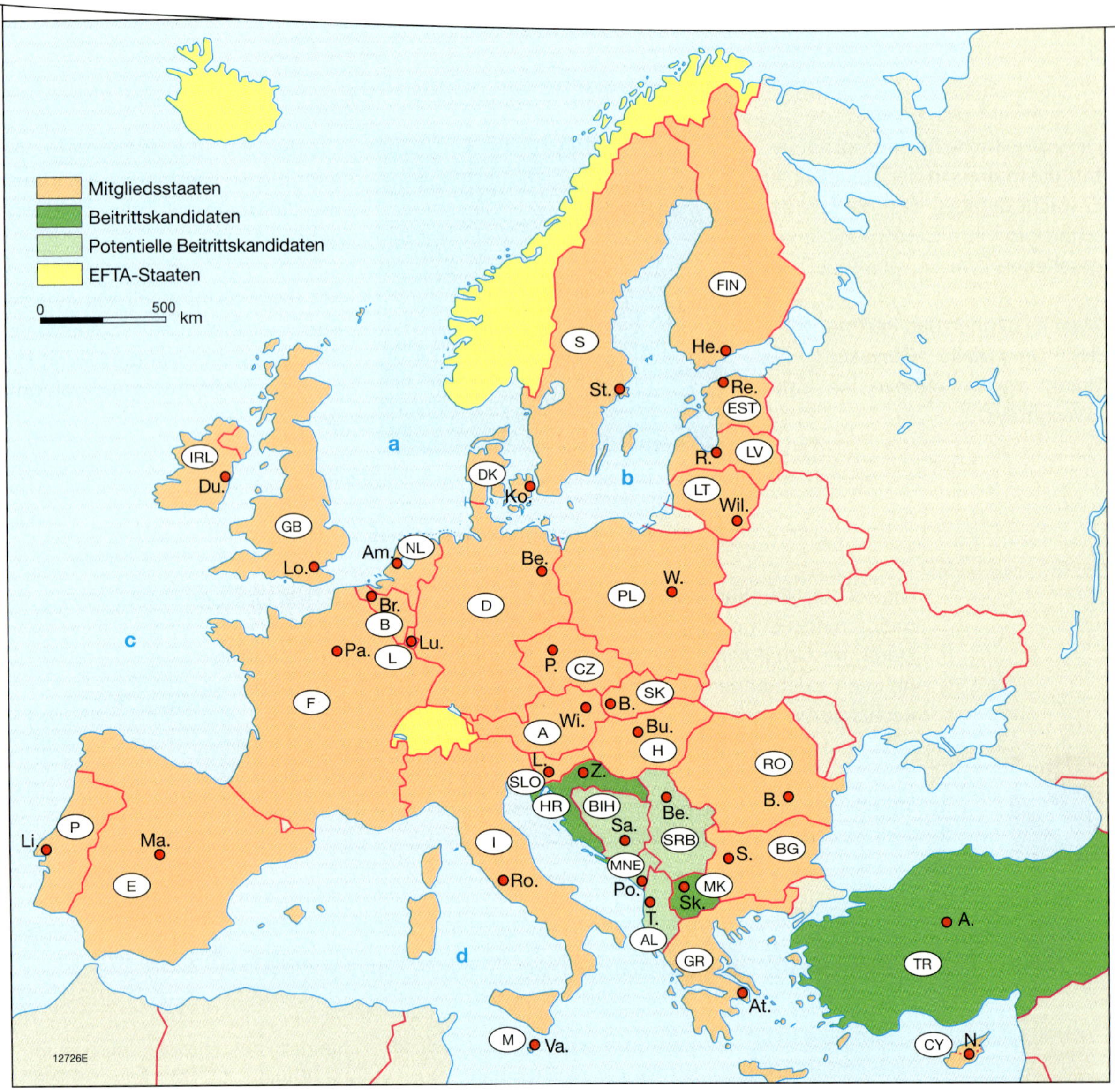

152.1 Beitrittsländer für die EU-Erweiterung

Ein Land kann der EU beitreten, wenn es folgende Voraussetzungen erfüllt:

- Es herrschen innere Stabilität und Demokratie.
- Es müssen Recht und Gesetz eingehalten werden (Rechtsstaatlichkeit).
- Die Menschenrechte werden eingehalten und Minderheiten geachtet und geschützt.
- Es gibt eine funktionierende Marktwirtschaft.

Beitrittskandidaten

Nach anfänglichen Schwierigkeiten (die EU bemängelte die Zusammenarbeit mit dem Internationalen Strafgerichtshof für das ehemalige Jugoslawien) wurden mit Kroatien am 4. Oktober 2005 Beitrittsverhandlungen aufgenommen.

Seit dem 4. Oktober 2005 führt die Türkei Beitrittsverhandlungen mit der EU, die nach Expertenmeinung bis zu 15 Jahre andauern könnten und ergebnisoffen geführt werden. Der türkische Beitritt ist in der EU sehr umstritten. Kritiker beanstanden die schlechte wirtschaftliche Lage, die kulturellen Unterschiede (die Türkei wäre das erste Mitglied mit vorwiegend islamischem Glaubenshintergrund) sowie die noch unzureichende Achtung der Menschenrechte. Befürworter verweisen dagegen auf die kulturelle Brückenfunktion zwischen Islam und Christentum, die nach den westlich orientierten Reformen Mustafa Kemal Atatürks, der unter anderem die Trennung von Staat und Religion durchgesetzt hat, vorerst allein die Türkei zu übernehmen in der Lage sei. Auch wird auf die sicherheitspolitische und geostrategische Bedeutung der Türkei als Bindeglied zwischen Europa und dem Nahen Osten hingewiesen. Mit einem eventuellen Beitritt der Türkei ist aber nicht vor 2021 zu rechnen. Im Dezember 2005 wurde Mazedonien der Status eines Beitrittskandidaten zuerkannt. Der Termin für den Beginn der Verhandlungen ist jedoch noch offen. Weitere potentielle Beitrittskandidaten auf mittlere Sicht sind gemäß den Zusicherungen auf dem EU-Gipfel 2003 in Thessaloniki die restlichen Staaten des Westbalkans – Albanien, Bosnien-Herzegowina, Serbien und Montenegro. Ein EU-Beitritt der Ukraine ist in naher Zukunft eher unwahrscheinlich, da die EU derzeit über verstärkte Beziehungen zu ihr nicht hinausgehen möchte. Trotzdem strebt die Ukraine den Beitritt an.

153.2 „Lehrstunde an der Westgrenze", Karikatur von Sajtinác

153.1 „Doppelhaus mit Brandmauer"

1. Erstell eine Liste mit den Beitrittsländern, Jahreszahlen und ihren Hauptstädten.
2. Was sind deiner Meinung nach besonders wichtige Ziele der EU-Erweiterung?
3. Vergleiche die beiden Karikaturen. Welche Probleme und Konflikte werden aufgezeigt?
4. Erarbeitet gemeinsam mögliche Lösungen.

Arme und reiche Regionen in der EU

1. Nenne nach 154.1 die Regionen, die den größten Entwicklungsrückstand haben. Benutze dazu auch den Atlas.
2. Finde die im Text genannten Städte auf der Karte.
3. Nenne Städte, die in einkommensstarken Gebieten liegen.

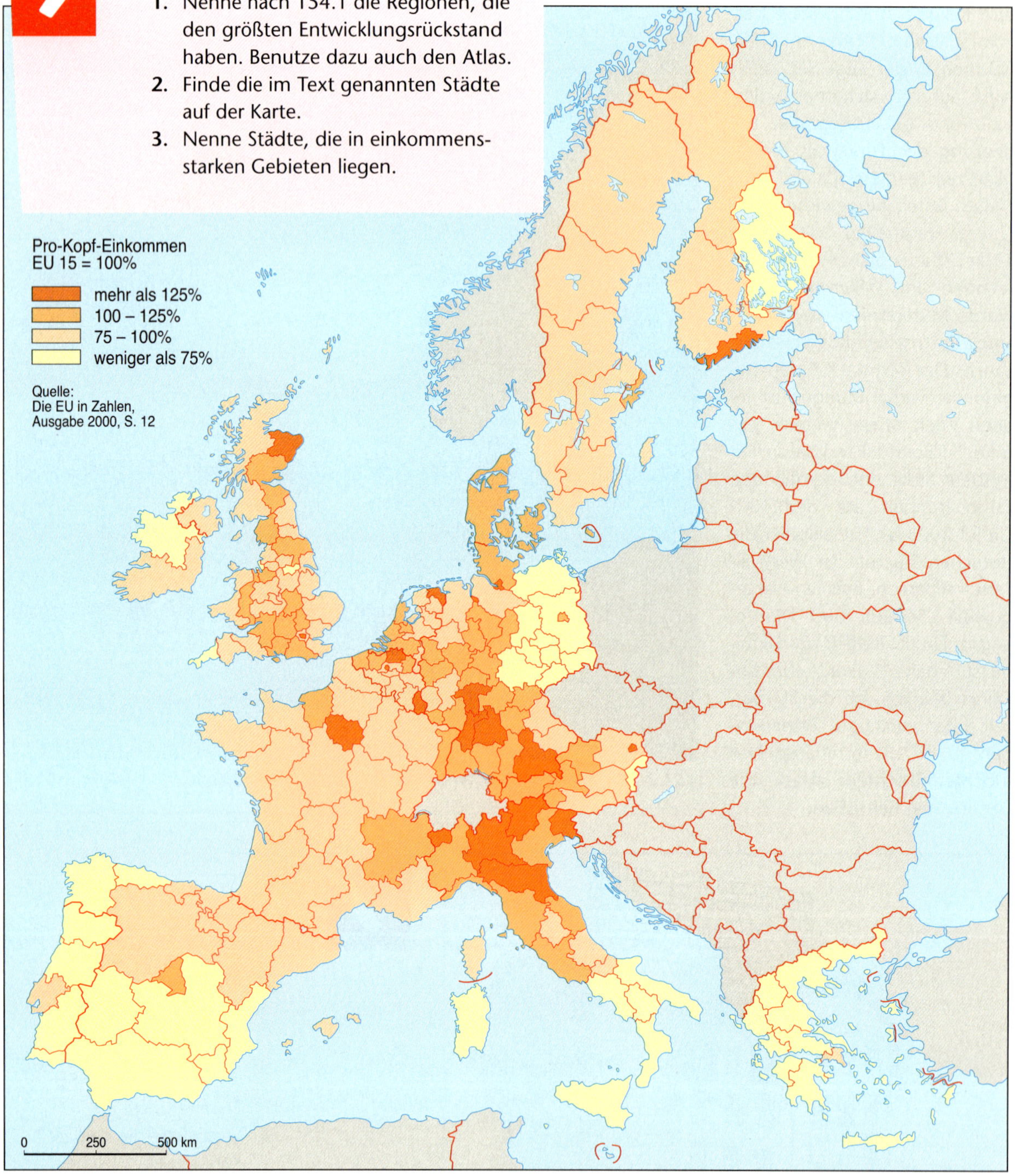

154.1 Arme und reiche Regionen

Die Europäische Union ist eine große und starke Wirtschaftsmacht.

Ihre Wirtschaftskraft konzentriert sich aber auf relativ kleine Räume. Sie liegen wie Inseln zwischen den Städten London, Paris, Rom, Wien und Kopenhagen. Vor allem am Südrand der EU haben die Menschen ein sehr geringes Pro-Kopf-Einkommen. Dieses ist in vielen Ländern nur halb so groß wie in den reicheren Regionen der Europäischen Union.

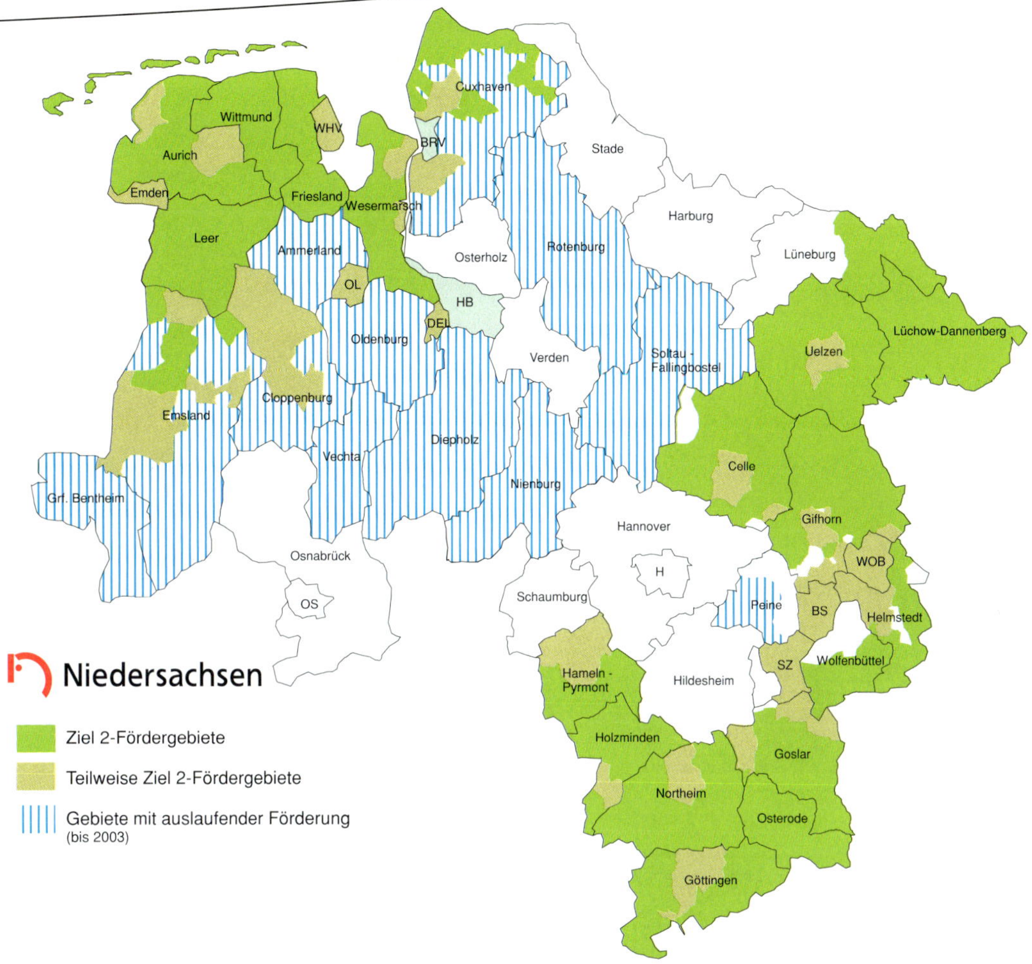

155.1 Gebiete Niedersachsens, die von der EU gefördert werden

Im Jahr 2000 startete die neue Förderungsperiode der Europäischen Union. Sie endet 2006.
Das ***Ziel-2-Programm für Niedersachsen*** enthält sechs Förderschwerpunkte. Die Zuschüsse aus EU-Mitteln für die einzelnen Maßnahmen betragen höchstens 50 %.
Die Förderung der EU dient der Unterstützung der Regionen mit besonderen Strukturproblemen. Das sind:
- ländliche Gebiete mit relativ niedrigem Entwicklungsstand,
- städtische Gebiete mit sozialen Brennpunkten,
- vom Fischereisektor abhängige Gebiete,
- sonstige Gebiete mit erheblichen Strukturproblemen.

Dazu gehören auch weite Gebiete Niedersachsens. Ziel ist es, die wirtschaftliche und soziale Entwicklung wesentlich zu verbessern. Von der Hilfe der EU können insgesamt rund 2,5 Millionen Menschen in den geförderten Gebieten Niedersachsens profitieren.

Die neue EU-Förderung bietet vielfältige Ansatzpunkte, die Gemeinden, Privatleute und Organisationen für ihre Arbeit nutzen können.
Abhängig vom jeweiligen Aufgabenfeld stehen unterschiedliche Programme zur Verfügung: von der Wirtschaftsförderung über den Tourismus bis hin zur kleinräumigen ländlichen Entwicklung.

Liegt dein Schulort in einem geförderten Gebiet? Wenn ja, informiere dich bei der Gemeinde- oder Kreisverwaltung über die Förderung. – Das wäre auch ein Thema für ein Referat.

Von der Teilung zur Einheit

156.1 Die Mauer in Berlin, 1961

156.2 Grenzanlagen der DDR zur Bundesrepublik, 1975

157.1 *1946*

157.2 *Nach 1961*

Deutschland 1945

Menschen in Not

158.1 So sahen viele Wellblechwohnungen von außen aus …

Pforzheim. Aus einem Trümmerhaufen dringt ein dünner Rauch. Ich gehe ihm nach und finde mich nach halsbrecherischer Turnerei in einem Keller. Die Wände sind vereist. In der Ecke liegt ein Säugling, in Fetzen gehüllt, auf Lumpen. Acht Leute wohnen hier. Der Ofen besteht aus einem alten Benzinkanister. Der Raum dient als Esszimmer, Schlafzimmer, Küche und Latrine (…) Der Deutsche hungert. Er friert. Er sieht seine Kinder sterben. Er ist zum hilflosen, gehetzten Tier geworden. … Deutschland muss untergehen oder neu erstehen – weitervegetieren darf es um Europas willen nicht.

(Brief eines Schweizers an seinen Freund in den USA vom Mai 1947, zitiert nach: Kurt Zentner, Aufstieg aus dem Nichts, Bd. 2, Köln 1955, S. 19)

158.2 … und so von innen, 1945

Nach der bedingungslosen Kapitulation der deutschen Wehrmacht 1945 war der Zweite Weltkrieg in Europa beendet. Für die deutsche Bevölkerung wurden die ersten Nachkriegsjahre zu einem Kampf ums Überleben. Millionen Männer waren Kriegsgefangene, sie waren vermisst, verwundet oder gefallen.
So mussten die Frauen die gesamte Verantwortung und Alltagslast auf sich nehmen. Sie mussten für sich und ihre Kinder, für die Alten und Kranken alles irgendwie herbeischaffen. Sie besorgten Essen, Wasser und Brennmaterial zum Heizen.

1. Beschreibe das Leben nach 1945.
2. Befragt ältere Menschen nach ihren Erlebnissen bei Kriegsende oder bis 1948.

Deutschland wird geteilt

Am 8. Mai 1945 kapitulierte das nationalsozialistische Deutschland. Der größte Teil Deutschlands war von den Truppen der Alliierten, den USA, Großbritanniens, Frankreichs und der Sowjetunion, besetzt.
Schon bald kam es zwischen den drei Westmächten und der Sowjetunion zu erheblichen Spannungen. Sie führten schließlich zur Teilung Deutschlands.
Die Bundesrepublik Deutschland (BRD) und die Deutsche Demokratischen Republik (DDR) entstanden.

Die Bundesrepublik Deutschland

Die Besatzungszonen der drei Westmächte USA, Großbritannien und Frankreich schlossen sich nach dem Zweiten Weltkrieg immer enger zusammen.
Während der ersten Jahre der Bundesrepublik Deutschland ging es vor allem darum, den Menschen ein Leben zu ermöglichen, das frei von Not und Hunger war.

Bald nach der Einführung der DM im Jahre 1948 begann ein rasantes Wirtschaftswachstum, das als „**Wirtschaftswunder**" bezeichnet wurde. Überall entstanden modernste Produktionsanlagen. Die Arbeitskräfte waren gut ausgebildet und leistungswillig.

Die Bundesrepublik Deutschland wurde am 23. Mai 1949 gegründet. Alle drei Besatzungszonen gehörten ihr an.

Der neue Staat ist eine **parlamentarische Demokratie**. Sein Parlament, der Deutsche Bundestag, wird in freier, gleicher, geheimer und allgemeiner Wahl vom Volk gewählt. Es beschließt die Gesetze.

In der Bundesrepublik Deutschland wurde die soziale **Marktwirtschaft** eingeführt.

Die Deutsche Demokratische Republik (DDR)

In der Sowjetischen Besatzungszone (SBZ) enteignete die Besatzungsmacht Industrie und landwirtschaftliche Güter (über 100 ha). Sie beschlagnahmte das Vermögen der Banken und führte die Einheitsschule ein. SPD und KPD wurden zwangsweise vereinigt. Daraus entstand die Sozialistische Einheitspartei Deutschlands (SED).

Während der ersten Jahre der **DDR** ging es vor allem darum, den Menschen ein Leben zu ermöglichen, das frei von Not und Hunger war. Die Arbeitskräfte waren gut ausgebildet und nicht weniger fleißig als die Deutschen im Westen.

1948 wurde die DDR-Mark eingeführt. Aber die DDR musste sehr hohe **Reparationsleistungen** an die Sowjetunion abgeben. Zusätzlich wurden sehr viele Betriebsanlagen demontiert und in der Sowjetunion wieder aufgebaut.

Viele der gut ausgebildeten Menschen verließen ihre Betriebe und die SBZ. Die Wirtschaft kam nur langsam in Schwung.

Die DDR wurde am 7. Oktober 1949 gegründet. Der neue Staat war eine **Volksdemokratie**.

In der DDR wurde die **Planwirtschaft** eingeführt.

159.1

1. Schreibe nach 159.1 in Stichworten die wesentlichen Unterschiede zwischen Bundesrepublik und DDR auf.
2. Die DDR hatte einen schwierigen Start. Erkläre.

Alltag der Menschen im geteilten Deutschland

Leben in der DDR

Der Staat kontrollierte fast alle Bereiche des öffentlichen Lebens. In das sozialistische Ausland konnte man nur mit Genehmigung reisen. In die Bundesrepublik durften nur Rentner. Viele Menschen entzogen sich der Kontrolle, indem sie sich in das Privatleben zurückzogen. Sie bauten sich eine Datscha (Wochenendhaus) im Grünen und verschönerten die eigene Wohnung.
Die DDR war einer der führenden Industriestaaten der Welt. Die Planwirtschaft hatte jedoch große Nachteile. Neue Technologien wurden fast nicht eingeführt, neue Produkte kaum entwickelt. Die Betriebe veralteten. Entsprechend schlecht war das Warenangebot. Stundenlanges Anstehen für Lebensmittel oder Kleidung war die Folge. Beispielsweise waren Ersatzteile für Autos oder Baumaterial nur durch Tausch oder gegen Westgeld (DM) zu bekommen.

Aber die Menschen wussten sich zu helfen. Eine Hausfrau berichtet:

„Meine Freitagseinkaufstour beginnt regelmäßig beim besten Brotbäcker im übernächsten Dorf. Trotz der Warteschlange an der Landstraße komme ich als Abonnent sofort dran. Es sagt auch keiner etwas, jeder will ja wiederkommen! Anschließend der Einkauf im Dorfkonsum. Unter den abonnierten Milchtüten entdecke ich eine geschlossene Tüte. Zu Hause große Überraschung und Freude: Ein Glas Bienenhonig schlüpft aus der Tütenhülle. Letztmalig vor vier Monaten welchen bekommen. Schöner Erfolg meiner Kaffeespende an die drei Verkäuferinnen zum lieben Weihnachtsfeste! In der Verkaufsstelle des nächsten Dorfes gutes Wurstangebot, Äpfel, Zwiebeln und einen ansehnlichen Rotkohlkopf bekommen! Nachmittags verteile ich die frischen Landbrote im Ort: eines für Opa Kopmann, eines für Tante Rita. Beide sind wichtige „Beziehungen". Opa Kopmann ist Zimmerer und hat immer Bretter, Holz, Leisten oder Stangen für uns. Tante Rita ist Fleischverkäuferin in der einzigen Kaufhalle. Beide werden mit frischem Landbrot „dienstverpflichtet".

(aus: W Wilmer, H. Schwan [Hrsg.], Alltag im anderen Deutschland, Düsseldorf/Wien 1985, S. 25–27, verändert)

160.2 Der Traum eines jeden: „Datscha" und Auto

160.1 Plattenbausiedlung

Die modernen Wohnungen in den Plattenbausiedlungen waren begehrt. Ihre Ausstattung mit Heizung, Bad und WC übertraf die Altbauten bei Weitem.

Der Mietpreis und die Kosten der Versorgung mit Wasser, Strom und Wärme waren niedrig. Der Staat subventionierte sie.

Der wirtschaftliche Aufschwung in der Bundesrepublik hielt 20 Jahre an. 1969 stand die Wirtschaft an der zweiten Stelle in der Welt hinter den USA. Den Menschen ging es immer besser. Löhne und Kaufkraft stiegen. Arbeiter und Angestellte verdienten immer mehr. Eine Rentenreform verbesserte auch die Lage der Älteren. Arbeitszeitverkürzung und 5-Tage-Woche wurden eingeführt. Dennoch war der Reichtum sehr ungleich verteilt.

Der neue Wohlstand ließ auch neue Wünsche erwachen. Das eigene Auto stand ganz oben auf der Wunschliste. Man leistete sich Haushaltsgeräte wie Kühlschrank und Staubsauger. Viele bauten sich ein Eigenheim.

Regelrechte „Verbraucherwellen" überrollten die Bundesrepublik. Es gab eine *Fresswelle* und eine *Reisewelle*. Der Wohlstand wurde unübersehbar und zu einem unwiderstehlichen Magneten für die Menschen in der DDR.

Der Einzelne hat in seiner Freizeit viele Möglichkeiten: Er kann sich wechselnden Gruppen anschließen. Er kann in Vereine eintreten. Er kann sich für unterschiedliche Hobbys entscheiden.

161.2 Freizeit und Urlaub in den 60er-Jahren

161.1 *Eigenheimsiedlung*

1. Stell die Unterschiede zwischen der DDR und der Bundesrepublik zusammen.
2. Welche Bedeutung hatten Eigenheim, Datscha und Auto für das Ansehen und den Alltag der Menschen in beiden Teilen Deutschlands?
3. Beschreibe das Einkaufsverhalten der Hausfrau. Nimm dazu Stellung.
4. Erkläre die „Magnetwirkung" der Bundesrepublik.

Jugend im geteilten Deutschland

Bundesrepublik: Jede Zeit hatte ihre Jugend

50er-Jahre: Die Jugend fängt an, sich in einer eigenen Kultur zu bewegen. Sie schließt sich in kleinen Gruppen zusammen und geht auf Distanz zu den Erwachsenen. Die ersten „Halbstarken" treten auf. Elvis Presley wird zum Idol. Rock 'n' Roll-Musik ist „in".

Die Beatles

60er-Jahre: Eine neue Generation bringt eine neue Musikrichtung und Mode hervor. Mit ihrer Beat-Musik, ihren Frisuren und ihrem Benehmen bestimmen die Beatles die Schlagzeilen. Zahlreiche neue Jugendgruppen entstehen: Gammler, Rocker und Mods.

Jugendliche setzen sich für Frieden und Abrüstung ein. Es entsteht zu jeder Zeit eine Vielzahl von aktiven Jugendgruppen, die sich einmischen – vom Umweltschutz bis zu Freizeitinitiativen.

Elvis Presley

80er- und 90er-Jahre: Jeden Tag ein neuer Stil: Bunt und verwirrend wie nie zuvor prägt eine große Vielfalt verschiedener Jugendgruppen das Bild. Selbstverwirklichung, Emanzipation und Lebensqualität sind die Schlagworte. Ein neues Leitbild des jungen, erfolgreichen Typs zeichnet sich ab.

70er-Jahre: Apathie, Flucht aus der Wirklichkeit, Resignation, die große Verweigerung – das ist der neue Trend. Die Punks machen mit ihrer Parole „No future!" von sich reden. Provokativ lebensbejahend dagegen erscheinen die Popper auf der Szene.

Die **Freie Deutsche Jugend (FDJ)** war bis 1990 die einheitliche sozialistische Massenorganisation der Jugend in der DDR. Sie unterstand der Leitung der SED und spielte im Leben der jungen Menschen eine große Rolle. Uniformen mit Rangabzeichen, Fahnenappelle, Wimpel und militärische Grußformen waren kennzeichnend.

Die Erziehung zum Sozialismus begann schon im Kindergartenalter. Da fast 90 Prozent der Frauen berufstätig waren und auch sein wollten, richteten die Betriebe Kinderbetreuungseinrichtungen ein. Hier erfolgte die Betreuung und Erziehung fast aller Kinder ganztägig und ab dem ersten Lebensjahr.

163.1 Titelbild des „Eulenspiegel" 46/1989, der einzigen satirischen Zeitschrift der DDR

Die meisten Jugendlichen lernten von klein auf, „mit zwei Zungen" zu reden. Sie passten sich dem Zwang an, der vor allem in der Schule und in der FDJ auf sie ausgeübt wurde. Sie achteten darauf, nur das zu sagen, was offiziell als richtig anerkannt war. Zu Hause und in einem kleinen Kreis von Freunden konnten sie jedoch offen über all das reden, was sie wirklich dachten und fühlten.

163.2 Freie Deutsche Jugend

1. Worin unterscheidet oder ähnelt sich die Jugend auf den Bildern?
2. Gib die Aussage der Karikatur mit eigenen Worten wieder. Wie erfolgreich war die Erziehung zum Sozialismus?
3. *„Eine Jugend, die nicht aufmuckt, taugt nichts."* Nimm zu dieser Aussage Stellung.
4. Frage deine Eltern oder Großeltern nach ihrer Jugendzeit.
5. Befrage Menschen, die in der DDR gelebt haben und berichte darüber.

Entwicklung in der DDR

In der DDR regierte die Sozialistische Einheitspartei Deutschlands (SED). Politik, Wirtschaft und gesellschaftliches Leben wurden von ihr bestimmt und geplant. Das gesamte Leben wurde so beeinflusst. Die Menschen wurden in allen Entscheidungen bevormundet.

Dennoch wollten sie sich eine neue Existenz schaffen. Sie waren voller Leistungswillen. Aber sie sahen, dass viele der Güter, die sie herstellten, in die Sowjetunion transportiert wurden. Nur ein geringer Teil davon blieb im Lande. Trotzdem forderte die SED immer höhere Leistungen. Dafür bekamen die Arbeiter aber keine höhere Bezahlung.

Am 17. Juni 1953 kam es zu einem Aufstand gegen die Herrschaft der SED. Bauarbeiter sollten für das gleiche Geld mehr arbeiten. Dagegen demonstrierten sie. Viele Menschen schlossen sich ihnen an. Es kam zu Auseinandersetzungen. Die Wiedervereinigung wurde gefordert. Als die Polizei nicht mehr Herr der Lage war, verhängte der sowjetische Kommandant den Ausnahmezustand. Sowjetische Panzer und Soldaten schlugen den Aufstand gewaltsam nieder. Es wurden ca. 25 Menschen getötet. Über 6000 Personen wurden verhaftet und büßten für ihre Opposition mit langen Haftstrafen.

Zwischen 1949 und 1961 flohen 2,7 Mio Menschen aus der DDR. Sie sahen darin den einzigen Weg, ihr Leben selbst gestalten zu können. Der Wirtschaft der DDR fehlten immer mehr qualifizierte Arbeitskräfte.

164.1 *17. Juni 1953: Steine gegen Sowjetpanzer*

Der Mauerbau

In der Nacht zum 13. August 1961 ließ die SED deshalb den Ostsektor von Berlin abriegeln.

S- und U-Bahnen verkehrten nicht mehr. Unter scharfer Bewachung begannen Bauarbeiter, entlang der Grenze eine Mauer zu errichten. Auch die Grenzen zur Bundesrepublik wurden verstärkt ausgebaut (s. S. 156).

Die Grenze wurde ein undurchdringlicher Todesstreifen durch Schießbefehl für die DDR-Soldaten, Minenfelder, Stacheldraht, Selbstschussanlagen und Kampfhunde. Bei Fluchtversuchen gab es über 800 Todesopfer.

Nach dem Bau der Mauer fanden sich die Menschen damit ab, in der DDR bleiben zu müssen. Sie wollten ein möglichst angenehmes Leben führen und richteten sich ein. So kam es auch hier zu einem wirtschaftlichen Aufschwung.

Die beiden deutschen Staaten nähern sich an

Gegenseitige Besuche waren ein Jahrzehnt lang fast unmöglich. Die Menschen beider deutschen Staaten konnten sich nur in Ausnahmefällen besuchen.

Anfang der 70er-Jahre kam es zu einer langsamen Annäherung zwischen West und Ost. Ab 1969 entwickelte die Regierung des Bundeskanzlers Willy Brandt eine neue **Deutschland- und Ostpolitik**, die auf Verhandlungen statt auf Abgrenzung setzte. Erst ein **Grundlagenvertrag**, der 1972 zwischen Bundesrepublik und DDR geschlossen wurde, führte zu Erleichterungen des Reise- und Besuchsverkehrs. Menschen, die seit einem Jahrzehnt getrennt waren, durften sich nun wiedersehen.

Aber die Menschen in beiden Teilen Deutschlands wurden sich im Laufe der Zeit trotzdem immer fremder.

165.1 Willy Brandt kniet am Ehrenmal für die getöteten Juden in Warschau, 1970

165.2

1. Gib Gründe an, warum es zum Aufstand am 17. Juni 1953 kommt. Unterscheide Anlass und Ursachen.
2. Was bewirkte der Bau der Mauer?
3. Beschreibe die Teile der Grenzanlagen auf S. 156. Warum war die Flucht fast unmöglich?
4. Welche Erfolge hatte die Politik des Bundeskanzlers Brandt?
5. Erkläre die Aussagen der Karikatur S. 165.2.

Die friedliche Revolution in der DDR

Die DDR feierte am 6. und 7. Oktober 1989 ihren 40. Jahrestag. Die Unzufriedenheit wuchs, weil die notwendigen Reformen von der Partei nicht umgesetzt wurden.
Zehntausende demonstrierten für eine demokratische Umgestaltung ihres Landes. Die Polizei misshandelte, verhaftete und bedrohte die Demonstranten – ohne Erfolg.
Die Entscheidung fiel in Leipzig. Hier wurde die Lage immer bedrohlicher. Am 6. Oktober stand in der „Leipziger Volkszeitung" ein Leserbrief. Eine Kampfgruppe schrieb, dass von ihr *„alles getan wird (...) um die in 40 Jahren harter Arbeit geschaffenen Werte und Errungenschaften zu schützen ... Wenn es sein muss, mit der Waffe in der Hand!"*

166.2 *DDR-Militärparade in Berlin zum 40. Gründungstag am 7. Oktober 1989*

Am 9. Oktober war die Spannung, die über Leipzig lag, unerträglich. „Seit dem frühen Morgen war die Stadt voller Gerüchte und voller Angst. Militärfahrzeuge hatten am Stadtrand Aufstellung genommen. In den Betrieben und Schulen wurde ständig gemahnt, ab spätem Nachmittag das Stadtzentrum zu meiden. Die Geschäfte wurden angewiesen, ab 17 Uhr zu schließen. Die Krankenhäuser räumten Betten, Blutplasma stand bereit, die Ärzte hatten erhöhte Bereitschaft und waren aufgefordert, sich auf Schussverletzungen einzustellen."
Von Leipzig war der Funke der friedlichen Demonstrationen ausgegangen, in Leipzig sollte er wieder erstickt werden.

(Bernd Lindner, „Die demokratische Revolution in der DDR 1989/90", Bundeszentrale f. polit. Bildung, Bonn 1998, S. 77)

166.1 *Leipzig, 9. Oktober 1989: 70 000 Menschen demonstrieren*

Die Wiedervereinigung

Die in Leipzig bereitstehenden Einheiten von Polizei und Armee waren zu schwach, um eine so große Zahl von Menschen in ihre Gewalt zu bekommen. Sie konnten deswegen nicht eingreifen. Die Wirkung war gewaltig. Wie ein Lauffeuer ging es durch die DDR: Die Staatsmacht war machtlos gegenüber der großen Menge von Demonstranten. Nun kam es in allen Städten der DDR zu weiteren Demonstrationen. Immer mehr Menschen gingen auf die Straße.

- Am ***18. Oktober 1989*** musste die politische Führung der DDR zurücktreten.
- Parteien und Bürgerbewegungen entstanden.
- Am 4. November demonstrierte eine halbe Million Menschen in Berlin.
- In der Nacht zum ***9. November*** wurden die Grenzen nach Westen geöffnet.
- Eine neue Regierung trat ihr Amt an.
- Am ***18. März 1990*** fanden die ersten freien Wahlen in der DDR statt.
- Am ***1. Juli 1990*** trat die Wirtschafts-, Währungs- und Sozialunion in Kraft.
- Am ***3. Oktober 1990*** trat die DDR der Bundesrepublik bei. Deutschland war wiedervereint.
  Heute feiern wir an diesem Tag den **Tag der Deutschen Einheit.**

167.1 *Die Berliner Mauer am 10. November 1989*

1. Beschreibe die Lage in Leipzig am 9. Oktober in eigenen Worten.
2. Beschreibt, was ihr auf den beiden Fotos 166.1 und 166.2 seht. Bewertet es.
3. Zeichne einen Zeitstrahl mit den Ereignissen der Seiten 166/167.

Jugendliche im geeinten Deutschland

Wenn die Mauer nicht gefallen wäre, dann könnte ich nicht hier sein. Deshalb freue ich mich sehr.

Die größte Wende in meinem damaligen Leben war, auf einmal Coca-Cola und Ritter-Sport-Schokolade kaufen zu können.

Unsere Eltern sind unzufrieden. Arbeitslosigkeit ist das große Thema.

Mir ist die Deutsche Einheit egal. Es ist ein geschichtliches Thema.

Mich regt es auf, wenn die Wessis alles am Osten schlecht machen. Aber in manchem haben sie recht.

Vor ein paar Jahren hatte ich mich noch geweigert, für die Ausbildung in den Westen zu gehen. Heute mache ich es und komme total gut zurecht.

Wir lästern über die Ostler. Das ist nicht böse gemeint. Wenn wir ein hässliches Haus sehen, dann sagen wir: „Voll das Ost-Haus“. Irgendetwas Schlechtes ist eben „Ost“.

Freiheit kann manchmal eine Last sein.

Der Jahrestag der Deutschen Einheit ist ziemlich unbedeutend für mich. Zu DDR-Zeiten gab es mehr Zwischenmenschlichkeit. Jetzt lebt jeder nur noch für sich.

Manchmal finde ich die Wessis zu eingebildet.

Ost- und Westdeutschland sind noch lange nicht zusammengewachsen.

1. Ordne die Aussagen Jugendlichen aus Ost oder West zu. Begründe die Zuordnung.
2. Suche drei Aussagen, denen du am ehesten zustimmst, und drei, die du am ehesten ablehnst. Vergleicht in Gruppen.

Über ein Jahrzehnt Deutsche Einheit

„Es ist gut, wie es gekommen ist."

Das sagen 85 Prozent der Sachsen.
Sechs Prozent hätten lieber die DDR zurück.

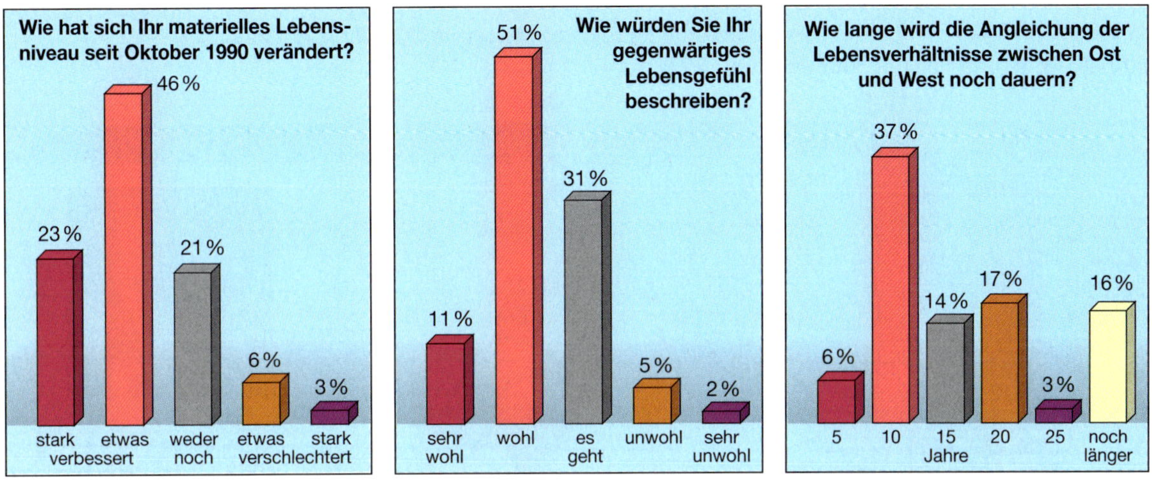

169.1 Titel und Grafiken (Meinungsumfrage unter 800 Sachsen) aus der Sächsischen Zeitung, Montag, 2. 10. 2000, S. 4

„Folgen der Teilung überwinden"

Berlin (Tsp). Zum zehnten Jahrestag des Mauerfalls haben Politiker aller Parteien zur Vollendung der deutschen Einheit und zur Verteidigung der Freiheit in ganz Osteuropa aufgerufen. Am Tag vor dem 9. November plädierten sie für die Angleichung der Lebensverhältnisse von Ost und West.
Bundeskanzler Gerhard Schröder (SPD) bezeichnete den Fall der Mauer als Auftrag für die Politik, die Folgen der Teilung zu überwinden. Dabei müssen die Lebensleistungen der Ostdeutschen anerkannt und ihre Chancengleichheit verwirklicht werden.
Alt-Kanzler Helmut Schmidt (SPD) mahnte Geduld beim Zusammenwachsen des Landes an. Nach der geglückten politischen Vereinigung werde die „seelische Vereinigung noch mal eine Generation von gut 30 Jahren brauchen".
Die PDS bezeichnete die Mauer als ein Symbol für „das Scheitern des Sozialismus". In Westdeutschland werde die Einheit oft zu einseitig als Hinzukommen der Ostdeutschen und als Kostenfaktor gesehen.
Sachsens Ministerpräsident Kurt Biedenkopf (CDU) rät davon ab, die Unterschiede in Deutschland überzubewerten. „Die immer zitierte Mauer in den Köpfen ist meinem Eindruck nach zu einem großen Teil herbeigeredet", sagte er. „Man kann doch nicht sagen, wenn nicht alle Leute gleich sind, dann haben sie Mauern in den Köpfen." Nach Ansicht von Biedenkopf ist die deutsche Einheit verwirklicht. Auch im Westen gebe es Regionen, in denen eine ähnlich hohe Arbeitslosigkeit herrsche wie in den neuen Ländern.

(Der Tagesspiegel, Dienstag, 9. 11. 1999/Nr. 168/169, S. 5, verändert)

1. Schreib zu den Grafiken kurz das Ergebnis zu der jeweiligen Frage. Beginne so: „Für 23 Prozent der Befragten hat sich …"
2. In vier Abschnitten des Zeitungstextes sind jeweils unterschiedliche Meinungen zur deutschen Einheit wiedergegeben. Welche Unterschiede kommen zum Ausdruck?

Von der Teilung zur Einheit

Aus der Geschichte der Bundesrepublik Deutschland: 1949–2002

ab 1949: Bundeskanzler: Adenauer (CDU).
in den 50er-Jahren: Enge Bindung der Bundesrepublik an USA; NATO und EWG. Mit der sozialen Marktwirtschaft (Wirtschaftsminister Erhard) geht ein anhaltender Wirtschaftsboom einher („Wirtschaftswunder"). Gründe: finanzielle Aufbauhilfen (Marshallplan), keine Reparationen, wenig Demontage
1966/67: eine erste Wirtschaftskrise
ab 1969: Bundeskanzler Brandt (SPD). Grundlegende Reformen: neue Ostpolitik, Aussöhnung mit der UdSSR und Polen, Bildungsreform, § 218 usw.

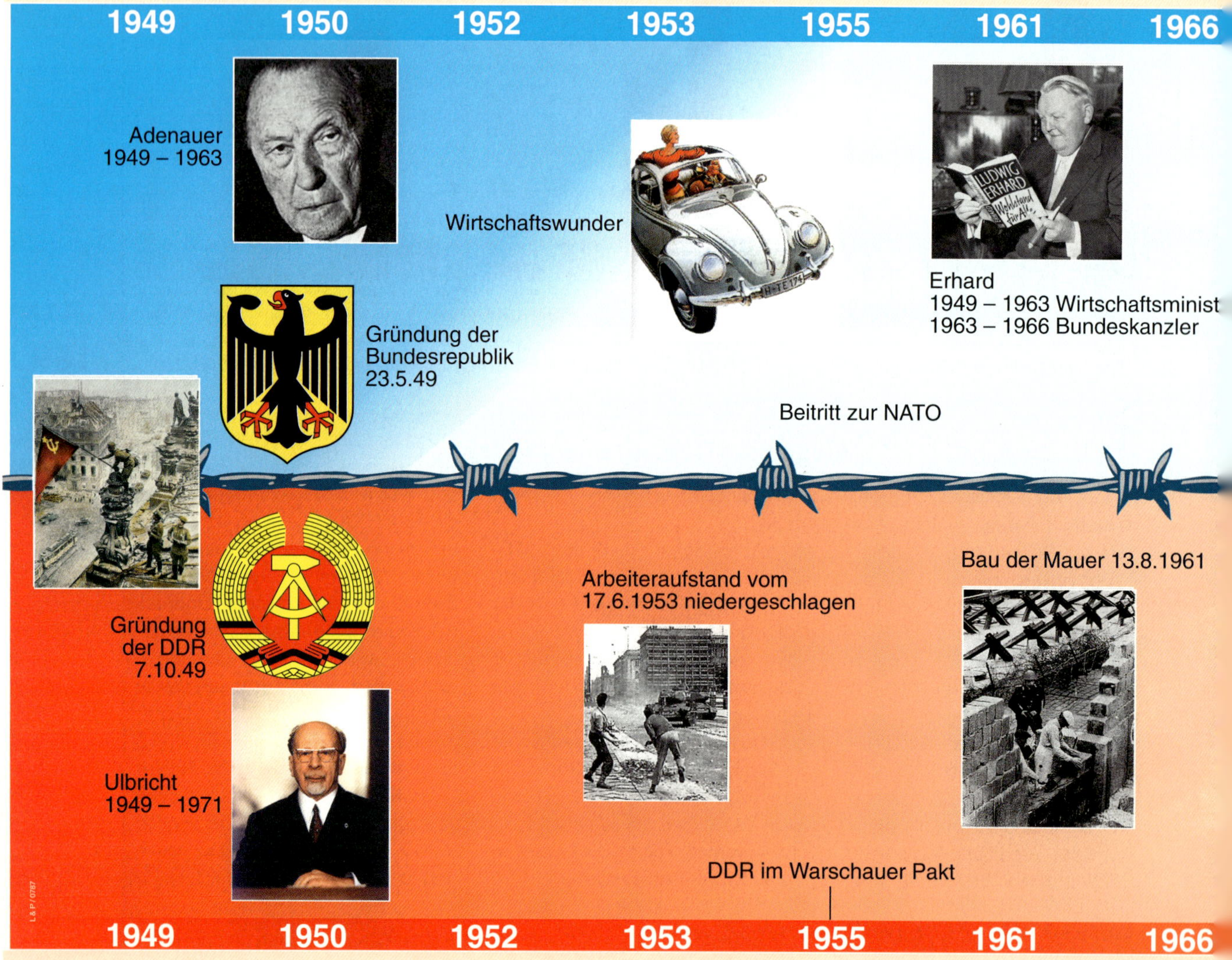

Aus der Geschichte der Deutschen Demokratischen Republik: 1949–1990

ab 1949: Ulbricht wird mächtigster Mann. Er baut die DDR nach sowjetischem Vorbild auf. Der Lebensstandard in der DDR bleibt weit hinter dem der Bundesrepublik zurück. Gründe: Demontage, Reparationszahlungen, Planwirtschaft, Flucht.
17. Juni 1953: Arbeiteraufstand wird blutig niedergeschlagen.
13. 8. 1961: Bau der Mauer in Berlin. Die DDR wird gegen den Westen abgeschottet. Wachsender Wohlstand. Die DDR gehört zu den führenden Industriestaaten der Welt.

1974–1982: Bundeskanzler Schmidt (SPD). Weiterführung der Reformen.
1982–1998: Bundeskanzler Kohl (CDU). Weitere europäische Integration. Massenarbeitslosigkeit und Umweltzerstörung ungelöst. Besorgniserregende Verschuldung der Bundesrepublik.
1989/90: Der Beitritt der DDR zur Bundesrepublik kann mithilfe der USA gegenüber den anderen Siegermächten des Zweiten Weltkrieges politisch durchgesetzt werden.
1998: Bundeskanzler Schröder (SPD). Einführung der europäischen Währung.
ab 1999: Berlin ist Hauptstadt.

968 1971 1975 1982 1989 1990 2000

Brandt 1969 – 1974

Reformpolitik, Aussöhnung mit dem Osten, deutsch-deutsche Verträge

Kohl 1982 – 1998

Nach Zustimmung der USA, Großbritanniens, Frankreichs und der UdSSR Wiedervereinigung am 3.10.1990

Schmidt 1974 – 1982

Schröder (1998 – 2005)

Honecker löst Ulbricht ab; Reformen (Sozialmaßnahmen, Konsumgüter, Wohnungsbau)

Erste freie Wahlen (März 1990)
Wirtschafts-, Sozial- und Währungsunion (1.7.1990)

Honecker 1971 – 1989

Friedliche Revolution in der DDR: Fluchtwelle, Sturz Honeckers, Maueröffnung (9.11.1989)

3.10.1990 Beitritt der DDR zur BRD, erster gemeinsamer Bundeskanzler: Kohl

968 1971 1975 1982 1989 1990 2000

1971 Ulbricht wird von Honecker abgelöst.
ab 1971: Dialog mit der Bundesrepublik. Der Überwachungsstaat wird ausgebaut („Stasi").
ab 1987: Versorgungsprobleme, Wahlfälschungen und die Weigerung der Führung, Reformen durchzuführen, lassen die Unzufriedenheit wachsen.
ab Sommer 1989: Friedliche Revolution (Massendemonstrationen ab Oktober 1989).
9. 11. 1989: Öffnung der Westgrenze.
18. 3. 1990: Erste freie Wahl in der DDR.
1. 7. 1990: Währungs-, Wirtschafts- und Sozialunion.
am 3. 10. 1990: Beitritt zur Bundesrepublik.

Weltmächte entstehen und vergehen

Die USA treten 1917 in den Ersten Weltkrieg in Europa ein und entscheiden ihn.

1919 ziehen sie sich wieder zurück. Ihr wirtschaftlicher Einfluss bleibt.

Nach 1949 bestimmen die USA als Siegermacht die wirtschaftliche und politische Entwicklung im Nachkriegsdeutschland. Amerikanische Truppen bleiben über Jahrzehnte in Europa. Sie garantieren Sicherheit und Demokratie in Europa gegenüber dem Kommunismus.

1917 beseitigt die Revolution die Zarenherrschaft in Russland.

Lenin führt das Land mit seiner Partei in den Kommunismus.

In den nächsten Jahrzehnten entwickelt sich aus dem bäuerlichen Land ein moderner Industriestaat. Die Sowjetunion wird zu einer Weltmacht. Sie erhebt den Anspruch, den Kommunismus in andere Länder zu tragen. Politisch ist das Land der ärgste Rivale der USA bis zu seinem Zusammenbruch 1990.

Die Sowjetunion entsteht

Russland vor der Revolution
1917 war Russland ein riesiges rückständiges Land. Es wurde ohne Verfassung vom Zaren regiert. Industrie gab es fast nicht. 80 Prozent der Bevölkerung waren Bauern. Die meisten waren Kleinbauern und lebten in ärmlichen Verhältnissen:

> „Die Bauernhütte ist aus dünnem Holz gebaut, zeigt Lücken, durch die man die Finger durchstecken kann und durch welche Kälte und Schnee eindringen. Hier haust eine Familie von vielleicht acht Personen, hier der alte Bauer mit seiner Frau, hier der verheiratete Sohn, ein erwachsenes Mädchen, die Kinder. Hier isst man, hier ist das Strohlager für die Nacht, hier bekommen die Frauen ihre Kinder, hier spinnen sie und weben, hier ist auch das Kalb, die Lämmchen, manchmal Ferkel, Hühner. Hier ist ein unerträglicher Gestank."
>
> *(C. Lehmann, Das hungernde Russland, Dietz Nachf., Stuttgart 1900, S. 112)*

Der Erste Weltkrieg verschlimmerte das Elend der Bauern und Arbeiter noch. Im Februar 1917 kam es deshalb zu großen Unruhen im Lande. Der Zar dankte ab, und bürgerliche Politiker übernahmen die Regierung. Sie führten den Krieg weiter. Der Zar und seine Familie wurden ermordet.

Inzwischen hatten die Arbeiter, Soldaten und Bauern spontan Räte (**Sowjets**) gebildet. Die Räte vertraten die Interessen der breiten Masse des Volkes.

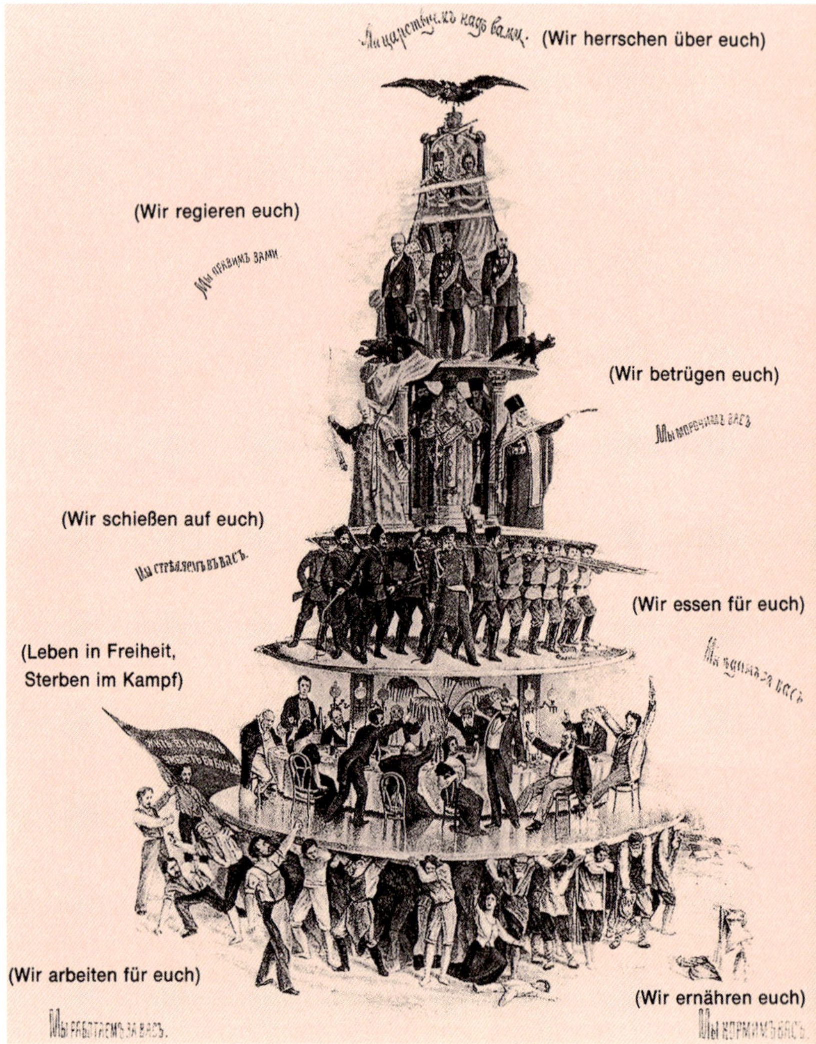

174.1 Die russische Gesellschaft (Flugblatt, um 1900)

„Alle Macht den Räten!"
Lenin sah in den Sowjets eine Alternative zur Regierung und forderte: *„Alle Macht den Räten!"* Er erkannte, was die Massen wollten. Die Bolschewiki griffen die Parole „Brot, Friede, Land" auf und hatten bald die Mehrheit in den wichtigsten Sowjets. Am 25. Oktober 1917 (nach der alten russischen Zeitrechnung) ergriffen sie fast ohne Gegenwehr die Macht.

Dies war der entscheidende Tag. Er ging als **Oktoberrevolution** in die Weltgeschichte ein. Lenin leitete die neue Regierung und beendete den Krieg.

Die Bolschewiki versprachen den Menschen ein Leben ohne Zwang und Unterdrückung.

Wladimir I. Uljanow (1870–1924) – genannt **Lenin** – war ein russischer Berufsrevolutionär. Wegen seiner radikalen Ansichten musste er während der Herrschaft des Zaren das Land verlassen. Im Februar 1917 kehrte er nach Russland zurück.
Lenins Partei, die **Bolschewiki**, war eine kleine radikale Gruppe. Lenin erkannte, was das Volk wollte. Seine Lehre hatte eine weitgehende Gleichheit aller Menschen zum Ziel. Dabei sollte nur eine kleine Gruppe von Parteifunktionären die wichtigen Entscheidungen treffen.
Seit dem 19. Jahrhundert ist die rote Fahne das wichtigste Symbol der Revolution. Sie fordert die Arbeiter aller Länder auf, gegen ihre Unterdrücker zu kämpfen. Die Bolschewiki wollten die Revolution in alle Länder der Welt tragen. Sie gründeten die Kommunistische Partei der Sowjetunion **(KPdSU)**.

175.1 Lenin hält eine Rede

- Die Großgrundbesitzer wurden enteignet, ihr Land bekamen die Bauern. Auch Industriebetriebe und Banken wurden verstaatlicht. Der Staat wollte die Wirtschaft zum Wohle aller Menschen planen und lenken (**Planwirtschaft**).
- Die Arbeiter (die Bolschewiki nannten sie das **Proletariat**) und die Bauern sollten die politische Macht übernehmen. Unterschiede zwischen Arm und Reich sollte es nicht mehr geben.
- Die ehemaligen Republiken aus der Zarenzeit wurden zur „Union der Sozialistischen Sowjetrepubliken" (**UdSSR**) zusammengefasst und von Moskau aus regiert.

Der Bürgerkrieg
Anhänger des Zaren, die „Weißen", begannen nun die Gegenrevolution. Sie wurden u. a. von amerikanischen, britischen, französischen und japanischen Truppen unterstützt. Entgegen allen Erwartungen hatten die Anhänger Lenins, die „Roten", jedoch den Bürgerkrieg trotz Hunger und des Zusammenbruchs der Wirtschaft schon 1920 gewonnen. Die Rote Armee war den zerstrittenen Truppen der „Weißen" überlegen. Durch die Revolution hatten die Bauern Land bekommen. Das wollten sie nicht wiederhergeben. Deswegen unterstützten sie die „Roten".
Die Bolschewiki machten dafür Zugeständnisse: Die Bauern mussten weniger Abgaben leisten. Überschüsse konnten sie frei verkaufen. Kleinere Geschäftsleute und Unternehmer durften ohne staatliche Aufsicht produzieren. Großindustrie und Banken blieben jedoch verstaatlicht.

1. Schildere das Leben eines russischen Bauern im 19. Jahrhundert.
2. Welche gesellschaftlichen Missstände prangert der Zeichner auf dem Flugblatt (Abb. 174.1) an?
3. Wie gelangten die Bolschewiki an die Macht?
4. Erkläre die Versprechen der Bolschewiki.

Die UdSSR wird Weltmacht

Der Stalin-Kult
Nach Lenins Tod 1924 entbrannte ein Streit um seine Nachfolge.
Stalin (1879–1953) ging als Sieger daraus hervor. Er war ehrgeizig und rücksichtslos. Im ganzen Land ließ er Plakate mit seinem Bild verbreiten. Besonders gern zeigte er sich mit Kindern. Der Personenkult machte aus dem kleinen, pockennarbigen Stalin einen strahlenden Helden.

176.1 „Bäuerin, kollektiviere das Dorf, tritt ein in die Reihen der roten Traktorfahrerinnen!", Plakat 1930

Die Zwangskollektivierung
Die Reformen, die Lenin im Bürgerkrieg vorgenommen hatte, nahm Stalin wieder zurück.

Stalin verbot den Bauern, weiterhin das Land privat zu nutzen. Sie mussten ihre Höfe zu Großbetrieben zusammenlegen (kollektivieren). Land, Arbeitsgeräte, Arbeitsvieh und Wirtschaftsgebäude wurden nun gemeinschaftlich genutzt. Die Bauern arbeiteten wie Industriearbeiter. Diese Produktionsgenossenschaften (Kolchosen) waren staatliches Eigentum und standen unter staatlicher Kontrolle. Jährlich musste jede **Kolchose** eine genau festgesetzte Menge an Ernteerträgen an den Staat verkaufen, der allein die Preise bestimmte.

Vor allem wohlhabende Bauern weigerten sich, mitzumachen. Stalin ließ sie zu Volksschädlingen erklären, enteignen und nach Sibirien in Arbeitslager schicken.

Die **Kollektivierung** war ein großer Misserfolg. Die Bauern schlachteten das Vieh und ließen das Getreide verkommen, obwohl ihnen dafür die Todesstrafe drohte. Es kam zur zweiten schweren Hungersnot.

176.2 Stalin überlebensgroß, dazu das Versprechen: „Der Sieg des Sozialismus in unserem Land ist garantiert" – ein Plakat aus dem Jahr 1932

Ab 1928 begann Stalin mit allen Mitteln, die Industrialisierung durchzusetzen. Er ging dabei genauso rücksichtslos vor wie bei der Zwangskollektivierung der Landwirtschaft.
Um die Arbeiter an Disziplin zu gewöhnen, richtete der Staat strenge Kontrollen ein. Für Arbeitsvergehen wie Unpünktlichkeit, Fernbleiben von der Arbeit und Beschädigung von Maschinen waren harte Strafen vorgesehen. Diese reichten von Lohnkürzungen über die Einweisung in Arbeitslager bis hin zur Todesstrafe.

Verkehrswege, Bergwerke, Fabriken, Staudämme, Kraftwerke, ja ganze Industriestädte wurden innerhalb weniger Jahre errichtet. Oft wurden die Arbeiter auf eine geplante Großbaustelle geschickt. Sie hausten zunächst in Erdhütten. An Wohnungen, Lebensmitteln und Kleidung herrschte nach wie vor großer Mangel. Den Menschen ging es eher schlechter als vor der Revolution.

Stalin erreichte dennoch sein Ziel:

Ende der 30er-Jahre nahm die **UdSSR** den zweiten Platz in der Industrieproduktion in der Welt ein – hinter den USA.

177.1 Großbaustelle am Berg Magnitaha (südlicher Ural), 1929

Die „Säuberungen"
Kritik oder Widerspruch duldete Stalin nicht. Der Geheimdienst spürte alle Personen auf, von denen Stalin annahm, dass sie seiner Macht irgendwie gefährlich werden konnten. Verdächtige wurden in großen Schauprozessen angeklagt und zum Tode verurteilt. Allein 1937 und 1938 wurden nach Unterlagen des Geheimdienstes 1,4 Mio Menschen verhaftet und über 680 000 erschossen. Die anderen landeten als Zwangsarbeiter in sibirischen Lagern – den Gulags.

1. Mit welchen Mitteln setzte Stalin die Zwangskollektivierung auf dem Lande durch?
2. Beschreibe Stalins Vorgehen bei der Industrialisierung des Landes.
3. Schreibt einen Zeitungsbericht über das Wirken Stalins: a) aus der Sicht eines Bauern und b) aus der Sicht eines Anhängers Stalins.

Nach Stalins Tod 1953 wurde Nikita Chruschtschow (1894–1971) sein Nachfolger. Er wollte vor allem die Versorgung der Menschen verbessern. Deshalb förderte er die Landwirtschaft. Die Industrie stellte nun mehr Güter des täglichen Bedarfs her. Die Sowjetbürger lebten besser. Der Staat garantierte jedem einen Arbeitsplatz. Moderne Verkehrssysteme wie die Moskauer Metro entstanden. Ehrgeizige Raumfahrtprojekte wurden gefördert.
Als die Russen mit dem **Sputnik** (Abb. 178.1) den ersten Satelliten ins All schossen, waren die Amerikaner geschockt. Jury Gargarin flog kurz darauf als erster Mensch ins Weltall. Eine Zeit lang sah es so aus, als ob die Sowjetunion den Vorsprung Amerikas aufholen könnte.

178.1 *Titelbild einer amerikanischen Zeitschrift*

1965 wurde Leonid Breschnew (1906–1982) Chruschtschows Nachfolger. Unter seiner Führung verschlechterte sich die Versorgung der Bevölkerung wieder. Die Rüstungsausgaben stiegen enorm an und waren bald nicht mehr zu bezahlen. Die Sowjetunion steuerte auf den wirtschaftlichen Ruin zu.

Die UdSSR zerfällt
1985 stand Michail Gorbatschow (geb. 1931) an der Spitze des Staates. Als erste Maßnahmen wechselte er wichtige Personen innerhalb der Kommunistischen Partei aus. Sein Programm zur Modernisierung der Gesellschaft umfasste fast alle Lebensbereiche. Insbesondere ging er gegen die Korruption vor. Es wurde unter dem Namen **Perestroika** (Umbau) bekannt. Gorbatschow wollte die Wirtschaft modernisieren, die Eigenverantwortung der Betriebe stärken und die Konkurrenz fördern. Die Planwirtschaft war aber zu schwerfällig. Diese Maßnahmen zerstörten allmählich die Fundamente der bestehenden Wirtschaftsordnung, ohne neue Grundlagen zu schaffen. Den Menschen versprach Gorbatschow mehr Demokratie, vor allem Meinungsfreiheit (**Glasnost**). Schon bald kam es zu einer heftigen Diskussion über die Rolle Lenins und Stalins.

178.2 *Michail Gorbatschow und Boris Jelzin*

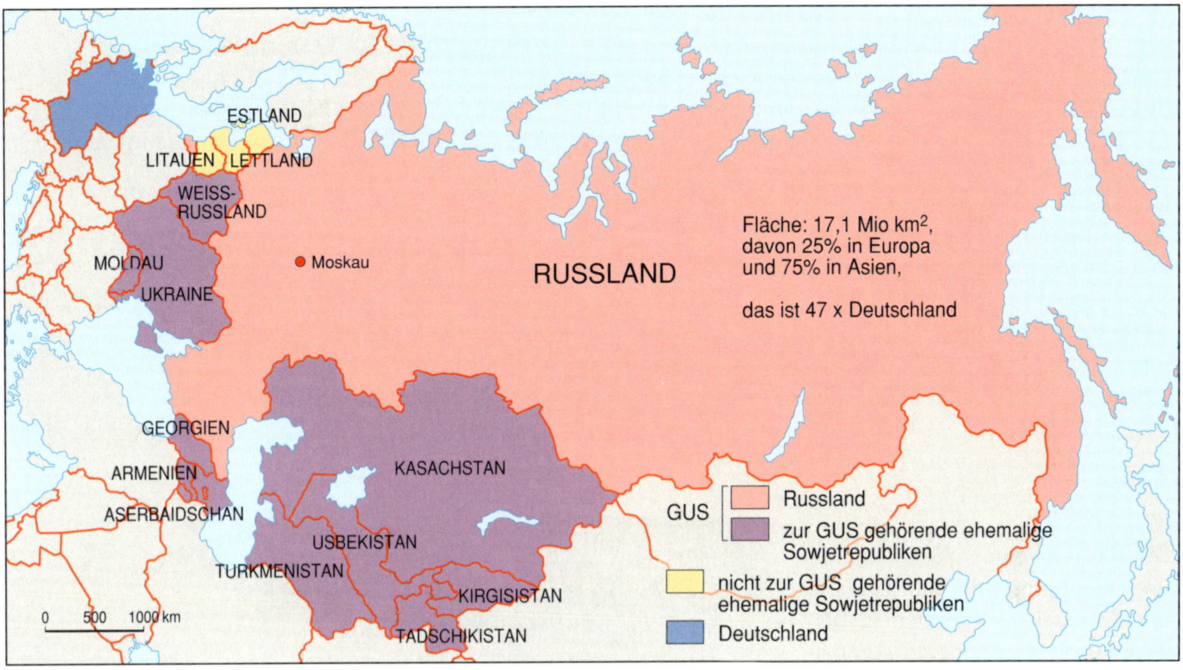

179.1 Die GUS-Staaten nach der Auflösung der UdSSR

Als Folge dieser Diskussionen wurde dann 1990 die Führungsrolle der Kommunistischen Partei abgeschafft.

Im Ausland war Michail Gorbatschow beliebter als im eigenen Land. Er führte erfolgreiche **Abrüstungsverhandlungen** mit den USA. 1988 beendete die Sowjetunion den Afghanistankrieg.
Seit 1989 begann sich der Ostblock aufzulösen. Diese Entwicklung führte 1990 zur deutschen Wiedervereinigung.

Auch die Sowjetunion begann nun, auseinanderzufallen. Mehrere Sowjetrepubliken erklärten zwischen 1988 und 1990 ihre Unabhängigkeit. Durch einen Putsch versuchten im August 1991 hochrangige Kommunisten, die alten Machtverhältnisse wiederherzustellen. Der russische Präsident Jelzin, der großes Ansehen in der Bevölkerung hatte, beendete den Putsch mithilfe der Armee. Er ließ die Kommunistische Partei in Russland verbieten. Gorbatschow musste zurücktreten.

Am 21. Dezember 1991 wurde die **Gemeinschaft Unabhängiger Staaten (GUS)** gegründet. Damit hatte die Sowjetunion aufgehört zu existieren.

1. Beschreibe, wie die amerikanische Zeitschrift „Time" Chruschtschow dargestellt hat. Was soll damit ausgesagt werden?
2. Schreibe aus den S. 174–179 wichtige Etappen der sowjetischen Geschichte heraus und stell sie als Zeitleiste dar.
3. Stell fest, welche Staaten die GUS bilden und welche sich diesem Verbund nicht angeschlossen haben.

Die USA auf dem Weg zur Weltmacht

Im Ersten Weltkrieg (1914–1918) verhängte England eine Seeblockade, um Deutschland von Rohstoffen abzuschneiden. Daraufhin versuchten deutsche U-Boote, diese Blockade immer wieder zu durchbrechen und feindliche Schiffe zu torpedieren. Deutschland erklärte dann 1917 den uneingeschränkten U-Boot Krieg, d. h., jedes Schiff, auch Schiffe neutraler Länder, wurden versenkt. Daraufhin erklärten die USA Deutschland und den übrigen Mittelmächten den Krieg.

1918 traten 2 Millionen gut ausgerüstete amerikanischen Soldaten in den Krieg ein. Ihre Kampfkraft entschied den Krieg. Die **Mittelmächte** kapitulierten.

Kriegsgegner im Ersten Weltkrieg

Anlass des Krieges ist die Ermordung des österreichischen Thronfolgerpaars im Juni 1914.

Die Mittelmächte:
Deutschland, Österreich-Ungarn;
ab 1915 Türkei, Bulgarien

Westmächte (oder Entente):
England, Frankreich, Russland, Serbien;
ab 1915 Italien, Rumänien

Die USA lieferten Rüstungsgüter und Nahrungsmittel an England und Frankreich. Außerdem gaben sie England und anderen europäischen Staaten Kredite. Sie waren jetzt der Geldgeber für die Westmächte, die ihnen große Summen schuldeten.

Nach dem Ende des Weltkriegs zogen sich die USA wieder aus Europa zurück. Sie wollten sich nicht länger mit europäischen, politischen Problemen auseinandersetzen.

Dem gerade gegründeten **Völkerbund**, der künftige Kriege vermeiden sollte, traten die USA nicht bei.

180.1 Amerikanische Truppen auf dem Weg zur Front in Frankreich, 1918

Die wirtschaftliche Entwicklung
Von 1920–1928 nahm die amerikanische Wirtschaft einen weiteren kräftigen Aufschwung. Der Wohlstand der Amerikaner nahm zu. Moderne Geräte wie Telefon, Radio, Kühlschrank und Auto gab es bald in den meisten Haushalten. Die Werbung beeinflusste erstmals entscheidend das Käuferverhalten.
Und wenn die Bürger nicht genügend Bargeld hatten, konnten sie auf Raten kaufen.

Zwischen 1921 bis 1929 stiegen die Unternehmergewinne um 65 %. Auch die Arbeitszeit für die Arbeiter wurde kürzer. Dazu trug nicht unwesentlich das Fließband bei.

Ihre Interessen richteten die USA nun stärker auf Mittel- und Südamerika. Sie weiteten ihren Machtbereich auch auf den pazifischen Raum aus. Zusammen mit ihrer wirtschaftlichen Kraft wurden sie so zu einer Weltmacht.

1908 hatte der Industrielle Henry Ford das Fließband erfunden. Es ermöglichte die Herstellung von Autos in großen Stückzahlen. Das erste Auto in Massenproduktion war das Ford T-Modell. Es wurde bis in die 30er-Jahre in Millionen Stück verkauft. Dabei sank der Preis von ursprünglich 750 auf 350 Dollar.

Für das Auto wurden eine ganze Reihe von Rohstoffen und Materialien gebraucht. Dies hatte Auswirkungen auf die Zulieferungsindustrie im Bereich der Stahl-, Glas- und Gummiherstellung. Außerdem wurden jetzt viele Straßen gebaut. Vororte entstanden, die jetzt leicht mit dem Auto zu erreichen waren. Die Menschen lernten ferne Landesteile kennen, die sie bisher nur mit der Eisenbahn erreichen konnten.

181.2 *Das berühmte T-Modell von Ford*

181.1 *Rushhour in einer amerikanischen Großstadt um 1928. Bereits 1920 gab es 8 Mio Autos und 1929 schon 26 Mio. Damit besaß jeder fünfte US-Bürger ein Auto. Das gab es in der Bundesrepublik erst 1965.*

Es wundert deshalb nicht, dass die Jahre zwischen 1920 und 1930 als die *„Goldenen Zwanzigerjahre"* oder *„roaring twenties"* bezeichnet wurden.

1. Aus welchem Grund wurden die USA zu einer Weltmacht?
2. Was veränderte sich durch die Erfindung des Fließbandes?

Die Weltmacht in der Krise

Die Wirtschaftskrise

1928 hatte der amerikanische Präsident Herbert Hoover noch voller Stolz auf das erfolgreiche Amerika verkündet:

„Wir sind ... der Verbannung von Armut und Furcht aus dem Leben von Männern und Frauen näher gekommen als jemals zuvor in einem Land."

1929 aber war der ungebremste Wirtschaftsaufschwung zu Ende und die USA befanden sich in einer schweren Wirtschaftskrise.

182.1 *Schlangestehen nach Lebensmitteln vor einem Werbeplakat*

Am 25. Oktober 1929 verkauften Tausende ihre Aktien. Der Wert der Aktien stürzte ins Bodenlose. Innerhalb von Stunden verloren Aktienbesitzer ihr gesamtes Vermögen. Der Tag ging als **„Schwarzer Freitag"** in die Geschichte ein.

Die Firmen in den USA entließen ihre Arbeiter. Die Arbeiter konnten die Mieten nicht mehr bezahlen und mussten ihre Wohnungen aufgeben. Die Arbeitslosen hielten sich mit Abfällen am Leben oder standen Schlange vor den Suppenküchen.

Hunderttausende zogen als Wanderarbeiter durch die Staaten der USA auf der Suche nach Arbeit. Dies hatte Auswirkungen auf die gesamte Wirtschaft und auch weltweite Folgen:

Kredite, die ins Ausland gegeben worden waren, wurden von heute auf morgen zurückgefordert.

Deutschland war davon besonders betroffen, weil dort hauptsächlich Kredite aus den USA kurzfristig vergeben worden waren.

1934 stellte der neu gewählte Präsident Franklin D. Roosevelt ein Programm zur Lösung der dringendsten Probleme auf.

Es trug die Bezeichnung **New Deal** (= neue Verteilung der Karten beim Pokerspiel). Roosevelt vertrat die Auffassung, dass es Aufgabe der Regierung sei, den Wohlstand in der Gesellschaft gleichmäßiger zu verteilen.

Die wichtigsten Maßnahmen waren:

1. Arbeitgeber und Arbeitnehmer sollten sich gemeinsam über Löhne einigen.
2. Die Arbeitslosenversicherung und die Altersversorgung wurden verbessert.
3. Der Staat trat als Arbeitgeber auf.
   Er finanzierte, z. B. den Bau von öffentlichen Gebäuden, neuen Straßen, 77 000 Brücken und 21 Staudämmen in sechs Bundesstaaten.

So wurde in großem Umfang Strom erzeugt. Man begradigte Flüsse und schuf landwirtschaftliche Flächen.

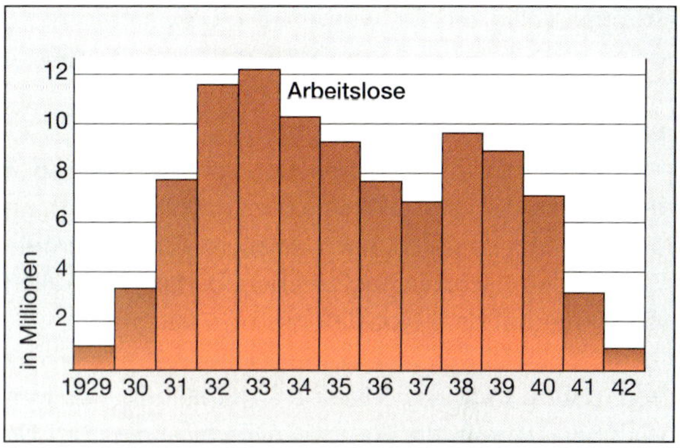

183.2 *Zahl der Arbeitslosen in den USA 1929–1942*

1. Erarbeite die Aussage des Werbeplakats:
   a) übersetze den englischen Text,
   b) achte auf die Menschen in der Schlange und auf dem Plakat.

2. Betrachte die Arbeitslosenkurve in 183.2. Erkläre den Rückgang der Arbeitslosen.

183.1 *Großprojekt des New Deal: Bau eines der 14 Wasserkraftwerke am Tennessee River*

Die USA und die UdSSR teilen Europa auf

Europa liegt am Boden

Millionen Menschen waren während des Zweiten Weltkriegs (1939–1945) gestorben. Viele Städte, die gesamte Infrastruktur, Industrieanlagen und Fabriken waren völlig zerstört oder stark beschädigt. Die Länder waren verwüstet.

Die Sowjetunion hatte die meisten Toten mit 20 Millionen Menschen in diesem Krieg zu beklagen. Weite Teile des Landes waren von den deutschen Truppen völlig zerstört worden. Die USA hatten Hunderttausende von Soldaten verloren, aber das eigene Land war unberührt geblieben.

Besiegtes, zerstörtes Deutschland
Die Menschen im besiegten Deutschland hausten in den Ruinen der Städte. Alle suchten nach Essbarem, um ihren Hunger zu stillen, nach Holz, um sich zu wärmen. Es galt, den nächsten Tag zu überleben und vor allem die Kinder mit dem Notdürftigsten zu versorgen.

Von Osten strömten Millionen Flüchtlinge mit ihrer geringen Habe in die von den Alliierten besetzten Gebiete.

Die Sieger hofften, das besiegte Land durch Zonen besser verwalten zu können. Außerdem wollte jede Siegermacht ihren Anteil an **Reparationen** (= Wiedergutmachungen für Zerstörungen im Krieg) sichern. Reparationen waren besonders für die Sowjetunion wichtig, weil sie die stärksten Zerstörungen erlitten hatte.

Die UdSSR erweitert ihren Machtbereich
Bereits im Krieg hatten die alliierten Mächte USA, Großbritannien und die Sowjetunion über die Nachkriegsordnung und die Aufteilung Deutschlands beraten.

184.1 Machtbereiche der UdSSR

Die Sowjetunion erweiterte nach der Niederlage Deutschlands den eigenen Machtbereich. Armee und Geheimdienst übten brutal ihre Macht aus.

1945 war Deutschland auf den Konferenzen der Alliierten in Jalta und Potsdam in vier Zonen aufgeteilt worden. Die Gebiete östlich der Flüsse Oder und Neiße wurden vom früheren Deutschen Reich abgetrennt und unter polnische und sowjetische Verwaltung gestellt.

Die Sowjetische Besatzungszone

Viele Kommunisten hatten Widerstand gegen den Nationalsozialismus und Hitler in der Zeit von 1933 bis 1945 geleistet. Ein Teil von ihnen war in die Sowjetunion geflohen. Sie wurden dort für eine Machtübernahme in Deutschland ausgebildet. Ihre Aufgabe bestand darin, möglichst schnell in der Sowjetischen Besatzungszone eine kommunistische Partei aufzubauen. Ferner sollten sie die Verwaltung dieses Teil Deutschlands unter ihre Kontrolle bringen.

1946 wurde in der Sowjetischen Besatzungszone die **Sozialistische Deutsche Einheitspartei (SED)** aus der Kommunistischen Partei (KPD) und der Sozialdemokratischen Partei (SPD) gegründet. Die Sozialdemokraten in den Westzonen lehnten diese Vereinigung ab.

1. Nenne Länder, die Teile des Machtbereichs der Sowjetunion wurden (Karte 184.1).
2. Wie behandelten die Alliierten Deutschland nach dem Krieg?

185.1 Besatzungszonen in Deutschland und Österreich

Die USA nehmen Einfluss in Europa

Die Amerikaner wollten verhindern, dass von Deutschland je wieder ein Krieg ausgehen könne:

„Deutschland wird nicht besetzt zum Zweck seiner Befreiung, sondern als besiegter Feindstaat."

Die drei westlichen Siegermächte und die östliche Siegermacht Sowjetunion hatten sich zu einer gemeinsamen Verwaltung Deutschlands verpflichtet. Sie hatten grundsätzlich unterschiedliche Auffassungen, wie mit Deutschland jetzt verfahren werden sollte.

Verhärtung zwischen Ost und West

Um die Wirtschaft anzukurbeln, führten die westlichen Alliierten 1948 eine **Währungsreform** in den Westzonen durch. Daraufhin schufen die Sowjets ihre eigene Währung in der Sowjetischen Besatzungszone.

Um Berlin kam es 1948/49 zu einer ersten Kraftprobe zwischen den beiden Mächten. Die Stadt, die in vier Besatzungszonen aufgeteilt worden war, wurde von den Sowjets vollständig von der Versorgung abgeriegelt. Sie lag wie eine Insel in der Sowjetischen Besatzungszone. Da die Sowjets den Westmächten die Zufahrt mit Lkws oder mit der Bahn nach Berlin verweigerten, versorgten sie die eingeschlossene Stadt aus der Luft mit allen Gütern (**Luftbrücke**).
Diese Luftbrücke dauerte fast ein dreiviertel Jahr, dann gaben die Sowjets ihre Blockade auf. Die Spannungen zwischen beiden Mächten wuchsen.

1949 wurde die **Bundesrepublik Deutschland** gegründet. Wenig später entstand aus der Ostzone unter sowjetischer Besatzung **die Deutsche Demokratische Republik (DDR).**
Damit war die Spaltung Deutschlands vollzogen.

186.1 Wie einer den anderen sieht (amerikanische Karikatur von 1947)

Der Marshall-Plan

Der amerikanische Außenminister Marshall entwarf ein großzügiges Finanzierungsprogramm für alle europäischen Staaten. Die europäischen Wirtschaften sollten damit schnell wiederaufgebaut und die Menschen aus ihrer größten Alltagsnot befreit werden.

Der **Marshall-Plan** wurde auch der Sowjetunion und den kommunistischen Staaten Osteuropas angeboten. Stalin setzte sie jedoch so unter Druck, dass sie ablehnten.

187.1 *Plakat zum Marshallplan, 1950*

187.2 *Plakat gegen den Marshallplan, 1947*

Die Truman-Doktrin

Die Sowjetunion hatte ihren Machtbereich in Osteuropa schnell ausgedehnt und kommunistische Parteien unterstützt. Kommunistische Regierungen hatten bis 1949 mit starker Unterstützung der Sowjetunion die Macht übernommen.

Eine Verständigung zwischen den beiden Siegermächten wurde immer schwieriger. Ein anderes Vorgehen der USA war notwendig, um den bisher gewonnenen Einfluss in Europa nicht zu verlieren. Gleichzeitig wollten sie verhindern, dass die Sowjetunion ihren Machtbereich in Europa und weltweit ausdehnt.

Der amerikanische Präsident Truman begründete seine neue Politik so:

„Eines der ersten Ziele der Außenpolitik der USA ist es, Bedingungen zu schaffen, unter denen wir und andere Nationen uns ein Leben aufbauen können, das frei von Zwang ist … Die kommunistische Lebensweise jedoch ist durch Terror und Unterdrückung und scheindemokratische Wahlen gekennzeichnet."

(E. Kosthorst/K. Teppe, Die Teilung Deutschlands, Schöningh, Paderborn 1976, S. 39, verändert)

1. Betrachte die Karikatur 186.1. Gib die Aussage der Karikatur in eigenen Worten wieder.
2. Gib in Stichworten die Inhalte der beiden Plakate wieder.
3. Welche Auffassungen über den Marshallplan geben die Plakate wieder?
4. Was veranlasste den amerikanischen Präsident Truman, eine neue Politik gegenüber der Sowjetunion festzulegen?

Der Kalte Krieg

Ab 1949 sicherten die beiden Weltmächte ihre Einflusszonen. Stalin beherrschte Osteuropa, und die USA errangen entscheidenden Einfluss in Westeuropa. Die Spannungen zwischen beiden Mächten jedoch wuchsen. Viele Menschen glaubten, dass es nur eine Frage der Zeit wäre, wann ein neuer Krieg ausbrechen würde. Deshalb sprach man auch vom **„Kalten Krieg"**. Die Weltmächte übten gegenseitig wirtschaftlichen und diplomatischen Druck aus. Es kam immer wieder zu ernsten Konflikten.

Nach dem Zweiten Weltkrieg waren mehr als eine Million Soldaten in den besetzten Ländern Europas geblieben. Der größte Teil stand in den kommunistisch regierten Staaten. In der Furcht, dass die Sowjetunion noch weiter nach Westen drängen könnte, schlossen sich fast alle europäischen Staaten, die USA und Kanada 1949 zu einem Militärbündnis, der **NATO**, zusammen. 1955 gründete auch die Sowjetunion ein Militärbündnis, den **Warschauer Pakt**. Diesem gehörten alle von der Sowjetunion abhängigen kommunistischen osteuropäischen Staaten an. Unsummen von Geld wurden jetzt wieder in die Aufrüstung des Militärs gesteckt.

Nicht nur in Europa, sondern auch in Südostasien wollten die USA ein Vordringen der kommunistischen Sowjetunion und Chinas verhindern.

188

Der Korea-Krieg

Im Juni 1950 überfielen nordkoreanische Truppen Südkorea. Auf Beschluss des **UN-Sicherheitsrats** wurden UN-Truppen unter der Führung der USA nach Korea geschickt. Das kommunistische China unterstützte Nordkorea mit 300 000 Soldaten.

Keine Seite trug einen dauerhaften Sieg davon. 1953 wurde ein Waffenstillstand geschlossen. Der 38. Breitengrad blieb die Grenze zwischen Nord- und Südkorea.

Weitere Aufrüstung

Die beiden Weltmächte USA und Sowjetunion standen sich jetzt noch feindlicher gegenüber. Die Zahl der Atomwaffen stieg auf beiden Seiten schnell an. Mit der Weiterentwicklung dieser furchtbaren Waffen wuchs auch ihre Zerstörungskraft.

Die USA errichteten einen Ring von militärischen Stützpunkten um die Sowjetunion und ihre Verbündeten. Dazu gehörten auch Atomwaffenstützpunkte in der Türkei.

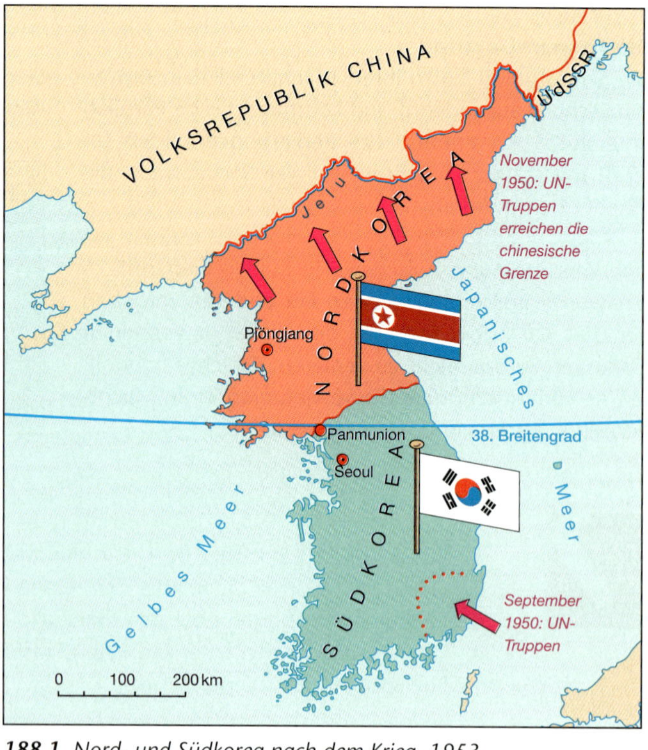

188.1 Nord- und Südkorea nach dem Krieg, 1953

Die Kuba-Krise
Kuba ist eine Insel vor Florida, die wirtschaftlich eng mit den USA verbunden war. 1959 hatte **Fidel Castro** mit revolutionären Soldaten den Diktator Batista in Kuba gestürzt.

Er übernahme die Macht und enteignete alle amerikanischen Firmen. Daraufhin verhängten die USA einen Handelsboykott. Dies betraf alle Waren, die aus den USA nach Kuba geliefert wurden und aus Kuba in die USA. Dieser Boykott besteht heute noch. Da Zucker Kubas Hauptexportartikel war und ist, geriet die Insel in eine tiefe Krise. Die Sowjetunion unterstützte Kuba und kaufte Castro fortan seinen Zucker zu einem festen Preis ab.

Im Oktober 1962 stellten die USA fest, dass auf Kuba Atomraketen mit Abschussrampen aufgebaut wurden. Diese Raketen hatten Reichweiten, die auch die großen Städte im Norden der USA, wie z. B. New York, erreichen konnten. Die USA stoppten russische Schiffe, die weitere Atomraketen nach Kuba transportierten. Sie forderten den Rücktransport und den Abbau der Abschussrampen. Sollte dieser Aufforderung nicht binnen weniger Tage nachgekommen werden, so drohten sie mit einem Atomwaffenangriff auf russische Städte.

Amerikanische Schiffe und Flugzeuge waren auf einen sofortigen Angriff gegen Kuba und die Sowjetunion vorbereitet. Der amerikanische Präsident Kennedy und der russische Ministerpräsident Chrutschtschow verhandelten 13 Tage und schrieben Briefe.

In einem Brief von Chrutschtschow an Kennedy hieß es:

„Sie wollen die Sicherheit Ihres Landes gewährleisten, und dies ist verständlich. Das will aber auch Kuba. Alle Länder wollen ihre Sicherheit gewährleisten. Wie aber sollen wir (...) Ihre Handlungen bewerten, (...) dass Sie uns mit Militärstützpunkten eingekreist haben (...)? Ihre Raketen sind in Großbritannien stationiert, (...) in Italien (...), und sie sind gegen uns gerichtet. Ihre Raketen sind in der Türkei stationiert. Sie sind beunruhigt über Kuba. (...) Weil es 90 Seemeilen von der Küste der USA liegt. Sie halten es also für berechtigt für Ihr Land Sicherheit und die Entfernung jener Waffen zu fordern, erkennen aber uns dies Recht nicht zu (...)“

(H. Krieger, Handbuch des Geschichtsunterrichts, Bd. 6, Teil 1, Diesterweg, Ffm. 1987, S. 407)

189.1 *Reichweite der sowjetischen Raketen auf Kuba*

Chrutschtschow ließ die Raketen abziehen. Einige Wochen später zogen die USA ihre Atomraketen aus der Türkei ab. Die Welt war knapp einem Atomkrieg entgangen.

Die beiden Supermächte richteten ein rotes Telefon ein. In einer Krise konnten die beiden Präsidenten sofort einen direkten Kontakt herstellen.

1. Erkläre in eigenen Worten den Begriff „Kalter Krieg“.
2. Stellt die unterschiedlichen Interessen in den beiden Konflikten gegenüber.
3. Warum will die Sowjetunion Atomraketen auf Kuba aufstellen?
4. Warum richten Chrutschtschow und Kennedy ein rotes Telefon ein?

Hochrüstung – Abrüstung

Jahrzehntelang rüsteten die USA und die Sowjetunion mit einem ungeheuren Kostenaufwand ihr Militär auf. Beide Staaten hatten Angst, dass die andere Macht angreifen könnte. Deshalb wurden immer mehr und immer bessere Atomwaffen hergestellt.

Mehrfachsprengköpfe von einer einzigen Rakete konnten vom Boden, von U-Booten oder Flugzeugen abgefeuert werden. Es herrschte die Angst vor, „die andere Macht kann uns angreifen und dann müssen wir zurückschlagen".

Beide Großmächte unterstützten Befreiungsbewegungen oder Diktatoren in Afrika, Asien und Lateinamerika mit Geld und Waffen. Besonders verlustreich waren die Kriege der USA in Vietnam und der Russen in Afghanistan.

190.1 *„Es wird hier dauernd vom Frieden gesprochen – meine Herren, der Frieden bin ich!" Karikatur von H. M. Brockmann im Simplicissimus, 1956*

Ab 1970 verhandelten beide Seiten über die Begrenzung und Abrüstung dieser Waffen. 1972 legte der **SALT-I-Vertrag** die Zahl für Interkontinentalraketen mit einer Reichweite bis 12000 km fest. Der **SALT-II-Vertrag** sollte die Zahl dieser Raketen für jede Seite bis 1981 auf 2250 verringern. In der Zwischenzeit wurde weiter aufgerüstet. Jede Seite misstraute weiterhin der anderen.

Im Oktober 1986 trafen sich der amerikanische Präsident Reagan und der sowjetische Generalsekretär Gorbatschow zu einem Gespräch in Reykjavik auf Island. Gorbatschow schlug einen Abbau der Interkontinentalraketen auf 50 % der bisherigen Anzahl vor. Außerdem

190.2 *Gorbatschow und Reagan im Gespräch in Reykjavik, 1986*

wollte er den Abzug aller Mittelstreckenraketen mit einer Reichweite bis 5000 km durchsetzen. Dies war ein revolutionärer Vorschlag, wie er bisher noch von keiner Seite gemacht worden war.

Doch Reagan lehnte ab, weil die USA ihr geplantes Abwehrsystem gegen Interkontinentalraketen aufbauen wollten. Diese Gespräche brachten deshalb nicht den gewünschten Erfolg.

1. Erkläre, was mit Hochrüstung gemeint ist?
2. Warum kam es zu Verhandlungen über Abrüstung? Nenne Gründe.
3. Die Bombe sagt: *„Der Friede bin ich!"* – Erkläre.

TRIO-Methode: Karikaturenrallye

Ihr findet auf diesen Seiten Karikaturen, die sich mit dem „Kalten Krieg" beschäftigen. Kopiert (vergrößert) die Karikaturen und hängt sie im Klassenraum gleichmäßig verteilt auf. Jetzt könnt ihr eine Rallye machen.

So geht ihr vor:

1. Vorbereitung

1. Karikaturen kopieren und verdeckt aufhängen.
2. Bildet pro Karikatur eine Gruppe.
3. Jede Gruppe erhält einen dicken Filzstift sowie pro Karikatur einen Streifen Pappe oder Kartonpapier.
4. Jede Gruppe stellt sich vor einer anderen Karikatur auf.

2. Durchführung

5. Start der Rallye: Die Gruppen drehen die Karikatur um und betrachten sie.
6. Sie diskutieren eine passende Überschrift und schreiben sie auf ein Stück Karton.
7. Auf ein Zeichen hin wandern die Gruppen jetzt im Uhrzeigersinn zur nächsten Karikatur.
Hat jede Gruppe zu jeder Karikatur eine Überschrift gefunden, ist die Rallye zu Ende.

3. Auswertung

8. Die Gruppen präsentieren abwechselnd ihre Überschriften und begründen sie.

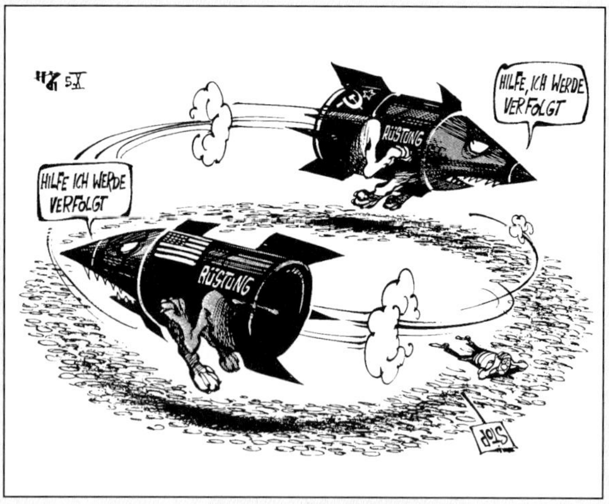

„Einverstanden, Herr Präsident, wir wollen verhandeln ..."
Englische Karikatur

„Ich hab mir zwar Friedenstauben anders vorgestellt, aber vielleicht sind das welche?" Karikatur von Haitzinger

Reiche und Arme in den USA

Für viele Menschen, die als Einwanderer in dieses Land kamen, war es das *„Land der unbegrenzten Möglichkeiten"*. Damit ist gemeint, dass jeder „Bürger und jede Bürgerin hier sein Glück machen kann, wenn er oder sie nur tüchtig ist."
Aber nicht alle sind erfolgreich. Wer keine Arbeit hat oder krank ist, braucht die Hilfe der Gesellschaft.

192.2 *Siedlung von Schwarzen im Süden der USA*

192.1 *Wohnhaus von reichen Weißen im Süden*

Ein Sozialsystem wie bei uns gibt es in den USA nicht (siehe dazu Kapitel Soziale Sicherung, S. 79). 1996 wurden die sowieso geringen Sozialleistungen weiter gekürzt.
60 Millionen Amerikaner haben überhaupt keine Krankenversicherung.

In den Jahrzehnten seit dem Zweiten Weltkrieg ist die Kluft zwischen den Reichen und den Armen immer größer geworden.

Viele Menschen müssen bei den niedrigen Löhnen zwei bis drei Kleinjobs übernehmen. Dennoch reichen ihre Kleinjobs oft nicht, um ein bescheidenes Leben zu führen.

Vergleiche die Fotos in Bezug auf Alltagsleben und Wohnen. Welche Unterschiede kannst du feststellen?

Die größte Bevölkerungsgruppe, die arm ist, sind die Schwarzen. Von den 35 Mio Schwarzen (1999) leben mehr als 30 % unter der Armutsgrenze, bei den Weißen hingegen sind es nur 10 %. Armut herrscht überwiegend in den Großstädten und dort in den **Gettos** der Schwarzen. Besonders von Schwarzen und arbeitslosen Jugendlichen geht eine hohe Kriminalität aus.

Neben den Schwarzen ist die Gruppe der Hispanics, Einwanderer aus Mexiko und der Karibik, ebenso von Armut betroffen. Sie kommen in das gelobte Land USA, weil sie sich dort ein besseres Leben erhoffen als in ihrer Heimat.

193.1

193.4

193.2

193.5

193.3

193.6

Reiche und Arme in Russland

> *„Unter dem kommunistischen System war unser Lebensstandard nie wirklich hoch. Aber jeder hatte Arbeit, die Grundbedürfnisse konnten gedeckt werden und die wesentlichen sozialen Dienste standen … jedermann frei zur Verfügung. Aber nun ähneln die sozialen Bedingungen in Russland denen der Dritten Welt."*
>
> *(Aus einem Interview mit einem Ökonomen der Russischen Akademie der Wissenschaften 1992, zitiert nach: Chossudovsky, Global brutal Verlag 2001, Frankfurt/M. 2002, S. 263)*

194.1 Für die „neuen Russen" ist das Allerfeinste gerade gut genug

194.2 Obdachlose Bettlerin in Moskau, 1994

Eines der wichtigsten Ziele Gorbatschows war die Eindämmung der Korruption. Der Übergang von der Sowjetunion zur GUS führte jedoch dazu, dass die Korruption größer wurde. Mit der Einführung der Marktwirtschaft (siehe S. 178) vergrößerte sich in Russland der Unterschied zwischen Armen und Reichen explosionsartig. Besonders gut verdienten vor allem Geschäftsleute und Mafiosi sowie alle, die an den wichtigen Exportgeschäften des Landes beteiligt waren.

Wer auf ein festes, vom Staat gezahltes Einkommen angewiesen war, wurde Opfer der Preissteigerungen. Den Rentnern ging es sehr schlecht, weil ihre Renten viel zu spät an die neuen hohen Preise angepasst wurden. Die Zahl der Arbeitslosen und der Obdachlosen stieg schnell. Viele russische Männer verkrafteten den Abstieg in die Armut nicht. Sie ertränkten ihre Not in Alkohol. Die Folgen der Sucht: Zwischen 1987 und 1993 sank die Lebenserwartung der russischen Männer von 65 auf 58 Jahre. Gewalt wurde zu einem normalen Bestandteil des Alltags. Diese Lebensumstände haben sich bis heute nicht wesentlich verbessert.

1. Wie wirkte sich die Einführung der Marktwirtschaft aus?
2. Vermute, warum die obdachlose Rentnerin vor McDonalds sitzt.
3. Die Durchschnittsrente eines Russen liegt bei 500 bis 700 Rubel. Wer kann sich heute einen Pelzmantel leisten?

Russlands Kindertragödie

Ende des 20. Jahrhunderts entstand bei uns zum ersten Mal wieder seit 1920 der Ausdruck „Kinderarbeit", worunter ein besonderer Mechanismus zu verstehen ist, die Kinder auf die Straße zu schicken, um etwas zu verdienen. Besonders krass erscheint dabei das sogenannte „Kinder-Sex-Business". Es gibt ganze Gruppen von minderjährigen Prostituierten. Kinder werden in die Straßenkriminalität hineingezogen, in den Verkauf von Rauschgift usw., hauptsächlich weil sie noch nicht strafmündig sind. 6 Millionen Russen nehmen Rauschgift. Und die Süchtigen werden immer jünger. Das Einstiegsalter für Drogen sank Anfang der 90er-Jahre in Russland auf durchschnittlich 14,2 Jahre für Jungen und 14,6 Jahre für Mädchen. Aber es gibt eine ganze Reihe von Siebenjährigen, die Rauschgift nehmen.

(G. Sillaste „Blumen des Lebens" im Dschungel des Marktes. Kindheit in Russland als Phänomen. Nezavisimaja gazeta vom 9. 2. 2001, zitiert nach Praxis Geografie 1/2002 S. 24)

195.1 *Russische Straßenkinder in St. Petersburg, 2002*

1. Beschreibe das Leben russischer Kinder. Verwende die Bilder und den Text.
2. *„Nun ähneln die sozialen Bedingungen Russlands denen der Dritten Welt."*
   Was will der Sprecher im Kasten auf S. 194 sagen?

Rassenprobleme in den USA

Nach dem Bürgerkrieg 1860–65 wurde in den USA die Sklaverei abgeschafft. Doch Gesetze, die den Schwarzen im Alltag gleiche Rechte zugestanden, wurden erst in den 50er- und 60er-Jahren des 20. Jahrhunderts verabschiedet.

Heute gibt es reiche Schwarze, schwarze Bürgermeister und Senatoren. Doch die Benachteiligung der Schwarzen ist geblieben. Ein großer Teil von ihnen gehört zu den Ärmsten in dieser Gesellschaft.

196.1 Der erste Schultag. Nationalgardisten begleiten einen farbigen Schüler zur Highschool in Kentucky, 1956

Besonders in den Südstaaten wehrten sich die Weißen gegen Reformen und **Gleichberechtigung** der Schwarzen. Das Militär musste in den 50er-Jahren schwarze Bürger schützen, die in einem Bus fahren wollten, in dem auch Weiße fuhren.

Martin Luther King war einer der großen Führer der Schwarzen. Er führte die größte Massendemonstration von 250 000 Schwarzen nach Washington, um mehr Gleichberechtigung zu fordern.

In seiner Rede sagte er:

> *„Ich träume, dass eines Tages meine vier kleinen Kinder nicht nach der Hautfarbe, sondern nach ihrem Charakter beurteilt werden … und dass alle Menschen gleiche Rechte haben."*

Er wurde 1968 von einem Weißen erschossen.

Weniger friedlich wollten die Mitglieder der Bewegung der „Black Power" die Gleichberechtigung durchsetzen. Sie wollten mit Gewalt Veränderungen erzwingen, die den mehr als 33 Mio Schwarzen vorenthalten wurden. Sie blieben aber erfolglos.

Immer wieder gab es Rassenkrawalle, weil Schwarze ungerecht behandelt wurden. In den 90er-Jahren kam es zu Rassenkrawallen in Los Angeles. Tote und Verletzte waren zu beklagen. In einem Fall war der Grund: Weiße Polizisten hatten einen Schwarzen grundlos verprügelt.

1. „Menschen sollen nach ihrem Charakter und nicht nach ihrer Hautfarbe beurteilt werden." Erkläre.
2. Schreibe deine Gedanken zum Foto 196.1 der „erste Schultag" auf.
3. In der amerikanischen Verfassung heißt es: *„Alle Menschen sind gleich."* Nimm Stellung mithilfe der Seiten 192, 193 und 196.

Mehr Völker als Staaten – die GUS

197.1 Völker und Ethnien im Kaukasus

Der Kaukasus ist eine natürliche Grenze. Bis zu 5600 m hohe Berge trennen das europäische Russland von den drei vorderasiatischen GUS-Staaten Georgien, Armenien und Aserbaidschan. In diesem Raum leben so viele Völker auf dichtem Raum zusammen wie in keinem anderen Teil der GUS. Sie sprechen alle ihre eigene Sprache und leben nach eigenen Bräuchen. Russen, Ukrainer, Osseten und Armenier sind Christen. Doch die meisten Völker des Kaukasus bekennen sich zum Islam.

Immer wieder traten hier wieder Spannungen auf. Heute gehört das Kaukasusgebiet zu den konfliktreichsten Zonen der GUS.

Der vorläufige Höhepunkt war der zweite Tschetschenienkrieg. Bombenattentate in russischen Großstädten nahm der russische Präsident Putin 1999 zum Anlass, den Krieg gegen die Tschetschenen wieder aufzunehmen. Russische Truppen verwüsteten das ganze Land, töteten viele Menschen und trieben noch mehr in die Flucht.

1. Werte die Karte 197.1 aus:
   - Schreibe die Staaten mit ihren Hauptstädten auf.
   - Wo gehen die Grenzen durch die Siedlungsgebiete eines Volkes?
   - Schreibe auf, welche Bevölkerungsgruppen in den einzelnen Staaten leben.
2. Welche Probleme ergeben sich daraus für die Regierungen dieser Länder?

197.2 Menschen aus den GUS-Staaten

Umweltprobleme in der GUS – ein gefährliches Erbe

Beispiel – Der Aralsee

198.1 Kamel am Aralsee heute

Der Aralsee war bis Mitte der 1960er-Jahre der viertgrößte See der Erde. In wenigen Jahren wird er bis auf kleine Reste verschwunden sein.

Da das Klima Mittelasiens sehr günstig ist, beschloss die Regierung der Sowjetunion, die Anbauflächen für Baumwolle, Obstplantagen, Wein- und Tabakfelder von 2,8 auf 8 Millionen Hektar auszuweiten. Die Baumwollproduktion benötigt viel Wasser. Zur Bewässerung wurde den Flüssen Amu-Darja und Syr-Darja 9/10 des Flusswassers entnommen. Damit begann die Verlandung des Aralsees. Trotzdem verdoppelte man die Anbaufläche für Baumwolle bis 1980 noch einmal. Das führte dazu, dass im Aralsee dreimal mehr Wasser verdunstet, als über Syr-Darja und Amu-Darja zufließt.

Die ökologischen Folgen gehen über den Verlust des Wassers weit hinaus. Chemikalien aus dem Baumwollanbau belasteten das Grundwasser und lagerten sich im Schlamm des Aralsees ab. Da der Wasserstand immer weiter absinkt, fällt der Boden trocken. Der Wind bläst die giftigen Stoffe bis in die Siedlungen der Menschen. Wasser und Luft sind gleichermaßen belastet.

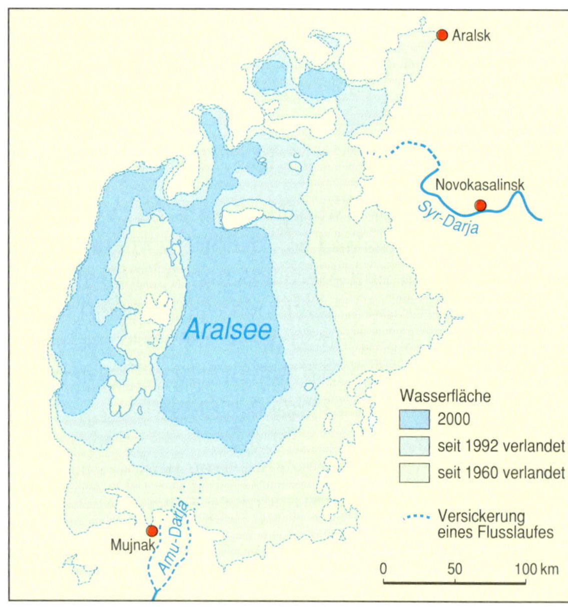

198.2 Entwicklung des Aralsees 1960–2000

Die Folgen für die Gesundheit der 35 Millionen Menschen dieser Region sind katastrophal. Extrem viele Menschen sterben an Krebs, die Säuglingssterblichkeit ist höher als in Indien. Jedes dritte Kind kommt tot zur Welt.

1. Wie ist es zur Verlandung des Aralsees gekommen?
2. Beschreibe die Folgen für die Bewohner der Region.
3. Sucht weitere Zeitungsberichte zu Umweltproblemen in Russland. Ihr könnt auch das Internet und den Trio-Atlas benutzen. Erstellt eine Wandzeitung mit den gesammelten Materialien.

Ein Umweltproblem in den USA – Autos

Das Auto ist in den USA ein ***Muss***. Wer kein Auto hat, ist im wahrsten Sinne arm dran: Er ist von allem abgeschnitten, was zum Leben gehört. Das Fast-Food-Restaurant, der Supermarkt und der Arbeitsplatz sind nur mit dem Auto zu erreichen.

Wer die Kosten für das Gebrauchtauto nicht aufbringen kann, kann einen Job nicht annehmen oder fährt stundenlang mit einem Bus.

199.1 Autobahnkreuz in den USA

Die Millionen von Autos haben große Motoren und einen hohen Benzinverbrauch. Autos mit niedrigem Benzinverbrauch haben sich nicht durchgesetzt. Zwar waren die USA das erste Land, das den Katalysator zur Pflicht machte. Doch auf den Benzinverbrauch hatte es keine Wirkung.

Große Geländewagen, die noch mehr Benzin als die 6–8-zylindrigen Pkws schlucken, sind der letzte Modetrend.

Benzin ist so billig, dass sich das Sparen einfach nicht lohnt.

199.2 Smog in Los Angeles, Kalifornien

Auf der anderen Seite verbrauchen die USA viel mehr Öl, als im eigenen Land gefördert wird. Deshalb sind die Amerikaner in hohem Maße darauf angewiesen, ihr Öl auf dem Weltmarkt zu kaufen.

Die USA haben eine moderne Umweltgesetzgebung, doch in vielen Bereichen wird sie nicht umgesetzt.

Die vielen Autos und die Abgase aus der Industrie verursachen Smog. In vielen amerikanischen Städten gibt es immer öfter Smogalarm. Besonders oft in Kalifornien. Und dort in der Großstadt Los Angeles.

1. Warum sparen die Amerikaner kein Benzin? Überlege und schreibe die Gründe auf.
2. Welche Auswirkungen hat das Autofahren auf die Umwelt? Werte auch 199.1 und 199.2 aus.

Die „neue Weltordnung“

Mit der Auflösung der UdSSR gingen die USA als Sieger aus dem Wettkampf der Systeme hervor. Jetzt sind sie die einzige Weltmacht. Sie beherrschen die Welt wirtschaftlich und militärisch.

Russland spielt zwar nach wie vor eine wichtige Rolle in der Politik der ehemaligen Sowjetrepubliken. Seine Macht beschränkt sich aber auf die Region.
Was noch vor Kurzem undenkbar war, ist heute Wirklichkeit. Sogar in Ländern der GUS gibt es mittlerweile amerikanische Soldaten.

200.2 Die neue Rolle der USA

Die Stationierung amerikanischer Truppen in GUS-Staaten Mittelasiens, z. B. in Usbekistan Ende 2001, wurde in Russland mit Zurückhaltung aufgenommen. Moskau beansprucht die gesamte GUS als sein „Interessengebiet“. Dazu gehört auch das ehemals sowjetische Mittelasien. Dritte Mächte sollen so weit wie möglich ferngehalten werden.

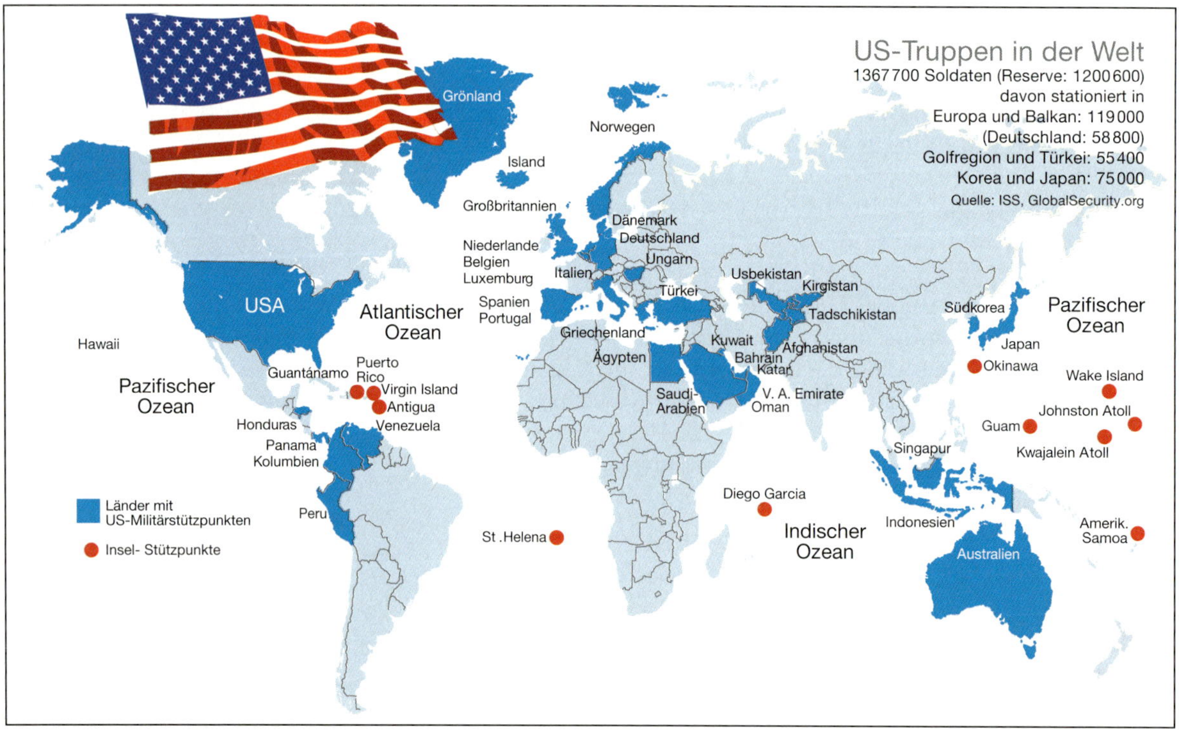

200.1 US-Truppen in der Welt, 2002

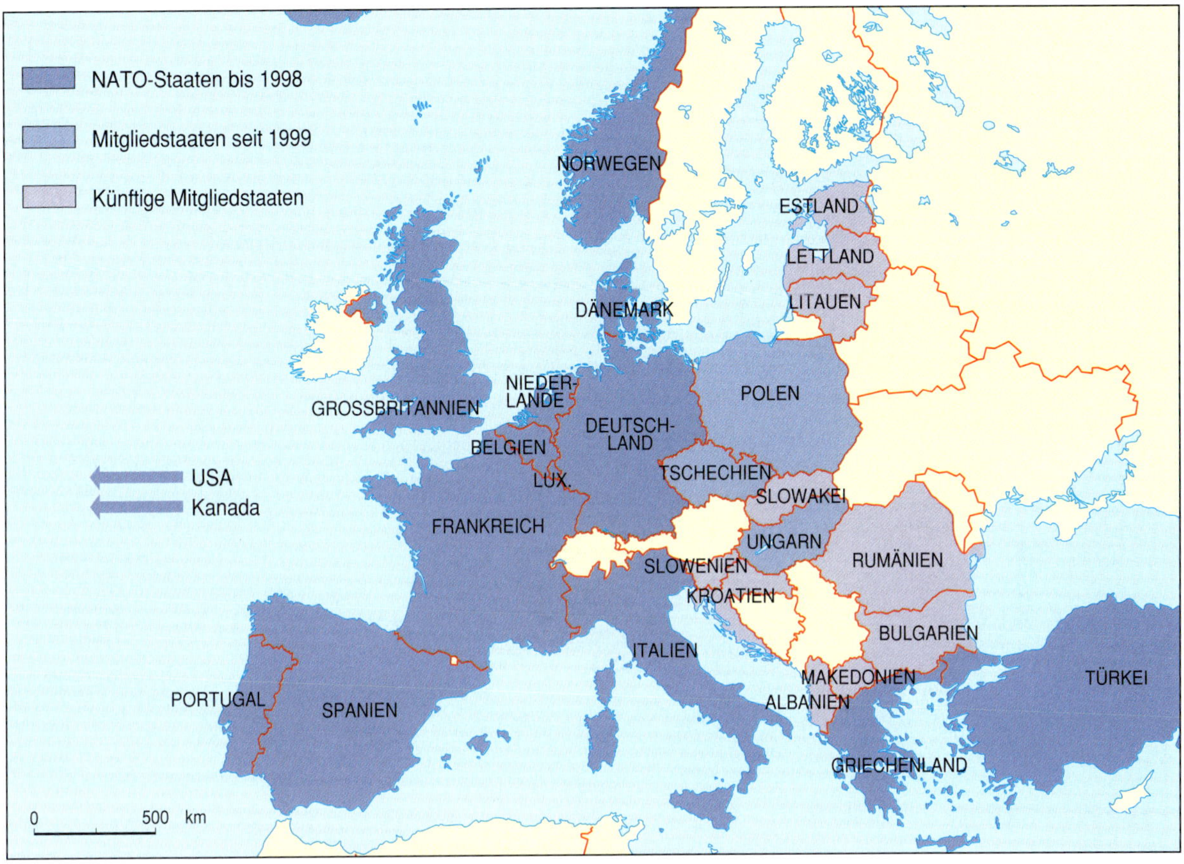

201.1 Die Osterweiterung der NATO, 2002

Durch die Ausdehnung der NATO bis an die Grenzen der GUS sah Russland seinen Einfluss bedroht. Mit der Zustimmung des russischen Präsidenten Putin 2002 zur Osterweiterung der NATO hat Russland die neue Weltordnung jedoch akzeptiert.

1. Beschreibe die Karikatur 200.2. Was will der Zeichner aussagen?
2. Die USA und die UdSSR kämpften bis 1990 im „Kalten Krieg" um die Vormachtstellung in der Welt. Beschreibe, wie sich die weltpolitische Lage verändert hat.

Weltmächte entstehen und vergehen

Aus der Geschichte der USA: 1917–2002

1914–1918: Erster Weltkrieg
1917: Kriegseintritt der USA
1918: Nach dem Ende des Krieges ziehen sich die USA wieder aus Europa zurück.
1920–1928: Die „Goldenen Zwanziger Jahre": starker Wirtschaftsaufschwung, Fließbandproduktion
1929: „Schwarzer Freitag", Börsenkrach, Beginn der Weltwirtschaftskrise, Massenarbeitslosigkeit
ab 1932: Politik des „New Deal" unter Präsident Roosevelt, Beschäftigungsprogramme
1939–1945: Zweiter Weltkrieg
1941: Kriegseintritt der USA
1945: Abwurf von Atombomben auf Hiroshima und Nagasaki
Potsdamer Konferenz: Teilung Deutschlands in vier Besatzungszonen
Die USA sind neben der UdSSR zur führenden Weltmacht aufgestiegen.

1917 1918 1922 1924 1929 1932 1939 1941 1945

Aus der Geschichte der Sowjetunion: 1917–2002

1914–1918: Erster Weltkrieg
1917: Februarrevolution: Ende der Zarenherrschaft, Oktoberrevolution der Bolschewiki (Lenin)
1918: Sozialistische Reformen
1918–1922: Bürgerkrieg
1922: Gründung der UdSSR (= Sowjetunion, SU)
1924: Tod Lenins, Stalin wird sein Nachfolger
1928–1939: Zwangskollektivierung, Industrialisierung, Terror Stalins; Aufstieg zum Industriestaat
1939–1945: Zweiter Weltkrieg
1941: Deutscher Überfall auf die UdSSR ohne Kriegserklärung
1945: Potsdamer Konferenz: Teilung Deutschlands in vier Besatzungszonen
Trotz ungeheurer Verluste steigt die UdSSR zur Weltmacht auf.

ab 1945: Marshall-Plan
1949: Gründung der NATO
1950–1953: Korea-Krieg
1962: Kuba-Krise: 13 Tage steht die Welt am Rande eines Atomkriegs
1968: Atomwaffensperrvertrag; Einmarsch russischer Truppen in Prag
1972: SALT-I-Vertrag
1975: KSZE-Konferenz, SALT II (unterzeichnet 1979)
1986: Gipfeltreffen von Reagan und Gorbatschow
1991: USA gehen als Sieger aus dem Kalten Krieg hervor. Sie sind nun die einzige verbliebene Weltmacht.
11.9.2001: Anschlag islamischer Terroristen auf das World-Trade-Center in New York, mehr als 3000 Menschen sterben.

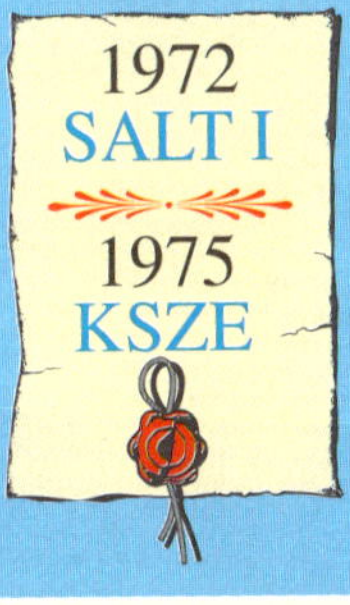

1953 1955 1962 1968 1972 1975 1985 1990 2000 2002

1946–1991: Kalter Krieg, das Wettrüsten beginnt, die SU beansprucht die Führung in Osteuropa.
1953: Tod Stalins
1955: Chruschtschow gewinnt den Machtkampf um Stalins Nachfolge; Reformen zur verbesserten Versorgung der Bevölkerung, Gründung des Warschauer Pakts
1964: Sturz Chruschtschows, Breschnew übernimmt die Führung
1968: Sowjetische Panzer beenden die Reformen in Prag.
1979–1988: Afghanistan-Krieg
1985: Gorbatschow leitet grundlegende Reformen ein: Glasnost und Perestroika
1989: Große innere Probleme, wirtschaftlicher Niedergang
1991: Putsch gegen Gorbatschow; Militär schlägt mithilfe von Jelzin den Putsch nieder, Verbot der KPdSU, Auflösung der SU, Rücktritt Gorbatschows; Gründung der GUS, Jelzin wird ihr erster Präsident; Verarmung großer Teile der Bevölkerung
2000: Putin wird Nachfolger von Jelzin.

Drohender Verkehrsinfarkt – ein Leben ohne Auto?

Staumeldung im NDR (28.09.02, 09:41 Uhr)

- **A1** Bremen Richtung Hamburg zwischen Bockel und Sittensen 16 km Stau wegen Bergungsarbeiten. Ausweichempfehlung ab Stuckenborstel über die B 75 zur Wiederauffahrt Rade.
- **A1** Bremen Richtung Hamburg. Die Ausfahrt Hamburg-Harburg ist bis 11.00 Uhr gesperrt. Weichen Sie bitte auf die Ausfahrt Stillhorn und die U 76 aus.
- **A7** Hamburg Richtung Flensburg zwischen Hamburg-Marmstorf und Hamburg-Heimfeld 6 km stockender Verkehr.
- **A7** Hamburg Richtung Flensburg zwischen Hamburg-Waltershof und Elbtunnel 3 km stockender Verkehr.
- **A7** Hannover Richtung Hamburg zwischen Kreuz Hannover-Kirchhorst und Großburgwedel 7 km Stau.

205.1 Erdgasbus

205.3 Fahrradverkehr und Nutzung der Bahn

205.2 Schienengüterverkehr

Gedanken zum Auto

Die Schülerinnen und Schüler der Klasse 10 a haben sich mit dem Thema „Auto“ beschäftigt.
Der Arbeitsablauf sah so aus:

1) Eine große Papiertapete wurde an die ausgeklappte Tafel gehängt.
Die Überschrift war: ***„Gedanken zum Auto“***.

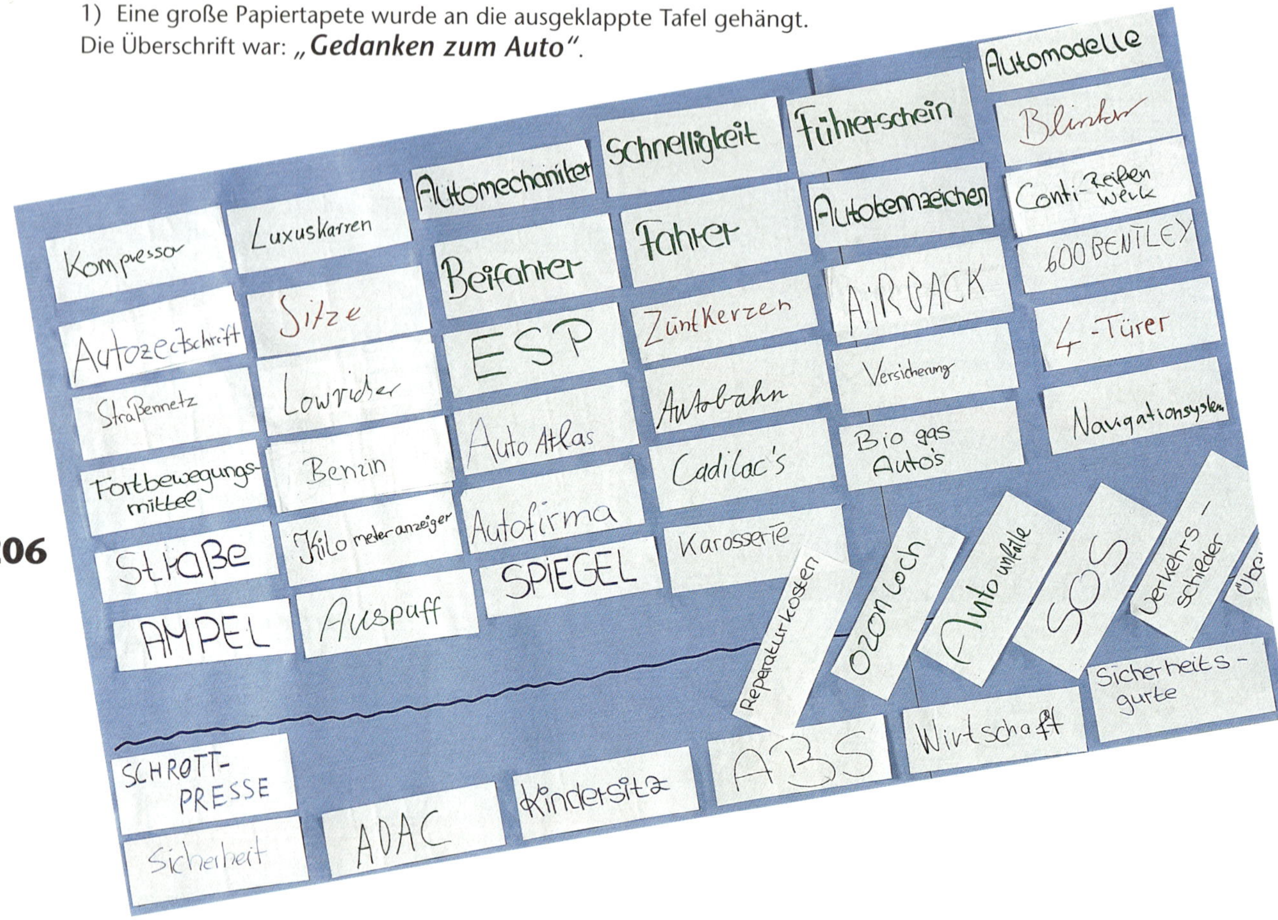

2) Jede Schülerin und jeder Schüler bekam drei Karten (auf Wunsch auch mehr).
Auf die Karten durfte jeweils nur ein Stichwort zum Thema aufgeschrieben werden.

3) Die Karten wurden dann nacheinander von den Schülern aufgeklebt und kurz erklärt. Nachfragen waren nicht erlaubt. Doppelte Stichwörter wurden überklebt.

4) Es folgte eine Denkpause (zwei Minuten). Anschließend stellten die Mitschüler Nachfragen. Weitere Stichwörter konnten ergänzt werden (schräg aufgeklebt).

5) Die Wandtapete blieb in der Klasse hängen. Weitere Stichwörter wurden in den nächsten GSW-Stunden ergänzt (unter den schräg aufgeklebten Karten).

1. Erstellt eine eigene Stichwörter-Wandtapete zum Thema „Auto“.
2. Welche Begriffe sind euch noch zusätzlich eingefallen? Vergleicht.

TRIO-Methode: Wir erstellen eine Mindmap

Du kannst nun die Stichwörter zum Thema „Auto“ wie gewohnt auf einem Stichwortzettel unter bestimmten thematischen Überschriften sammeln. Du kannst sie aber auch als Mindmap (= Gedankenlandkarte) notieren. Wie gehst du vor?

1. Vorbereitung

a) In der Mitte eines großen Blattes wird das Thema in einen Kasten oder Kreis gesetzt.

b) Von diesem Kasten oder Kreis gehen „Äste“ für die Hauptgedanken oder Gliederungspunkte aus. Von den Ästen gehen „Zweige“ für Unterpunkte ab.

2. Durchführung

c) Auf jedem Ast oder Zweig steht nur ein wichtiges Wort oder höchstens eine kurze Wortgruppe.

d) Äste erhalten eine fette Druckschrift. Zweige werden mit dünneren Druckbuchstaben beschriftet.

e) Manchmal ist es sinnvoll, verschiedene Farben oder auch Symbole zu verwenden.

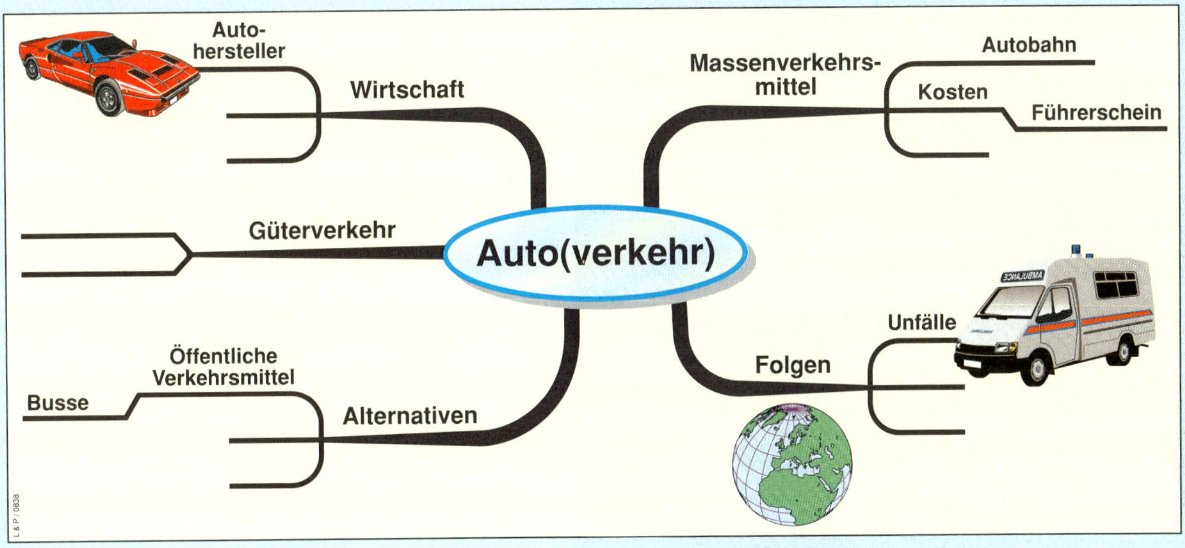

Hier siehst du eine angefangene Mindmap. Übertrage sie auf ein Blatt Papier und ergänze sie mit den Stichwörtern, die ihr in der Klasse zum Thema „Auto“ aufgeschrieben habt.

3. Auswertung

Später sollen dir deine Aufzeichnungen als Grundlage dienen, deine Mitschülerinnen und Mitschüler über das Thema „Auto“ zu informieren.
Sprecht über die Arbeitstechnik. Welche Vorteile hat eine Mindmap gegenüber einem Stichwortzettel?

Projektvorschlag

Entscheidet euch für eines der Hauptthemen (Äste) und ordnet euch der jeweiligen Gruppe zu.
Auf den folgenden Seiten gibt es Informationen über die Themen. Überlegt, wo ihr weiteres Informationsmaterial zum Auto erhaltet. Ihr könnt nun

- ein Plakat anfertigen (vgl. S. 277, Kap. Hunger),
- eine gemeinsame Broschüre erstellen (die Gruppen arbeiten sich zu),
- einen „Radiobeitrag“ (z. B. 3 Minuten lang) produzieren,
- eine Ausstellung organisieren usw.

Wenn ihr euer Arbeitsergebnis vorstellt, solltet ihr begründen können, warum ihr euch für dieses Thema entschieden habt.

Ich geb Gas – ich will Spaß

Werbeaussagen zum Auto V:

Ist es nicht schön, das Tempo selbst zu bestimmen? Immer die Nase vorn zu haben? Den Augenblick zu genießen und mit dem neuen V nahezu jede Herausforderung zu meistern?

Entdecken Sie mit dem neuen V all die neuen Erfahrungen, die das Leben so bietet. Mit seinem beeindruckend kraftvollen Design, seinem individuellen Stil und lebhaftem Charakter macht er das Fahren zu einem puren Vergnügen.

Leistungsstark, dynamisch, effizient – so werden gute Motoren gern bezeichnet. Und – in aller Bescheidenheit – es trifft auf die Aggregate des V zu.

Wenn jeder irgendwie anders ist, wird „anders sein" ganz schön schwierig. Da braucht man schon einen Charakter, der sich durchsetzt. Und der stark genug ist, nicht nur kurzfristig Aufsehen zu erregen. Der V ist Kult, weil er immer noch so einzigartig anders ist.

Der V – in sechs ausdrucksstarken Farben. Ob z. B. Colorado-Rot, Panther-Schwarz-Metallic oder Capri-Blau. Hauptsache, der V passt zu Ihrem Lebensgefühl.

1. Welche Aussage spricht dich am meisten an? Begründe.
2. Was soll den Kunden in den einzelnen Werbeaussagen vermittelt werden?
3. Erstell eine Collage zum Thema „Mein Traumauto". Besorge dir dazu Prospektmaterial von Autofirmen. Nutze die Aussagen in den Werbeprospekten, die deiner Vorstellung vom Traumauto am nächsten kommen.

Trends für das 21. Jahrhundert

Alle Anzeichen sprechen dafür, dass die Lust am Autofahren in den nächsten Jahren weiter zunimmt. Nicht der Drang ins Grüne oder Freie noch der Wunsch nach Orts- oder Tapetenwechsel motiviert die Menschen am meisten zum Autofahren. Nach Meinung der Bevölkerung lässt sich dieses Bedürfnis damit erklären, dass viele „Angst haben, etwas zu verpassen". Viele Menschen haben auch „Sehnsucht nach etwas Neuem". Andere glauben, dass Ihnen „die Decke auf den Kopf fällt", wenn sie sich nicht regelmäßig in Bewegung setzen.

Auto- und Motorradfahren entwickelt sich insbesondere bei Männern nicht selten zum körperlichen Bewegungsersatz. Vielleicht sind manche Männer im Grunde ihres Herzens immer noch Jäger oder Cowboys, die auf ihren Pferden durch die weite Prärie reiten und das Wild oder die Rinder vor sich hertreiben. Wenn kein Pferd oder Rind in der Nähe ist, dann kann es auch ein Auto oder Motorrad sein.

...

Die künftige Generation wird also auch eine Generation sein, die „nur ja nichts verpassen" will. Das Herumfahren („Heute hier – und morgen da") gehört dann immer dazu ... Aus jedem Tag und jeder Stunde muss so viel wie möglich herausgeholt werden.

209.1 Collage einer Schülerin

Viele jungen Menschen leben nach dem Motto: „Wir leben und konsumieren hier und jetzt: Wir genießen unser Leben, so lange wir können." Hauptsache, die Langeweile ist ganz weit weg. (...)

(Freizeitforscher Horst W. Opaschowski, 22. 3. 2001), aus: http://www.zeit.de/reden/Gesellschaft/200113_Opaschowski.html, Abrufdatum 24. 7. 02, verändert)

1. Wie sieht nach Meinung des Freizeitforschers das zukünftige Freizeitverhalten der Menschen aus? Beschreibe es mit eigenen Worten.
2. Für das Freizeitverhalten werden Gründe genannt. Liste sie auf.
3. Wie werden die Menschen in dem Text dargestellt? Sag deine Meinung.
4. Abb. 209.1 zeigt einen Ausschnitt aus einer Collage zum Thema „Mein Traumauto". An welchen Stellen passen der Text und die Collage zusammen?

Das Auto als Wirtschaftsfaktor

Automobilindustrie in Deutschland

Ende 2001 hatten rund 770 000 Menschen in der Automobilindustrie ihren Arbeitsplatz. Die Automobilindustrie gehört damit zu den größten Arbeitgebern in Deutschland. Die Beschäftigungswirkung des Automobils reicht aber noch wesentlich weiter. So verdanken 3,35 Millionen Menschen ihren Arbeitsplatz der Nutzung des Automobils (z. B. Automobilhandel, -wartung, -reparatur, Tankstellen).

Die deutsche Automobilindustrie erwirtschaftete 2001 einen Umsatz von 202 Milliarden Euro. 60 Prozent davon entfielen auf den Export von Autos. Die Automobilindustrie erzielte ein Sechstel des gesamten industriellen Umsatzes. Sie zählt zu den größten Industriebranchen in Deutschland.

Die deutsche Automobilindustrie versucht, ihre Position weltweit auszubauen. In vielen Ländern werden Produktionsstätten errichtet. Geringere Lohnkosten und neue Märkte sind Gründe für die Verlagerung. Die Lohnkosten liegen in Deutschland fast doppelt so hoch wie bei der Konkurrenz in Spanien, Italien, Großbritannien oder auch in Frankreich.

Volkswagen – ein weltweiter Automobilhersteller

Volkswagen ist ein weltweit arbeitendes Unternehmen mit insgesamt 45 Produktionsstätten. 2001 waren dort 324 000 Menschen beschäftigt, mehr als die Hälfte davon in Deutschland. Fast jeder fünfte Wagen in Westeuropa stammt aus dem Volkswagen-Konzern. Im Jahr 2001 produzierte Volkswagen über 5 Mio Automobile. Die Fertigung von Autoteilen für den weltweiten Konzernverbund, Industriemotoren, Ersatzteile, Versicherungen und Finanzierungen sind weitere Unternehmensbereiche.

Inlandsproduktion und Export deutscher Hersteller von Personenkraftwagen (1960–2001)			
Inlandsproduktion		*Export*	
Jahr	*Gesamtzahl*	*Jahr*	*Gesamtzahl*
1960	*1 816 779*	*1960*	*865 341*
1965	*2 733 732*	*1965*	*1 419 131*
1970	*3 527 864*	*1970*	*1 946 549*
1975	*2 907 819*	*1975*	*1 475 954*
1980	*3 520 934*	*1980*	*1 873 494*
1985	*4 166 686*	*1985*	*2 568 053*
1990	*4 660 657*	*1990*	*2 597 722*
1995	*4 360 235*	*1995*	*2 465 232*
2000	*5 131 918*	*2000*	*3 455 101*
2001	*5 301 189*	*2001*	*3 639 904*

210.1

1. „Die Automobilindustrie ist ein wichtiger Wirtschaftsfaktor in Deutschland." Was ist mit dieser Aussage gemeint?
2. Wie haben sich die Automobilproduktion in Deutschland und der Export entwickelt? Stell die Zahlen in einem Kurvendiagramm dar.
3. Welche Folgen könnte ein Einbruch beim Export von Kfz haben?

VW-Werk in Wolfsburg

Das ***VW-Werk in Wolfsburg*** ist das Stammwerk des Konzerns.
Es ist Sitz des Vorstands, des Verwaltungs- und Forschungszentrums. Mit einer Fläche von 7,8 km^2 ist das Werk die größte zusammenhängende Automobilfabrik der Welt.

Fast 50 000 Menschen arbeiten im VW-Werk und produzieren täglich allein über 2000 Fahrzeuge der Marke Golf.
Die neuen Autos werden per Eisenbahn zu ihren Bestimmungsorten transportiert.

211.1 *Das VW-Werk in Wolfsburg*

VW-Werk in Braunschweig

Das ***VW-Werk in Braunschweig*** betreibt bereits seit vielen Jahren auf der ganzen Welt dezentrale Produktionsstätten. Die hergestellten bzw. montierten Teile werden dann nach Braunschweig geliefert und z. B. zu Fahrwerksystemen (Achsen) sowie zu anderen Fahrzeugkomponenten (Lenkung, Cockpit etc.) zusammengebaut.
Da die meisten Zulieferbetriebe ihren Standort nicht in unmittelbarer Nähe des Montagewerkes haben, müssen die Teile transportiert werden. Weder Zulieferer noch Autofabriken verfügen über genügend Lagerflächen, um minutengenau die abgerufene Menge an Teilen bereitzuhalten. Deshalb begann man, die Lagerhaltung auf die Straße zu verlagern.
Die LKW fahren mit den Teilen in Richtung Autofabrik und „umkreisen" diese so lange, bis über Sprechfunk die Anweisung kommt, dass um soundso viel Uhr soundso viele tausend Teile am Band benötigt werden. Diese *Just-in-time-Lieferung* lässt sich am besten mithilfe des LKW erreichen.

Was für die VW-Werke gilt, das trifft auch auf andere Industriebetriebe zu.

211.2 *Der VW-Standort Braunschweig*

Erkläre den Begriff „Just-in-time-Lieferung".

Das Auto – Verkehrsmittel Nr. 1

Mensch und Auto

Das Auto ist für viele Menschen zum wichtigsten Verkehrsmittel geworden. Rechnerisch kommen auf jeden Erwachsenen in Deutschland eineinhalb PKW. Täglich nutzen etwa 75 Prozent der rund 82 Mio Menschen in Deutschland den Personenkraftwagen. Auch für Wege unter 10 km nutzen die meisten das Auto. Durchschnittlich fährt jeder PKW etwa 15 000 km im Jahr.

Freizeit und Auto

Mobilität (= Beweglichkeit) heißt seit Jahren immer mehr Freizeitmobilität. Auf einen Kilometer Arbeitsweg kommen heute schon zwei Kilometer Wegstrecke für Freizeitfahrten. Etwa 70 Prozent der deutschen Bevölkerung fährt einmal oder mehrmals pro Jahr in Urlaub. Überwiegend wird dafür das Auto genutzt.

Wohnen und Auto

In vielen Städten nimmt die Einwohnerzahl ab, weil Menschen ins Umland ziehen. Ländliche Gebiete verfügen über einen hohen Wohn- und Freizeitwert bei verhältnismäßig geringen Kosten. Ballungsgebiete bieten meistens bessere Arbeits- und Verdienstmöglichkeiten. In manchen Großstädten gehören mehr als 40 Prozent aller erwerbstätigen Arbeitnehmer zur Gruppe der Pendler: Sie fahren morgens in die Stadt zur Arbeit und nachmittags zurück nach Hause – sie pendeln.

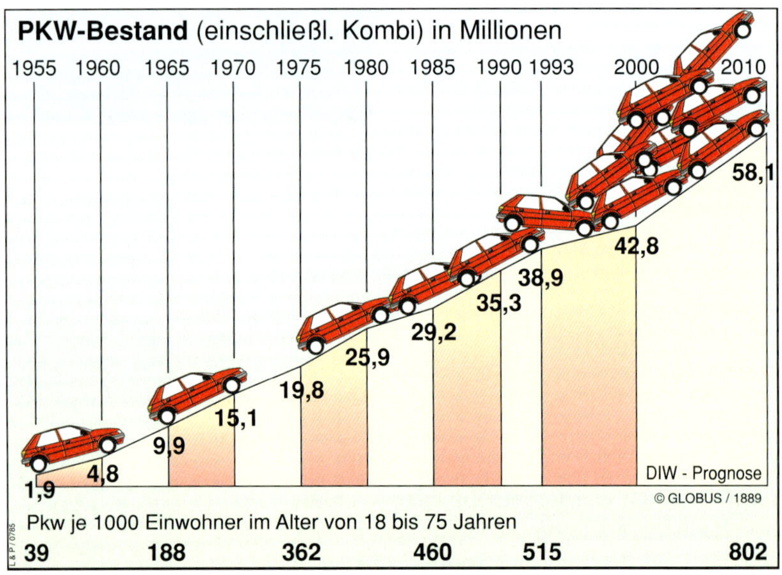

212.1 PKW-Bestand in Deutschland bis zum Jahre 2010

Einkaufen und Auto

Große Supermärkte, Einkaufszentren oder Möbelhäuser liegen oft am Stadtrand oder im Umland. Günstige Preise und viele Parkplätze locken die Kunden. Die meisten kleinen Geschäfte um die Ecke können da nicht mithalten und müssen schließen.

Kleidung und technische Geräte werden hauptsächlich in der Stadt gekauft. Auch in die Stadt fahren die meisten Menschen mit dem Auto. Die Kunden tragen mit ihrer Parkplatzsuche zu höherem Straßenverkehr bei.

1. Beschreibe die Ursachen für die Zunahme des Autoverkehrs mit eigenen Worten.
2. Wie hat sich der PKW-Bestand in Deutschland entwickelt?
3. *„Auf mein Auto kann ich nicht verzichten!“* Welche Bedeutung könnte diese Aussage wohl im Jahr 2010 haben. Beziehe die Grafik 212.1 mit ein.

Der LKW – die Nr. 1 im Güterverkehr

Der Straßengüterverkehr wird sich nach Meinung von Experten bis zum Jahr 2010 im Vergleich zu 1990 fast verdoppeln. Deutschland ist aufgrund seiner zentralen Lage in Europa vom wachsenden Güterverkehr besonders betroffen.

Gut zweieinhalb Millionen LKW sind in der Bundesrepublik zugelassen, in der gesamten EU etwa 20 Millionen. Mit 150 000 km pro Jahr legen LKW im Durchschnitt zehnmal mehr Strecke zurück als ein PKW. Dadurch erreicht die Branche auf deutschen Straßen jährlich eine gigantische Transportleistung. Die Einheit dafür ist Tonnenkilometer (Transport von Waren mit einer Tonne Gewicht über eine Strecke von einem Kilometer = 1 Tonnenkilometer oder 1 tkm).

Die Gründe für den wachsenden Straßengüterverkehr liegen im weltweiten Wirtschaftswachstum, in veränderten Produktionsmethoden und in der schnellen Lieferzeit über das gut ausgebaute Straßenverkehrsnetz. Denn die Industrie setzt verstärkt darauf, Einzelteile von Subunternehmen herzustellen und diese dann zeitgenau (**Just-in-time**) anliefern zu lassen.

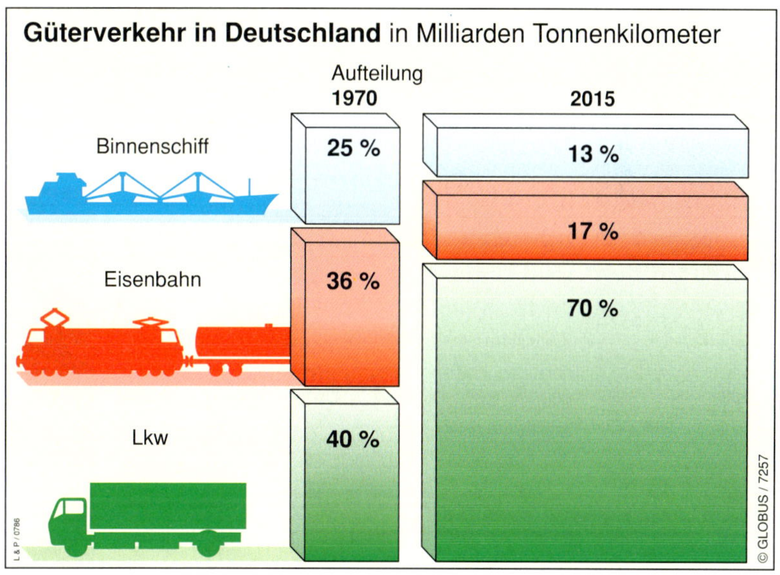

213.1 Die Verkehrslawine

Weitere Gründe liegen in unserem Kauf- und Konsumverhalten.
Da es in Europa kaum noch Handelsbeschränkungen gibt, ist es mittlerweile selbstverständlich, bayerische Milchprodukte in Paris und London zu kaufen oder türkische Lebensmittel in Deutschland. Weil die Löhne in Italien niedriger sind, werden z. B. deutsche Kartoffeln zum Waschen dorthin gefahren, um anschließend in Deutschland weiterverarbeitet zu werden.

1. Wie hat sich der Güterverkehr nach Verkehrszweigen entwickelt? Beschreibe mit eigenen Worten.
2. Welche Vorteile könnte es für Unternehmen haben, den Güterverkehr auf die Straße zu verlagern? Liste auf.
3. *„Wir müssen unser Kauf- und Konsumverhalten verändern, dann wird der Güterverkehr weniger."* Nimm Stellung zu dieser Aussage.

Das Auto und die Folgen

Auto und Unfälle

Statistisch gesehen wird etwa jeder zweite Bundesbürger im Lauf seines Lebens im Straßenverkehr verletzt.
Von Januar bis November 2001 gab es in Deutschland insgesamt 2,14 Mio Unfälle. Knapp eine halbe Million Verkehrsteilnehmer wurden verletzt und 6424 getötet.

Kinder sind im Straßenverkehr besonders gefährdet. Im Jahr 2000 verunglückten bundesweit über 45 000 Kinder unter 15 Jahren. Als Fahrradfahrer sind sie besonders häufig in Unfälle verwickelt.

Auto und Lärm

Von allen Lärmbelästigungen steht der Straßenverkehrslärm an erster Stelle. Er entsteht vor allem durch Motoren-, Auspuff- und Rollgeräusche von Auto, Lkw und motorisierten Zweirädern. Lärmbelästigungen führen zu Schlafstörungen, Nervosität und Unwohlsein.
Dauerhafte Lärmeinwirkungen können gesundheitliche Folgen wie Schädigung der Hörorgane, Bluthochdruck, Magengeschwüre oder Depressionen haben.

Auto und Energieverbrauch

1999 wurden im Straßenverkehr ca. 7,3 Mrd Liter Kraftstoff mehr verbraucht als 1991. Dies entspricht einem Anstieg des verbrauchten Kraftstoffs um fast 12 %. Während der Anstieg für den Personenverkehr nur geringfügig ausfiel (+2,5 %), stieg der Kraftstoffverbrauch im Güterverkehr erheblich an.

... Müssen Sie wirklich Ihr Auto in der Stadt benutzen? Die Hälfte aller Fahrten liegt unter fünf Kilometer Entfernung. Die Gründe für den innerörtlichen Verkehr sind sowieso lächerlich und liegen eher darin, dass man eigentlich ein fauler und eitler Mensch ist.

Auto und Luftverschmutzung

Das Abgas eines Autos enthält hauptsächlich Stickstoff, Wasserdampf und Kohlendioxid, das als Hauptverursacher des Treibhauseffektes gilt.

1999 betrugen die Anteile der Verkehrsemissionen an den Gesamtemissionen

bei Kohlendioxid	21 %
bei Stickstoffoxiden	61 % (gesundheitsgefährdend)
bei Kohlenmonoxid	52 % (gesundheitsgefährdend)
bei Stäuben	20 % (krebserregend).

Der Ausstoß von Kohlendioxid ist im Zeitraum von 1990 bis 1999 durch den starken Fahrleistungsanstieg im Straßengüterverkehr sogar um 10 % gestiegen.

Haben Sie wirklich etwas zu transportieren – außer sich selbst? Und zum Transport Ihrer paar Kilo Lebensgewicht schleppen Sie eine Tonne Metall und Chemie mit sich herum? ...

(aus: Peter M. Bode, Sylvia Hamberger, Wolfgang Zängel, Alptraum Auto. Eine hundertjährige Erfindung und ihre Folgen, Raben Verlag, München 1986, S. 112–113)

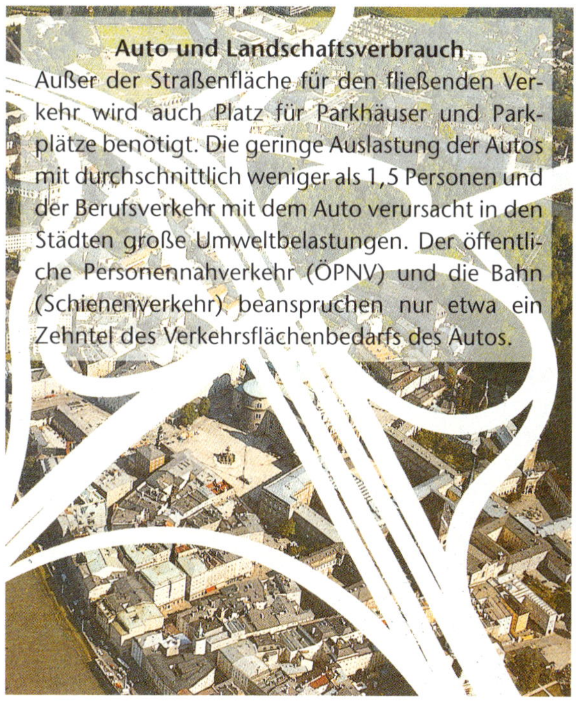

Auto und Landschaftsverbrauch

Außer der Straßenfläche für den fließenden Verkehr wird auch Platz für Parkhäuser und Parkplätze benötigt. Die geringe Auslastung der Autos mit durchschnittlich weniger als 1,5 Personen und der Berufsverkehr mit dem Auto verursacht in den Städten große Umweltbelastungen. Der öffentliche Personennahverkehr (ÖPNV) und die Bahn (Schienenverkehr) beanspruchen nur etwa ein Zehntel des Verkehrsflächenbedarfs des Autos.

1. Auf welches Problem weist der Text unter dem mittleren Bild hin? Erkläre.
2. Warum sind Kinder im Straßenverkehr wohl besonders gefährdet?
3. Welche Folgen hat der Autoverkehr für den Menschen?

TRIO-Methode: Wir führen eine Verkehrsuntersuchung durch

Ihr könnt selbst ein Bild vom Straßenverkehr in eurem Schulort gewinnen.
Um die Verkehrssituation zu erfassen, habt ihr verschiedene Möglichkeiten: Interviews und Umfragen machen, Fotoausstellungen und Videoaufzeichnungen vorbereiten, Verkehrszählungen und Kartierungen (Einzeichnen von Beobachtungen in Karten) durchführen.

So geht ihr vor:

Erkundung der Verkehrssituation
Führt zunächst eine Erkundung in den Straßen rund um eure Schule durch:

- Welche Straßen dienen dem Anliegerverkehr, welche sind Durchgangsstraßen?
- Wo gibt es Fuß- und Radfahrwege?
- Wo parken Autos?
- Welche Verkehrsbeschränkungen gibt es? (Geschwindigkeitsbegrenzungen, Park- oder Haltverbote, Ampelanlagen)
- Wo gibt es Haltestellen von Bussen oder Bahnen? Die Erkundung kann auf den ganzen Stadtteil bzw. Ort ausgedehnt werden.

Folgende Untersuchungspunkte sollten an erster Stelle stehen:

- Durchgangsstraßen und Straßen mit Anliegerverkehr
- Fuß- und Radwege, Fußgängerüberwege, Parkflächen und -zonen für Autos
- Tempo-30-Zonen, Ampelanlagen
- Haltestellen des ÖPNV

Die Ergebnisse tragt ihr nun in einen Stadtplan ein.

An einigen ausgewählten Straßen oder an einer Kreuzung könnt ihr selbst eine Verkehrszählung durchführen.
So lässt sich das Verkehrsaufkommen ermitteln.

Verkehrszählung

1. Vorbereiten und Durchführen einer Verkehrszählung

- Legt zuerst gemeinsam fest, wo gezählt werden soll. Einigt euch auf einige ausgewählte Punkte. Denkt dabei auch an mögliche Gefahrenstellen, beachtet Verkehrsregeln.
- Damit ihr die Ergebnisse der Gruppen besser vergleichen könnt, überlegt, **wie lange** die Zählung dauern soll. (Die Zählung muss an allen ausgewählten Punkten zur gleichen Zeit stattfinden.)
- Legt fest, **welche Zeiten** ihr für die Verkehrszählung wählt.
- Entscheidet, **welche Verkehrsmittel** (Personenkraftwagen, Lastkraftwagen, Motorräder, Fahrräder, Busse, Bahnen etc.) gezählt werden sollen. Bei Pkws könnt ihr auch die Anzahl der Fahrzeuginsassen zählen.
- Besprecht, welche Verkehrsrichtung jeder Zähler zugeteilt bekommt.
- Entwerft einen Zählbogen. Ein Muster findet ihr auf der nächsten Seite (Abb. 217.1).
- Nehmt eine feste Schreibunterlage, mehrere Stifte und eine Uhr mit.
- Denkt bei schlechtem Wetter an wetterfeste Kleidung, Regenschirm (oder großen Sonnenschirm für mehrere Schüler) und Abdeckungen für die Schreibunterlage!

2. Auswerten einer Verkehrszählung
Im Anschluss an eure Zählung werden die gesammelten Daten der Gruppe ausgewertet.

Die Ergebnisse könnt ihr als

- Tabellen,
- Diagramme (Abb. 217.3) oder in
- einfachen thematischen Karten darstellen.
- Um sie einem größeren Kreis zugänglich zu machen, könnt ihr damit vielleicht auch eine Wandzeitung gestalten.

Vielleicht könnt ihr ermittelte Belastungen und Gefahren im Straßenverkehr mit euren Vorschlägen zur Verbesserung an die örtlichen Behörden und Politiker weitergeben.

Verkehrszählung: Anzahl der Fahrzeuge nach Arten

Zählstelle: Kugelfangtrift, Hannover
Datum: 5. 2. 02
Zeit: 6.00–12.30 Uhr
Besonderheit: Werktag
Name der Zählerin/des Zählers: Aylin, Felix

Uhrzeit	Pkw	Lkw	Lz (Lastzug)	Bus	Krad (Motorrad)
6.45–7.00	98	6	0	1	8
7.30–7.45	174	7	0	2	6
8.30–8.45	111	6	0	1	2
9.15–9.45	68	2	0	0	2

217.1 Beispiel für einen Zählbogen (Ausschnitte)

	Anzahl	Prozentsatz (gerundet)	Winkel (gerundet)
Pkw	2356	92,6 %	333,4°
Lkw	95	3,7 %	13,3°
Lz	11	0,4 %	1,4°
Bus	21	0,8 %	2,9°
Krad	62	2,5 %	9,0°
gesamt	2545		

217.2 Beispiel für die Umsetzung der erhobenen Daten im Zeitraum 6.00–12.30 Uhr

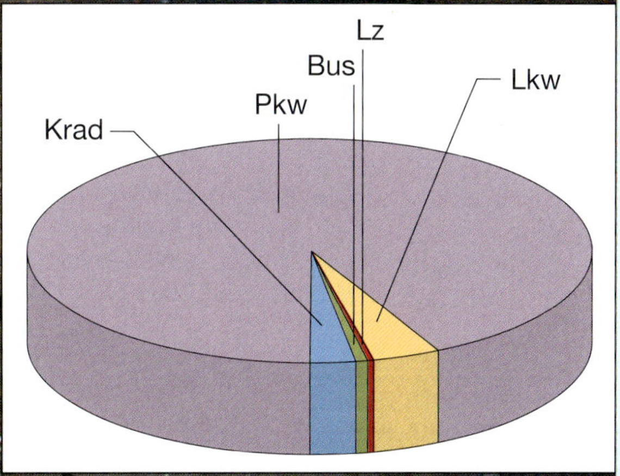

217.3 Kreisdiagramm der erhobenen Daten im Zeitraum 6.00–12.30 Uhr

Alternativen zum eigenen Auto

Car-Sharing – sparen durch Teilen

Es gibt auch Möglichkeiten, ohne eigenes Auto auszukommen. Dabei spielt es eine große Rolle, ob man auf dem Land oder in der Stadt wohnt. Ein Weg ist das **Car-Sharing** (Auto-Teilen).

Nach einer Studie des Verkehrsclub Deutschland (VCD) ist ein privates Fahrzeug überwiegend ein „Stehzeug". Die Hälfte aller Fahrten überschreiten nicht einmal fünf Kilometer. Hier setzt die Idee des Car-Sharing an.
Durch jedes gemeinsam genutzte Auto werden im Durchschnitt acht Autos eingespart. Car-Sharing trägt zur Umweltentlastung bei. Durch weniger Autos entstehen weniger Abgase, weniger Lärm und die Lebensqualität steigt. Zusätzlich lassen sich Müll- und Giftstoffe bei der Entsorgung vermeiden.

Beim Car-Sharing steigt die Zahl der Personen, die umweltverträgliche Verkehrsmittel wie Fahrrad, Bus oder Bahn nutzen. Denn Car-Sharing-Nutzer sehen die Gemeinschaftsautos als Ergänzung zum öffentlichen Personen-Nahverkehr.
Car-Sharing lohnt sich vor allem, wenn jemand weniger als 6800 Kilometer im Jahr fährt.

In immer mehr Städten wurden in den letzten Jahren Car-Sharing-Vereine gegründet. Bundesweit gibt es etwa 50 000 Car-Sharing-Nutzer. In über 200 Städten stehen „Teil"-Autos zur Verfügung. Nach einer Untersuchung könnten für rund 2,5 Mio Deutsche „Teil"-Autos eine Alternative sein.

Das Autofahren wäre noch teurer, wenn alle Kosten, die der Volkswirtschaft (z. B. Umweltbelastung) durch den Autoverkehr entstehen, den Autofahrern tatsächlich angelastet würden. Falls Sie ein Fahrzeug besitzen, machen Sie doch einmal eine ehrliche Rechnung mit allen Kosten auf. Sie werden sehen, dass Autofahren gar nicht so billig ist, wie es manchmal scheint.
Eine Beispielrechnung des ADAC:

Gesamtkosten für einen VW Golf 4
1,6 cm³, 5-türig, mit einer Jahreslaufleistung von 15 000 km

Wertverlust, Zinsen und Nebenkosten	1974 Euro/Jahr
Fixkosten	1809 Euro/Jahr
Betriebskosten	1335 Euro/Jahr
Werkstatt- und Reifenkosten	299 Euro/Jahr
Gesamtkosten	**5417 Euro/Jahr**
Kosten pro Kilometer	**36 Cents**

Die Autoschlüssel liegen im Tresor bereit

Kosten für ein Leben ohne Auto

Verkehrsmittel	Kilometer/Jahr	Euro/Jahr
Zu Fuß	500	0
Fahrrad (Anschaffungskosten 767 €, 6 Jahre Nutzung, dazu kleinere Reparaturen)	1500 + 300	153 + 51
Straßenbahn und Bus (Jahresabonnement zu 57,5 €/pro Monat)	4000	690
Deutsche Bahn (alle Fahrten 2. Klasse, ohne Ermäßigung)	8000	1113
Taxi	500	665
Car-Sharing	500	383
Gesamtkosten		**3055 Euro/Jahr**
Kosten pro Kilometer		**20 Cents**

(aus: Verkehrsclub Deutschland [VCD] – Kreisverband Hannover e. V. [Hrsg.], Ohne Auto leben in Hannover. Wegweiser für ein Leben ohne [eigenes] Auto, Hannover 2001, S. 47)

Ohne Auto leben – ein Erfahrungsbericht

Ohne Auto mobil – auch mit drei kleinen Kindern

Wir sind eine zzt. 5-köpfige Familie. Mein Mann Christian arbeitet im Krankenhaus Siloah als Krankenpfleger, ich bin Hausfrau und Mutter (35 und 28 J. alt). Wir haben drei Kinder: Maximilian (5 Jahre), Paul Hans (3 Jahre) und Marie Christina (2 Jahre). Wir haben seit ca. vier Jahren – zum Entsetzen aller Bekannten – kein Auto mehr und empfinden diese Situation nicht als schlimm.

Ein beliebiger Wochentag gestaltet sich bei uns etwa so: Morgens 8 Uhr 30 bringe ich (oder mein Mann, je nach Schichtdienst) unsere Söhne in den Kindergarten – 10 Fahrradminuten bzw. 25 Gehminuten entfernt. Im Moment fahren wir meist mit dem Rad, in Zeiten, in denen ein Baby im Haushalt lebt, jemand krank ist oder schlechte Witterung herrscht, gehe ich mit der Karre zu Fuß. Max fährt seit zwei Jahren alleine Fahrrad, und auch Paul fährt seit einem halben Jahr ohne Stützen! Wenn Marie mitfährt, dann auf meinem Fahrrad.

Um 12 Uhr hole ich die Kinder vom Kindergarten wieder ab. Vormittags gibt es Einkäufe (oft größere Mengen Getränke, Windeln, Toilettenpapier) zu erledigen. Je nach Menge erledige ich das mit dem Fahrrad (Satteltaschen + 3 Taschen + Marie im Kindersitz) oder mit dem Einkaufsbollerwagen und Marie an der Hand. Einkaufsmöglichkeiten (Supermärkte) liegen ca. 10–15 Fußwegminuten entfernt. Wieder zu Hause, gibt es noch Hausarbeit und Mittagessenvorbereitung zu erledigen, und um 11 Uhr 30 müssen wir wieder zum Kindergarten aufbrechen. Gegen 12 Uhr 30 sind wir, wenn wir das Fahrrad benutzen können, wieder zu Hause. Außer im Hochsommer sind wir übrigens fast die einzigen, die zu Fuß/mit dem Fahrrad kommen, obwohl wir mit den längsten Weg zum Kindergarten zurückzulegen haben.

Nachmittags gehen wir viel nach draußen spazieren oder in den „Spielpark Tiefenriede“ (ca. 25 Gehminuten), z. T. mit den Fahrrädern.

Familie R. aus Hannover

Mein Mann fährt zu seiner Arbeitsstelle auch mit dem Fahrrad (20 Radminuten); bei regnerischem Wetter ziehen wir uns regenfest an, bei Minusgraden Skianzüge.

In die Stadt (z. B. zum Bummeln oder Einkaufen) fahren wir mit dem Bus (Haltestelle vor der Tür) oder der U-Bahn (10 Gehminuten) sowie auch zu Besuchen bei den Großeltern. Hierfür benutzen wir, bei Bedarf, eine 24-Stunden-Karte. Sollten wir dringend zum Arzt müssen, nehmen wir ein Taxi.

Wir sind sehr froh, dass wir uns, trotz aller Mühe, die das für uns zusätzlich mit sich bringt, dafür entschieden haben, auf einen Pkw zu verzichten, da wir täglich miterleben müssen, mit welcher Rücksichtslosigkeit (vor allem gegenüber Kindern) und oft auch nur aus Bequemlichkeit andere ihr Auto benutzen. Wir leben leider an einem Verkehrsknotenpunkt und leiden unter der hohen Abgasimmission, jedoch wissen unsere Kinder, dass wir nicht tagtäglich zur Verschmutzung unserer Umwelt beitragen. Es ist für unsere Kinder zwar attraktiv, einmal bei Oma und Opa im Auto mitgenommen zu werden, doch durch unser Beispiel sind sie ohne Auto völlig zufrieden und glücklich.

Um unsere Städte lebenswerter zu machen, ist es sehr wichtig, dass viele Menschen vom Auto (und vor allem auch Frauen vom Zweitwagen!!) abkommen und sich mal wieder zu Fuß bewegen – das haben oft schon die Kinder nicht gelernt.

In den Urlaub fahren wir z. B. an die Nord- oder Ostsee bzw. nach Italien stets mit dem Zug (und ggf. Bus/Fähre) trotz aller Kinder und vor allem mit wenig Gepäck.

(aus: Landeshauptstadt Hannover, Verkehrsclub Deutschland [VCD], Kreisverband Großraum Hannover e. V. [Hrsg.], Ohne Auto leben in Hannover. Wegweiser für ein Leben ohne [eigenes] Auto, Hannover 1992, S. 52–53)

1. Woran könnte es liegen, dass sich immer mehr Menschen für Car-Sharing entscheiden? Was hältst du von der Idee des Car-Sharing?
2. Können Personen, die im ländlichen Bereich wohnen, auf ein Auto verzichten?
3. Vergleicht die Kostenrechnung für ein Leben mit und ohne Auto.
4. „Mobil ohne Auto“, wie geht Familie Rack damit um? Nimm dazu kritisch Stellung.
5. Ist Familie R. genauso mobil wie andere Familien? Wie ist deine Meinung?

Alte Industriegebiete – Strukturkrisen und notwendiger Wandel

220.1 Industrieanlagen in Bitterfeld/Wolfen, 1988

221.1 Mitarbeiter von „Greenpeace" untersuchen eine ehemalige Deponie für Chemieabfälle in Bitterfeld, 1990

221.2 Radwanderweg im Landschaftspark Duisburg-Nord, 2000 (vor dem ehemaligen Hüttenwerk Duisburg-Meiderich)

Industriegebiete in Deutschland

Industriegebiete können aus unterschiedlichen Gründen entstehen. Bei „alten" Industriegebieten spielte häufig der Rohstoff eine entscheidende Rolle (z. B. Bitterfeld, Ruhrgebiet) oder die verkehrsgünstige Lage (z. B. Hamburg). Andere Industriegebiete entstanden dort, wo es viele oder gut ausgebildete Arbeitskräfte gab (z. B. Berlin).

Andererseits locken Industrien auch Menschen an, denn sie bieten viele Arbeitsplätze. So entstanden **Ballungsräume** mit einer dichten Besiedlung und guten Verkehrsverbindungen.

1. Suche industrielle Ballungsräume in Deutschland in der Karte Abb. 223.1. Schreibe nach der Legende jeweils die Industriezweige auf.
2. Welche Industriezweige gibt es in Niedersachsen? Schreibe die Orte und die Industrien auf.
3. Ordne die Bilder auf dieser Seite jeweils einem Industriezweig zu (Legende zu der Karte Abb. 223.1).

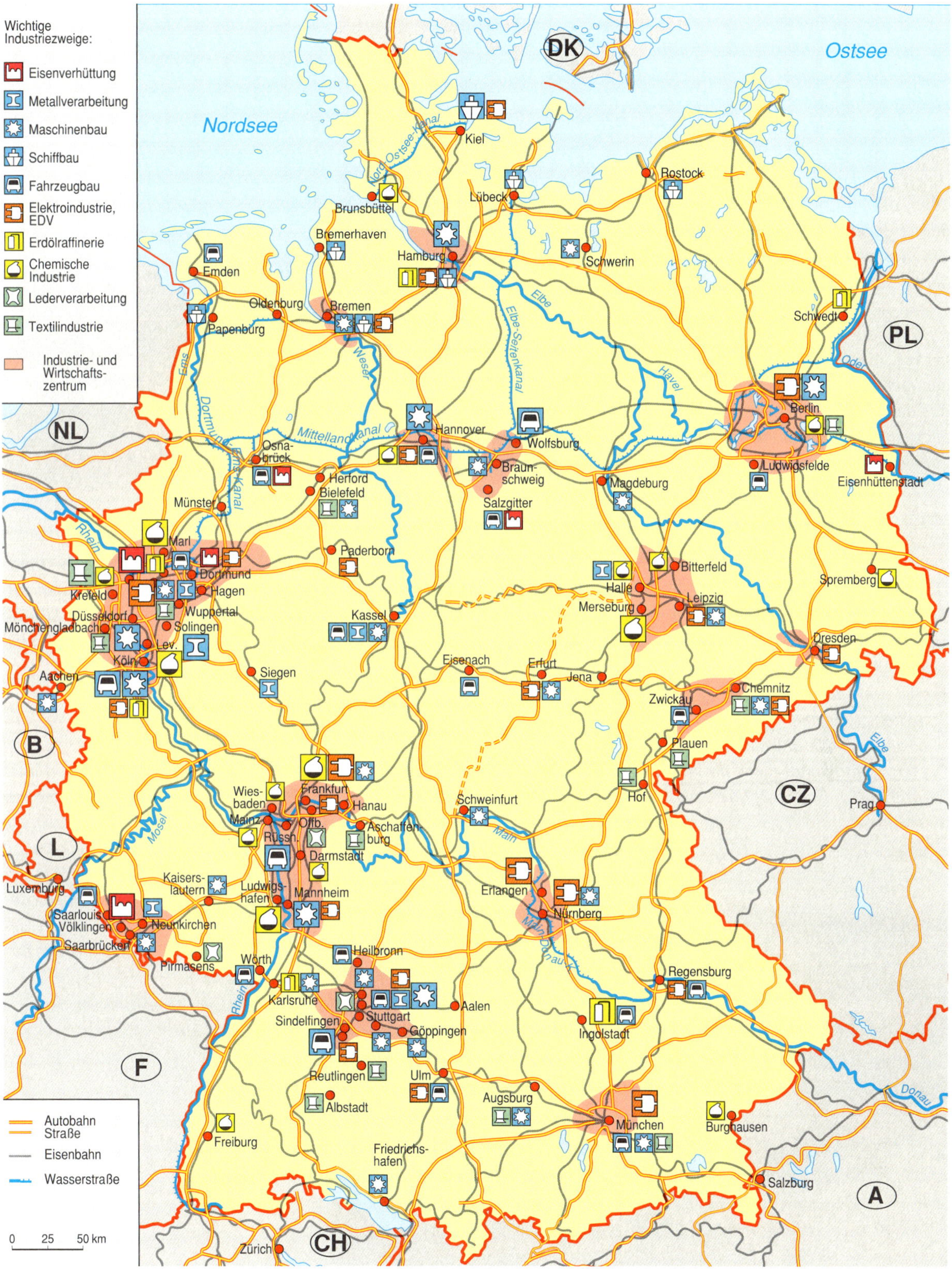

223.1 Industriestandorte in Deutschland

Eine Region voller Probleme

Wie auf einer Insel im Gift

... Der Blick gleitet über den Garten zu dem hohen Metallschlot gleich rechts. Meter davor beginnt das Werksgelände. Martha H. weiß, was aus dem Schornstein kommt. Der Staub aus der Aluminium-Anlage bringt Dioxine. Sie weiß es von ihrem Sohn, der im Chemiekombinat einen Betrieb leitet. Er mischt mit an dem Gift, das sie atmet.
Sooft Martha H. den Blick hebt, schaut sie auf Schornsteine und Chemieanlagen. Aus der Stube der Vorderfront sieht sie das Gaswerk gegenüber, dahinter die Chlorchemie. Aus der Küche zum Hof raus geht ihr Blick auf die Alu-Anlage. Sie wohnt auf einer Insel im Gift

224.1 *Industriesiedlung in Bitterfeld*

... Die Alu-Anlage roch man kilometerweit ... Jahrelang blies sie Gifte in gefährlicher Konzentration auf die Umgebung nieder, bei Nordwestwind bis in den Stadtkern von Bitterfeld. Analysiert wurden Abgase und Böden nie. Die Bitterfelder kannten das Wort Lebensqualität nicht ...

Regnet es ein paar Tage nicht, geht der ausgekohlte Teil des Braunkohletagebaus auf Wanderschaft. Bei stärkerem Wind versinken die anliegenden Gemeinden in Finsternis ... Der feine Sand dringt durch die schmalsten Ritzen in Fenster und Türen. Die Einwohner spüren den Sand in Augen und Mund ...

Messungen des Flugstaubs ergaben hohe Quarzbestandteile. Quarz dringt bei feiner Korngröße in die Lungen ein, lagert sich ab und kann Lungenerkrankungen wie Silikose hervorrufen. Noch 30 Jahre nach dem Einatmen kann die Krankheit beginnen. Sie ist unheilbar.

... Es bietet sich ein beklemmender Anblick ... Vor uns fließen zwei Abwassergräben zusammen und vermischen ihre braune und giftrote Flüssigkeit. Der Graben von links trägt wohl Abwasserfracht der Chemie AG heran, der von rechts die der Filmfabrik Wolfen. In der Mitte verwirbeln die Farben. Als graubraune träge Masse setzen sie ihren Weg fort ... Wir stehen inmitten des hohen Heidegrases und halten uns die Nase zu. Ein Geruch von Schwefel steigt aus der farbigen Brühe.

(aus: Panikblüte, Bitterfeld-Report, Leipzig 1991, Seite 9, 11, 121, gekürzt)

224.2 *Giftige Chemieabfälle werden in den „Silbersee" geleitet*

Riesige Industrieanlagen, Kraftwerke und tiefe Restlöcher der Braunkohle-Tagebaue bestimmten lange das äußere Bild der Region um die beiden Städte Bitterfeld und Wolfen. Sie ist einer der ältesten Chemiestandorte Deutschlands.

Wie kein anderes Industriegebiet stand Bitterfeld nach der Wiedervereinigung Deutschlands im Mittelpunkt des öffentlichen Interesses. Die Chemie-Industrie und die veralteten Kraftwerke verursachten eine extreme Luftverschmutzung. Schad- und Giftstoffe gelangten ungeklärt in die Flüsse und den Boden. Das führte zu einer Verseuchung der Natur und zu gesundheitlichen Schädigungen der Menschen.

225.1 *In Bitterfeld, 1990*

Ich finde es richtig, dass die schlimmsten Umweltverschmutzer unter den Betrieben geschlossen werden. Wir hatten ja alle darunter zu leiden. Viele sind krank geworden, hatten Allergien oder Lungenbeschwerden. Ich habe gelesen, dass sich unsere Kinder durch die Luftverpestung körperlich langsamer entwickelt haben als in anderen Orten.
Beate B., Kindergärtnerin

Wenn die jetzt hier alles dicht machen, wo sollen wir dann arbeiten? Die Chemie war doch unser Leben. Da haben mal über 40 000 Menschen gearbeitet. Jetzt werden wir arbeitslos, in unserer Straße sind es schon mindestens 100. Ein paar neue Betriebe gibt es schon, aber die brauchen nicht so viele Arbeitskräfte.
Robert F., Arbeiter

In Bitterfeld wird sich vieles ändern. Wir müssen mit einer Arbeitslosenquote von 10 bis 15 % rechnen. Aber es gibt auch Projekte zur Ansiedlung von Betrieben, vor allem im Dienstleistungssektor. Außerdem soll aus dem alten Braunkohletagebau ein Erholungsgebiet werden. Das wird jedoch noch länger dauern.
Joachim P., Stadtangestellter

1. Suche die Orte Bitterfeld und Wolfen im Atlas auf:
   a) In welchem Bundesland liegen sie?
   b) Welche größeren Städte liegen in ihrer Nähe?
2. Beschreibe mit eigenen Worten die Lebensbedingungen der Menschen in Bitterfeld (Text auf S. 224).
3. Wie beurteilen die drei Personen die Zukunft ihrer Stadt (Meinungen aus dem Jahr 1992)?

Das Industriegebiet Bitterfeld/Wolfen

Produktion auf Kosten der Umwelt

226.1 Giftwolken über Bitterfeld – die Salpetersäureanlage

In den Jahren 1893/94 gründeten große deutsche Chemiefabriken unabhängig voneinander Tochterfirmen in Bitterfeld und Wolfen. Für ihre Standortwahl waren vor allem die reichen Braunkohlevorkommen und die gute Verkehrslage von Bedeutung. Die Region entwickelte sich in den folgenden Jahrzehnten zu einem Zentrum der Chemieproduktion in Europa.

Die chemische Industrie nahm eine führende Rolle in der ehemaligen DDR ein. Ziel des Staates war, unabhängig von den Rohstoffen und Produkten aus dem „Westen" zu werden. In großen Industriekomplexen (Kombinaten) wurde mit veralteten Anlagen und ohne notwendige Umweltschutzmaßnahmen „auf Teufel komm raus" produziert.

Die Umweltkatastrophe in Bitterfeld und Wolfen erreichte in den 70er-Jahren ihren Höhepunkt. Aus den Schloten qualmten jährlich u. a. 58 000 t Staub und 120 000 t Schwefeldioxid. Sichtbares Zeichen der Umweltbelastungen waren die „gelben Fahnen" aus den Schornsteinen der Salpetersäureanlagen (Abb. 226.1). Der Zustand der Anlagen wurde immer bedrohlicher, Geld für notwendige Investitionen gab es nicht. Die Produktion konnte nur mit einem hohen Anstieg der **Emissionen** erkauft werden.

(aus: Bitterfelder Chronik – 100 Jahre Chemiestandort Bitterfeld/W., Chemie AG Bitterfeld 1993, S. 207 f.)

226.2 Zustand einer Produktionsstätte in Bitterfeld 1990. Die Leitungen sind verrostet, Tanks lecken und Gase strömen unkontrolliert aus.

Die Abgase der Chemieanlagen, Kraftwerke und der Brikettfabrik waren nur ein Teil der erheblichen Umweltbelastungen. Die jahrzehntelang austretenden Schadstoffe verseuchten auch die Böden. Hinzu kam, dass die Chemieabwässer ungeklärt entsorgt wurden. Es gab keine zentrale Abwasseraufbereitungsanlage. So gelangten Unmengen der zum Teil hochgiftigen Stoffe in die Flüsse oder wurden in die ausgekohlten Gruben der ehemaligen Tagebaue gekippt.

Bis 1989 wandten die Chemiewerke diese einfache und billige Entsorgungsmethode an. Millionen Tonnen von chemisch belastetem Abfall lagern daher rings um Bitterfeld. Wo sich genau diese Mengen befinden und welche Gifte und Chemikalien deponiert wurden, ist ungewiss.

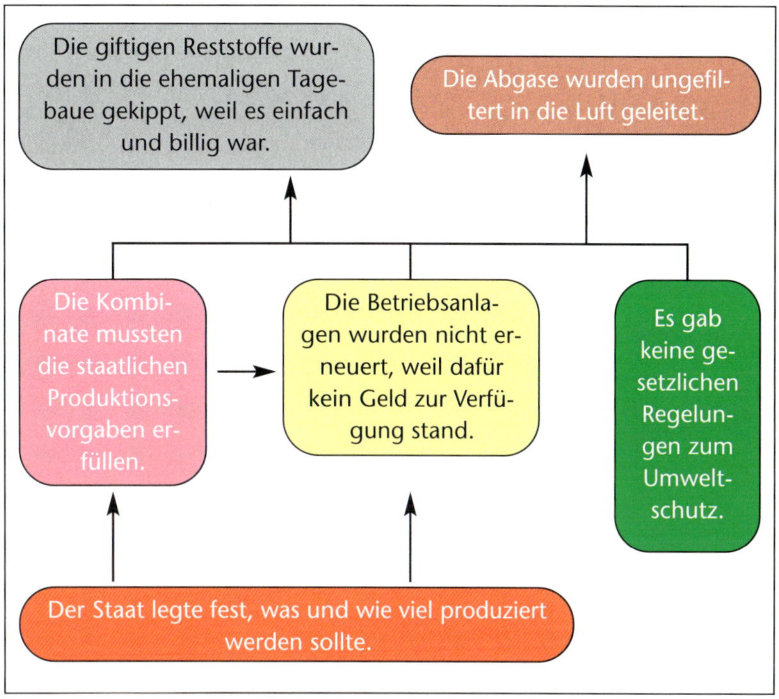

227.1 Die Verseuchung der Umwelt in Bitterfeld

1. Schreibe Gründe auf, die zur „Umweltweltkatastrophe" in der Region Bitterfeld führten.
2. Welche Probleme ergeben sich durch die „einfache" Entsorgung der Chemieabfälle in der Zukunft für die Region?
3. Überlege, warum die DDR die Verseuchung der Umwelt in Bitterfeld in Kauf genommen hat.

Die ehemalige Grube „Johannes" diente als Auffangbecken für die hochgiftigen Abwässer der Filmfabrik Wolfen. Durch chemische Reaktion entstand eine gelartige Flüssigkeit, die der Grube den Namen „Silbersee" einbrachte (vgl. Abb. 224.1).
Untersuchungen haben ergeben, dass sich im Schlamm der Grube u. a. Schwermetalle wie Blei, Zink und Quecksilber befinden. Wie die Entsorgung des giftigen Schlammes durchgeführt werden kann, ist noch unklar. Ein Teil der Oberfläche ist mit einem speziellen Filter aus Styroporschnitzel und Rindenmulch bedeckt. Die ausströmenden Gase sollen durch ihn entgiftet werden.

TRIO – Methode: Wir werten thematische Karten aus

Werte die thematischen Karten 228.1 und 229.1 in folgenden Arbeitsschritten aus:

1. Orientierung auf der Karte:
   Was enthält die Karte und wie ist es dargestellt? Zum Beispiel: Kartenausschnitt, Maßstab, Erläuterung der Legende (Farben und Signaturen).
2. Beschreibung des Karteninhalts:
   Welche Aussagen (Farben, Signaturen) enthält die Karte?
3. Erklärung des Karteninhalts:
   Welche Bedeutung haben die Aussagen der Karte? Gibt es Auffälligkeiten oder Besonderheiten?

228.1 Das Industriegebiet Bitterfeld/Wolfen

Vergleiche die Auswertung der beiden Karten.

1. Welche Verbindungen bestehen zwischen den Karteninhalten von 228.1 und 229.1?
   a) Lage der Industriebetriebe in 228.1 und Flächen mit verseuchtem Boden in 229.1
   b) Lage der ehemaligen Tagebauflächen in 228.1 und die Lage der Altdeponien in 229.1
2. Beurteile die besonderen Umweltprobleme des dargestellten Raumes.
   Untersuche dazu auch Texte, Zahlen, Diagramme und Bilder auf den Seiten 224 bis 227 nach ergänzenden Informationen.

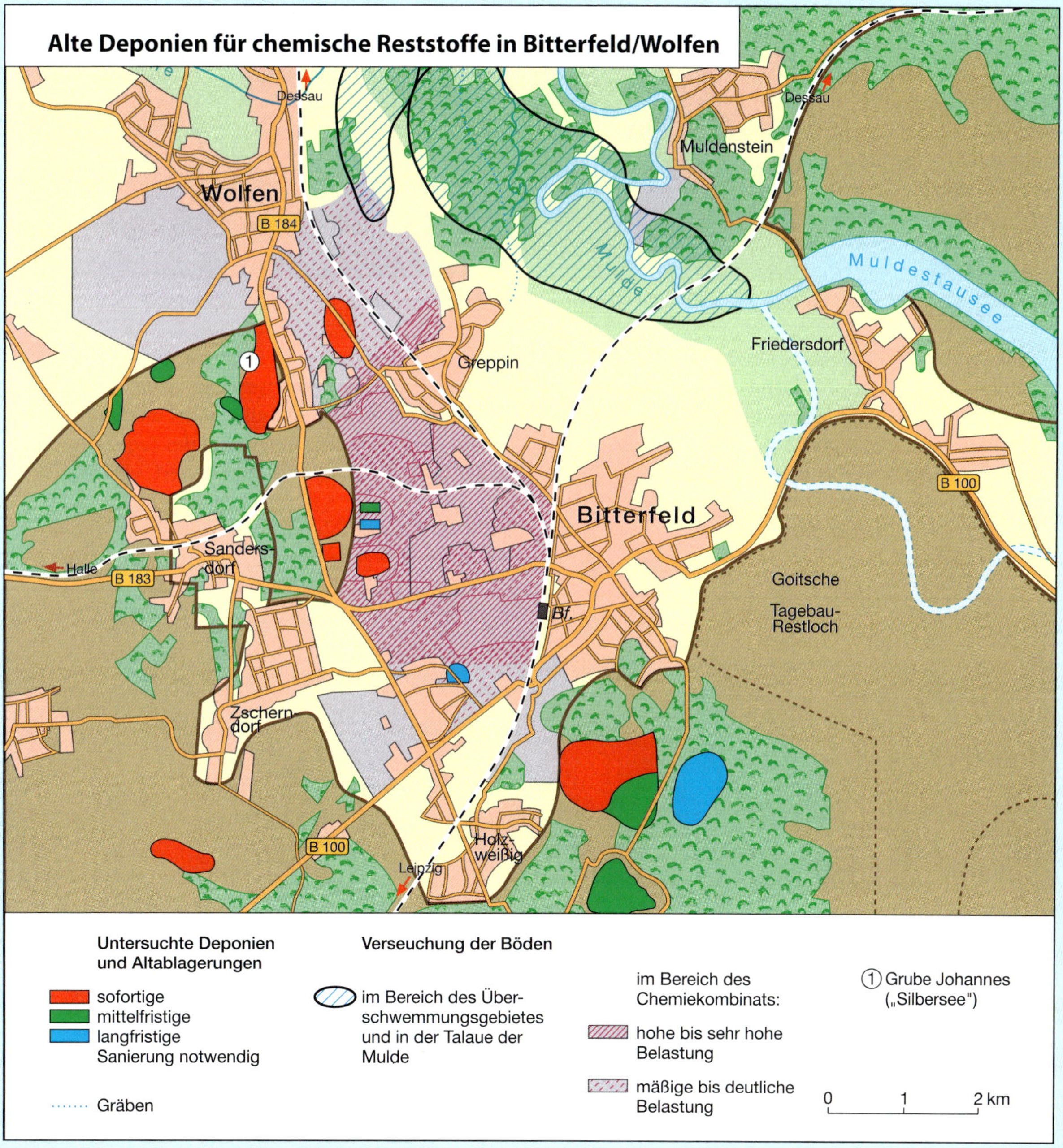

229.1 Altablagerungen im Raum Bitterfeld/Wolfen

Landschaftszerstörung durch Braunkohletagebau

Die Braunkohle war für die Wirtschaft der DDR von besonderer Bedeutung. Es gab keine anderen Rohstoffe zur Energieerzeugung. Geld für den Import von Erdöl oder Erdgas stand nur in geringem Umfang zur Verfügung.

Zum Ausbau des Chemiestandortes wurde in Bitterfeld immer mehr Braunkohle benötigt. Das war aber nur durch tief greifende Landschaftsveränderungen möglich.

230.2 Bagger und Mensch im Braunkohletagebau

Braunkohle wird im **Tagebau** gefördert, d. h., man baut die Kohle von der Erdoberfläche aus ab. In dem Abbaugebiet, der *Goitsche,* lagerte die Kohle in einer Tiefe von 30 bis 40 m. Um an die Kohle zu gelangen, waren daher erhebliche Vorarbeiten nötig. Hierzu zählen die Absenkung des Grundwasserspiegels, die Verlegung von Flussläufen, Straßen und Eisenbahnlinien und die Umsiedlung von Orten.

Die über der Braunkohle liegenden Boden- und Gesteinsschichten werden anschließend mit Baggern abgetragen. Mit diesem Abraum sollen die bereits abgebauten (ausgekohlten) Abschnitte des Tagebaus wieder gefüllt und anschließend **rekultiviert** werden (siehe Abb. 230.1).

Um eine Tonne Rohbraunkohle zu fördern, musste ungefähr die dreifache Menge Abraum beseitigt werden.

230.1 Braunkohletagebau

Riesige Schaufelradbagger brechen die Braunkohle aus den Kohleschichten (Flöze). In der Goitsche waren die Schichten 10 m bis 14 m dick. Die Kohlebrocken werden auf Förderbändern abtransportiert und mit Güterwagen direkt zu den Verbrauchern gebracht. In Bitterfeld waren das die Brikettfabrik und die Kraftwerke. Sie erzeugten die Energie, die die Chemieindustrie benötigte.

Es ging in der Goitsche nur darum, so viel Braunkohle wie möglich kostengünstig zu fördern. Die Grube wurde rücksichtslos bis an den Rand der Stadt sowie der umliegenden Ortschaften ausgehoben.

Immer größere Flächen wurden zur Förderung erschlossen. Die Rekultivierung wurde vernachlässigt. Der Tagebau hinterließ eine öde, trostlose Landschaft (Abb. 231.1).

***231.1** Restfläche im Tagebau Goitsche, 1996*

1. Beschreibe anhand der Abb. 230.1 die Abfolge der Arbeiten im Braunkohletagebau.
2. Erläutere den Satz: *„Der Braunkohletagebau frisst Landschaft."*
3. Welche Folgen hat der Braunkohletagebau für die Menschen und die Umwelt?

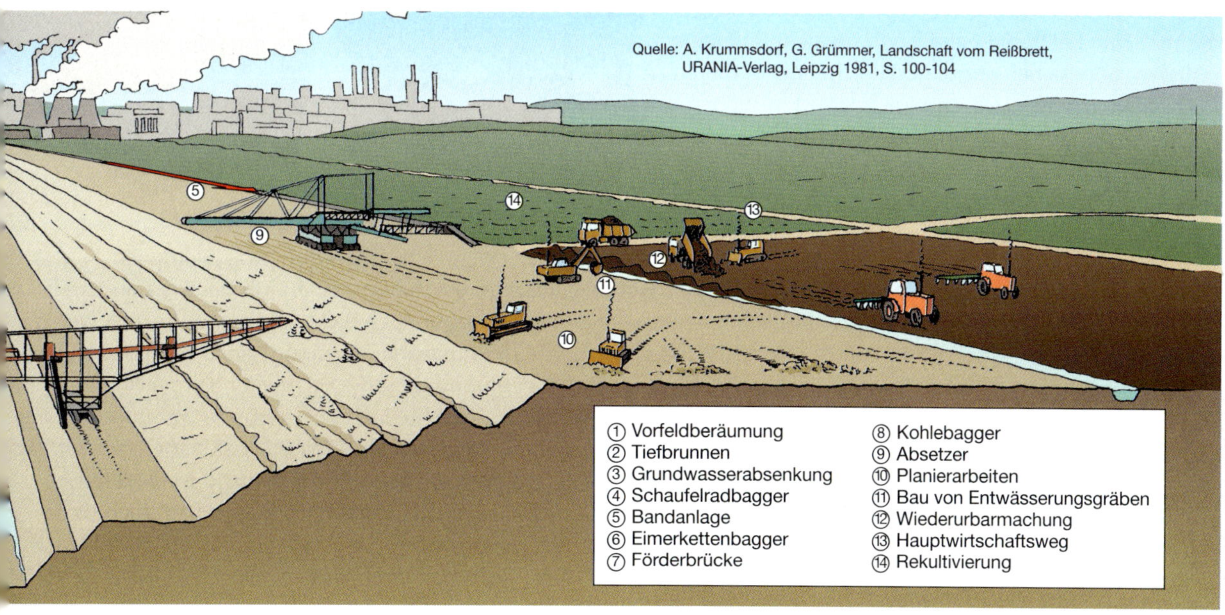

Strukturwandel und Arbeitslosigkeit

Das Wichtigste ist die Arbeit

Die Wiedervereinigung Deutschlands veränderte die Situation des Industriestandortes Bitterfeld grundlegend. Mithilfe eines Sonderprogramms wurden Maßnahmen zur Sanierung der katastrophalen ökologischen Zustände eingeleitet.

Das führte u. a. zur

- Schließung von veralteten oder unrentablen Betrieben
- Stilllegung der Braunkohlekraftwerke und der Brikettfabrik
- Einstellung des Braunkohletagebaus.

Dadurch fielen aber auch Zehntausende von Arbeitsplätzen weg. Die Arbeitslosigkeit wurde zum größten Problem der Region. Staatliche Fördermittel sollten den Wandel für die Menschen erträglicher gestalten. Durch sogenannte *Arbeitsbeschaffungsmaßnahmen* (ABM vgl. S. 84 f.) bekamen viele Arbeitslose in den ersten Jahren eine Beschäftigung, z. B. bei der Sanierung von Altlasten.

Viele Menschen zogen weg, weil Arbeitsplätze fehlten. Rund ein Drittel von ihnen suchte sich in den alten Bundesländern eine neue Arbeitsstelle.

Guido: Es fehlen einfach Lehrstellen. Früher gab es z. B. über 1000 allein im Chemischen Kombinat. Die sind jetzt alle weggefallen. Ich hab Glück gehabt. Ich lerne Verwaltungsfachangestellter. Trotzdem weiß ich nicht was anschließend wird. Von den Lehrlingen werden nicht alle übernommen. Die anderen werden höchstens ein halbes Jahr angestellt und danach müssen sie gehen.

Diana: Ich bin zurzeit in der 10. Klasse. Wenn ich mit der Schule fertig bin, werde ich vielleicht ein Lehre im Einzelhandel beginnen. Eine Lehrstelle habe ich in Aussicht, in einem Jeansladen, aber sicher ist das noch nicht. Wenn's nicht klappt, muss ich mir vielleicht was im Westen suchen. Meine Freundin hat das auch gemacht. Sie wohnt jetzt in Bayern und arbeitet in einer Elektronikfirma.

Kathleen: Ich lerne zurzeit Bürokauffrau. Wenn ich ausgelernt habe, werde ich wohl nicht weiter beschäftigt. Einen Job bei einer anderen Firma finde ich bestimmt auch nicht. Da gibt es bei uns wenig. Und eine Umschulung machen, das bringt doch auch nichts. Dann stehst du anschließend mit 25 oder 26 wieder auf der Straße. Wenn ich ausgelernt habe, möchte ich in eine eigene Wohnung ziehen, eine Familie haben. Wenn ich aber keine Arbeit habe, kann ich das nicht. Man möchte arbeiten und kann nicht. Man kann sich nichts aufbauen, nichts kaufen. Da kriegt man doch die totalen Depressionen. Liegt das an mir? Da zweifelt man doch an sich selber.

Äußerungen von Jugendlichen aus Bitterfeld

In dem Stadtteil Wolfen-Nord zum Beispiel sind die Folgen der Abwanderung deutlich zu sehen. Fast die Hälfte der rund 30 000 Einwohner (1993) ist weggezogen. 4200 Wohnungen stehen leer, ganze Straßenzüge sind verlassen.

„Manchmal siehst du hier zwei- bis dreimal in der Woche Möbelwagen. Wer irgendwie kann, zieht weg. Zurück bleiben nur die Alten. Viele sind arbeitslos oder Sozialhilfeempfänger. Wo soll man denn hier auch Arbeit finden? Schlimm ist die Unordnung und die Verwahrlosung der Wohnblocks. Schau dich doch um, wie das aussieht. Alles steht leer. Da zieht keiner mehr ein. Wer will denn hier schon wohnen?"

(Autorengespräch mit einem Bewohner des Stadtteils Wolfen-Nord, 2002)

233.1 *Plattenbauten in Wolfen-Nord*

Jahr (jeweils September)	**Anzahl der Arbeitslosen**	**In % der Erwerbstätigen**
1990	1 900	2,3
1992	6 500	9,2
1996	10 400	19,7
2000	11 600	20,9
2002	10 900	20,6

233.2 *Arbeitslosenentwicklung in Bitterfeld/Wolfen*

Olaf: Ich bin zurzeit Zivi. Wenn das vorbei ist, werde ich wohl eine Lehre als Pfleger beginnen. Das Wichtigste ist doch die Arbeit. Ohne Arbeit hast du nichts, bist du nichts. Du kannst dir nichts kaufen, kein Auto, keine schicken Sachen. Und da kann es schon mal vorkommen, dass du denkst, warum nehme ich mir nicht einfach, was mir zusteht?

1. Nenne Gründe für die hohe Arbeitslosenzahl.
2. Sprecht über die Aussagen der Jugendlichen aus Bitterfeld. Welche Gemeinsamkeiten oder Unterschiede gibt es zu eurem Leben und euren Zukunftswünschen?
3. Zeichne nach Abb. 233.2 ein Kurvendiagramm über die Arbeitslosenentwicklung in Bitterfeld.
4. Stell dir vor, aus eurem Ort ziehen viele junge Menschen weg. Welche Folgen könnte das haben?

Die Umgestaltung der Industrieregion Bitterfeld

Wirtschaftliche Vielfalt statt Einseitigkeit

Nach 1990 zeigte sich, dass die Industrie der Region nur durch eine radikale Umgestaltung zu erhalten war.

Auf dem Gelände der ehemaligen Chemiekombinate in Bitterfeld und Wolfen entstand ein großes Industriegebiet. Im „Chemiepark Bitterfeld/Wolfen" produzieren auch weiterhin chemische Betriebe. Daneben gibt es aber auch viele andere Firmen, vor allem aus dem Dienstleistungsbereich. Sie nutzten bei ihrer Neuansiedlung staatliche Vergünstigungen, wie Steuervorteile, Zuschüsse beim Kauf der Grundstücke oder Hilfen bei der Entsorgung von Altlasten.

234.1 Chemiekombinat Bitterfeld und Fotochemisches Kombinat Wolfen, 1988

234.2 Chemiepark Bitterfeld/Wolfen, 2000

1. Beschreibe die Veränderungen der Wirtschaftsstruktur in der Region Bitterfeld/Wolfen.
2. Welche Konflikte können bei der Umgestaltung eines „alten Industriegebietes" entstehen?

Nach der Einstellung des Braunkohletagebaus sah es in der Goitsche wie in einer „Mondlandschaft“ aus. Die Sanierung des ca. 60 km² großen Gebietes begann 1991. Aus dem Tagebau sollte ein Naherholungsraum werden. Für die spätere Nutzung war eine Zweiteilung vorgesehen. Der westliche, bereits rekultivierte Teil wird Naturschutzgebiet. Im östlichen Teil entsteht ein Erholungsgebiet mit einer Seenlandschaft von 25 km² Wasserfläche und 66 km Uferlänge.

Die Flutung der Goitsche begann 1999. Seither werden ca. 3 m³ Wasser in der Sekunde durch einen Kanal aus der Mulde in die Restlöcher geleitet. Nach Abschluss der Flutung sollen der Bau von Gaststätten, Hotels, Campingplätzen oder Wassersportanlagen neue Arbeitsplätze für die Region bringen.

Die Flutung bringt aber auch eine neue Gefahr für die Region. Durch den Anstieg des Grundwasserspiegels können giftige Substanzen aus den Altdeponien gespült werden.

235.2 Der Pegelturm, das neue Wahrzeichen der Goitsche. Der ca. 60 m hohe Aussichtsturm ist über eine rund 200 m lange Pontonbrücke zu erreichen.

1. Vergleiche die Karten 229.1 und 235.1. Beschreibe die Sanierung und die anschließende Nutzung der Goitsche.
2. Schreibe auf, welche Vorteile und Nachteile sich durch die Flutung der Goitsche ergeben.

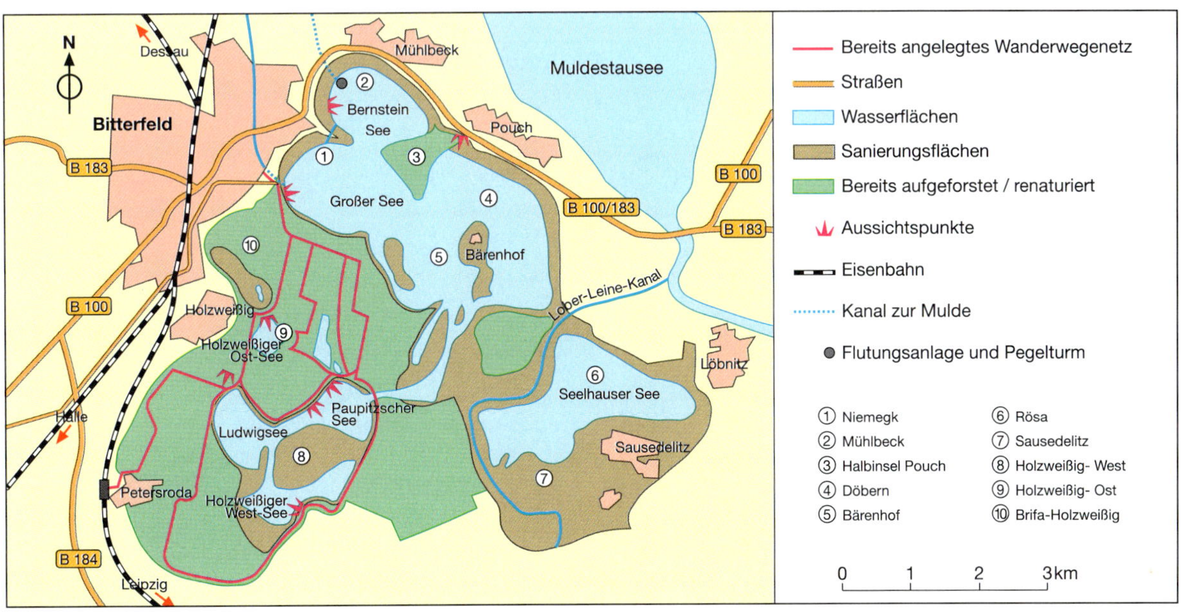

235.1 Die zukünftige Flächennutzung der Goitsche

Der Wandel im Ruhrgebiet

Aufschwung und Krise

236.1 Zechenanlage in Bottrop, 1924

236.2 Heutige Nutzung: ein Industriepark

Das **Ruhrgebiet** war lange Zeit das größte und wichtigste Industriegebiet Deutschlands. Grundlage für die Entstehung waren große Steinkohlevorkommen.

Bis etwa 1960 war Steinkohle der wichtigste Energieträger in Deutschland. In den meisten Häusern wurde mit Kohle geheizt, die Bahn fuhr noch mit Dampfloks.
Große Mengen Kohle wurden in Kraftwerken zur Stromerzeugung sowie für die Herstellung von Roheisen und Stahl benötigt.

In den 50er-Jahren arbeitete die Hälfte aller Beschäftigten im Ruhrgebiet in Bergbaubetrieben und in der Eisen- und Stahlindustrie. Das änderte sich ab 1957.

Der Abbau der tiefer liegenden Kohleschichten lohnte sich bei vielen Schachtanlagen (Zechen) nicht mehr. Die Einfuhr von Kohle aus dem Ausland, z. B. aus Polen, war erheblich billiger. Außerdem wurde nicht mehr so viel Kohle gebraucht. Preisgünstiger und bequemer war zum Beispiel das Heizen mit Erdöl oder Erdgas.

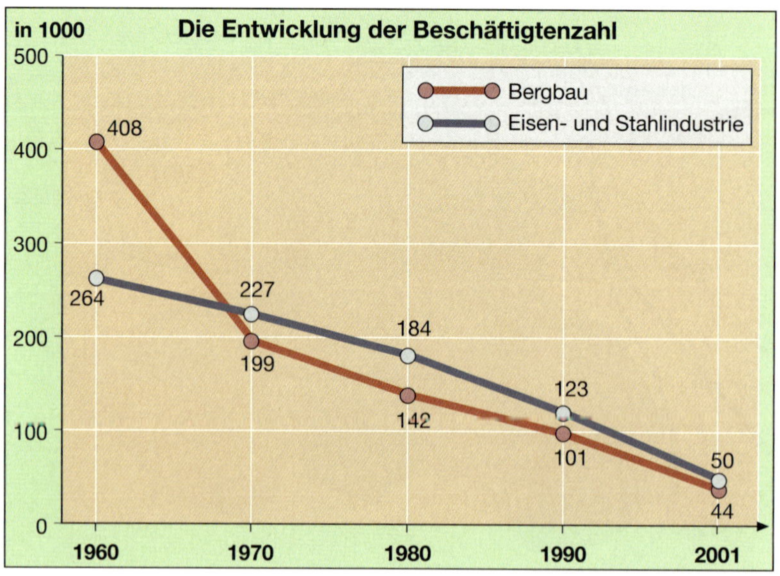

236.3 Die Entwicklung der Beschäftigtenzahl im Ruhrgebiet

Der Absatz von Steinkohle ging drastisch zurück. Das betraf vor allem das Ruhrgebiet. Unwirtschaftliche Zechen wurden stillgelegt. Andere schlossen sich zu Großanlagen zusammen. Heute sind nur noch wenige Zechen in Betrieb (siehe Abb. 237.1). Zehntausende Bergleute verloren ihren Arbeitsplatz.

In den 70er-Jahren verschlimmerte sich die Situation noch. Eisen und Stahl wurden in vielen Bereichen durch Kunststoffe oder Aluminium ersetzt. Dadurch sank die Eisen- und Stahlproduktion in den Hüttenwerken. Weitere Betriebsschließungen waren die Folge. Immer mehr Menschen wurden arbeitslos.
Die wirtschaftliche Zukunft des Ruhrgebiets sah in diesen Jahren düster aus.

237.2 *Ein Förderturm wird gesprengt*

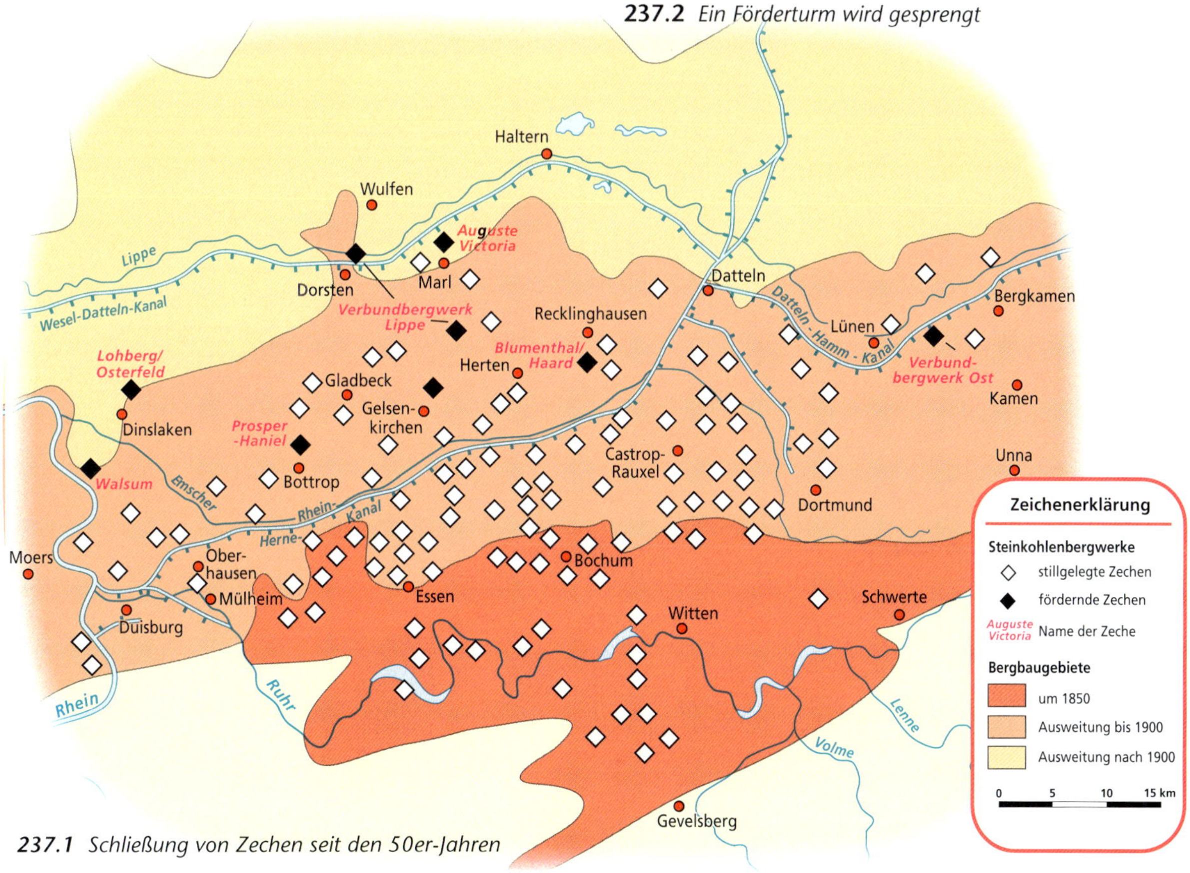

237.1 *Schließung von Zechen seit den 50er-Jahren*

1. Suche das Ruhrgebiet im Atlas auf. Schreibe wichtige Städte und Flüsse auf.
2. Wie viele Zechen wurden seit den 50er-Jahren stillgelegt (Abb. 237.1)?
3. Erkläre, wodurch die wirtschaftliche Krise im Ruhrgebiet entstanden ist.

Das Ruhrgebiet wandelt sein Gesicht

Das Ruhrgebiet war lange Zeit einseitig von Kohle und Stahl abhängig. Die Ansiedlung moderner Firmen sollte als Ausweg aus der Krise dienen und neue Arbeitsplätze schaffen. Alte Industrieanlagen wurden abgerissen und das Verkehrsnetz ausgebaut. Auf ehemaligen Betriebsflächen entstanden z. B. Einkaufs- und Erlebniszentren (siehe Abb. 238.2) oder Gewerbeparks.
Städte und Gemeinden stellten solche Flächen kostengünstig zur Verfügung. Oft ließen sich Firmen der „Hightechbranche" nieder, vor allem aus den Bereichen Datenverarbeitung, Mikroelektronik oder Umwelttechnik.
Die neuen Betriebe benötigen jedoch durch moderne Produktionstechniken nicht mehr so viele Arbeitskräfte. Daher ist die Arbeitslosigkeit ein großes Problem in der Region.

Die meisten Menschen im Ruhrgebiet arbeiten heute nicht mehr in der Industrie, sondern in Dienstleistungsberufen, z. B. im Handel, im Verkehrs- oder Tourismusbereich.

238.2 Einkaufszentrum

Das CentrO – Die neue Mitte Oberhausens

Das CentrO entstand auf dem Gelände eines ehemaligen Stahlwerks. Zu ihm gehören ein Einkaufszentrum mit 200 Geschäften, ein Multiplex-Kino und eine Sportarena für 11 500 Besucher. Daneben wurde auch ein 80 000 m² großer Vergnügungspark gebaut.

238.1 Technologiezentrum in Dortmund

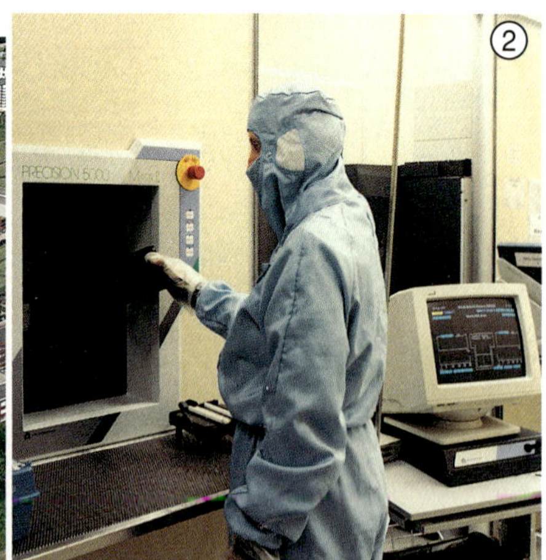

238.3 In einer „Hightech-Firma"

Freizeit- und Naturparks sowie ein großes kulturelles Angebot haben mit dazu beigetragen, die Attraktivität des „neuen" Ruhrgebiets zu erhöhen.
In ehemaligen Zechengebäuden finden z. B. Konzerte oder Theaterveranstaltungen statt. Die meisten Musicaltheater gibt es im Ruhrgebiet. In vielen Museen werden Zeugnisse der vergangenen Industriekultur gezeigt.

Museum im Bergwerk

Hier wird Shoppen zum Erlebnis

Freeclimbing im Hüttenwerk

Forschen für die Zukunft

DAS RUHRGEBIET

Hollywood im Ruhrgebiet

Naturerlebnis Ruhrgebiet

1. Ordne die Bilder auf den Seiten 238 und 239 den Schlagzeilen zu (Zahlen 1 bis 6).
2. Beschreibe den Wandel des alten Industriestandortes „Ruhrgebiet".

„Bevölkerungsexplosion“ – eine Bedrohung für uns?

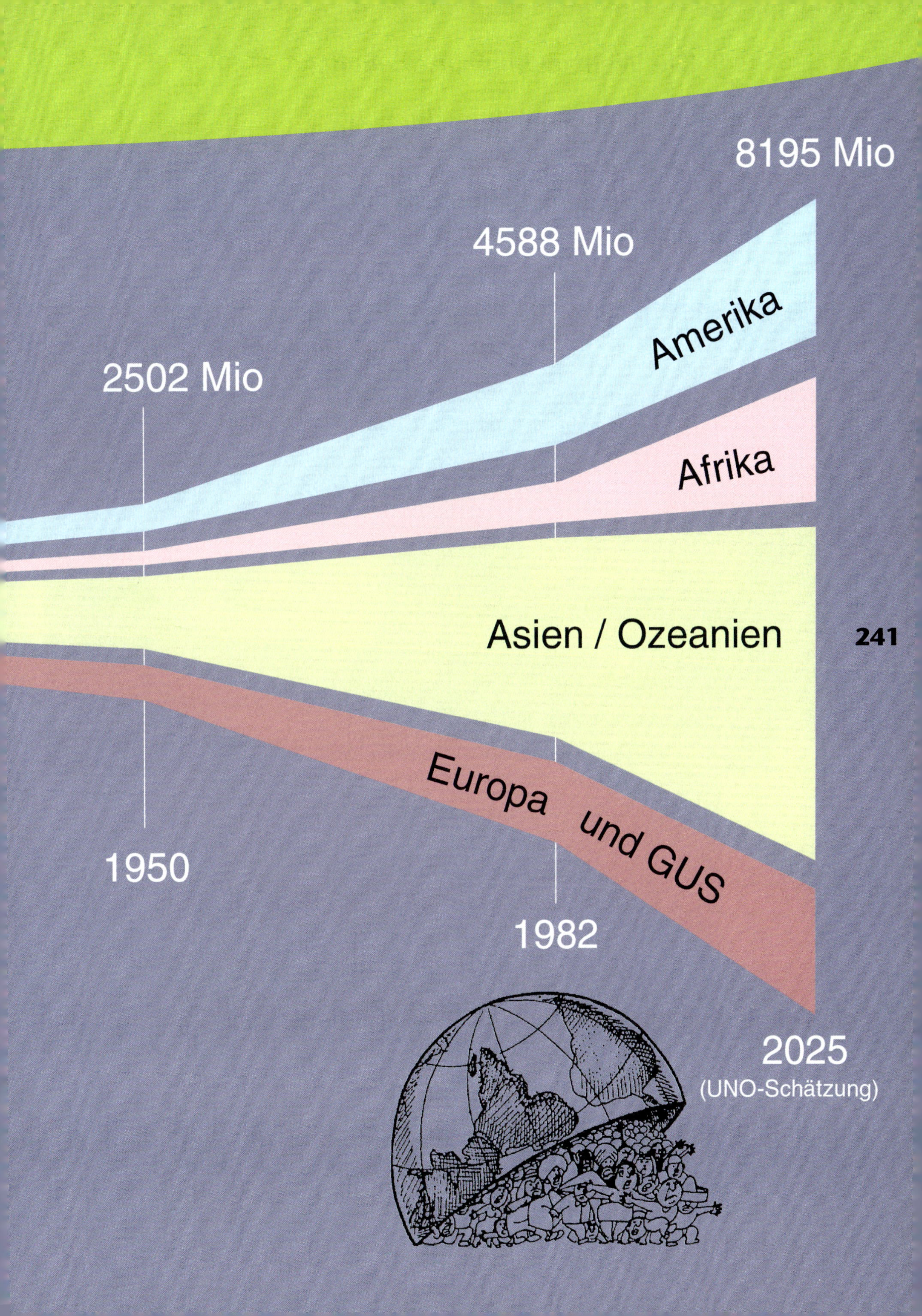

8195 Mio
4588 Mio
2502 Mio
Amerika
Afrika
Asien / Ozeanien
Europa und GUS
1950
1982
2025
(UNO-Schätzung)

In dieser Woche sterben 10 000 Frauen, weil ihnen fehlt, was für uns selbstverständlich ist –

Familienplanung

EDEN	JULIA
lebt in Äthiopien und ist eines von sieben Kindern.	lebt in Deutschland und ist das jüngste von zwei Kindern.
Ihr Alter: 13 Jahre Sie kann nicht lesen. Eine Schule hat sie nie besucht. Seit ihre Eltern an Aids gestorben sind, versorgt sie ihre jüngeren Geschwister.	Ihr Alter: 13 Jahre Sie kann lesen und schreiben. Sexualaufklärung ist Thema im Unterricht.
Ihr Alter: 17 Jahre Eden heiratet und bekommt ihr erstes Kind. Über Familienplanung weiß sie kaum etwas.	Ihr Alter: 17 Jahre Julia geht noch zur Schule. Sie macht ihre ersten sexuellen Erfahrungen und weiß, wie sie eine Schwangerschaft verhütet.
Ihr Alter: 19 Jahre Ihr zweites Kind stirbt.	Ihr Alter: 19 Jahre Sie beginnt eine Ausbildung und startet ins Berufsleben.
Ihr Alter: 28 Jahre Während ihrer fünften Schwangerschaft treten schwere Komplikationen auf.	Ihr Alter: 28 Jahre Julia heiratet und wünscht sich zwei Kinder.
Ihr Alter: 33 Jahre Nach der Geburt ihres siebten Kindes hat sie zum ersten Mal die Möglichkeit, Verhütungsmittel in Anspruch zu nehmen. Sie bekommt keine weiteren Kinder mehr.	Ihr Alter: 33 Jahre Sie hat zwei Kinder. Ihre Familie ist jetzt komplett.
Ihr Alter: 36 Jahre Eden wird Großmutter.	Ihr Alter: 36 Jahre Julia beginnt wieder, in ihrem Beruf zu arbeiten.
Ihr Alter: 47 Jahre Eden stirbt.	Ihr Alter: 61 Jahre Julia wird Großmutter.
	Ihr Alter: 82 Jahre Julia stirbt.

242.1 Plakat der Deutschen Stiftung Weltbevölkerung, Hannover

Die Eltern der nächsten Generation

Heute sind über eine Milliarde Menschen zwischen 15 und 24 Jahren alt. Sie sind die Mütter und Väter von morgen. Sie leben überwiegend in den Entwicklungsländern. Das ist der Grund, warum die Weltbevölkerung auch dann noch wächst, wenn die Zahl der Kinder pro Frau weiter sinkt.
Über 30 Prozent der Menschen in Entwicklungsländern sind jünger als 15 Jahre. In Afrika südlich der Sahara gehören sogar fast die Hälfte der Menschen zu dieser Altersgruppe.
Der Kinderwunsch dieser zukünftigen Elterngeneration wird die Größe der Weltbevölkerung im nächsten Jahrhundert bestimmen.

Die Ursachen des Kindersegens

Drei Faktoren lassen die Weltbevölkerung auf Jahrzehnte weiterwachsen: ungewollte Schwangerschaften, der Wunsch nach mehr als zwei Kindern sowie die von den Jungen bestimmte Altersstruktur der Entwicklungsländer. Ohne Aufklärung, vor allem für Jugendliche, ohne ausreichend Verhütungsmittel, Ausbildung und bessere Berufsaussichten für Frauen ist das Wachstum nicht zu bremsen.

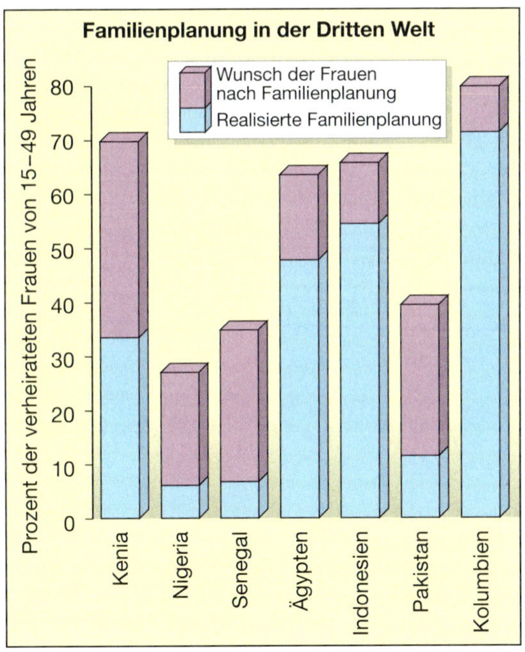

Aus Umfragen ist bekannt, dass Frauen, vor allem in armen Regionen, mehr Kinder bekommen, als sie sich tatsächlich wünschen.

Mehr als 120 Millionen Frauen würden sofort verhüten, wenn sie die Möglichkeit dazu hätten.

Wäre dieser Bedarf an Familienplanung gedeckt, sänke die Geburtenzahl in den Entwicklungsländern um 20 Prozent. Am größten ist der Unterschied zwischen gewünschter und tatsächlicher Kinderzahl in Lateinamerika, am niedrigsten in afrikanischen Ländern südlich der Sahara.

243.1 Zur Lage der Menschheit, Folder, Deutsche Stiftung Weltbevölkerung

1. Vergleiche die Lebensläufe von Eden und Julia. Nimm Stellung.
2. Erkläre die Faktoren, die die Weltbevölkerung weiterwachsen lassen.
3 Was könnte Familienplanung (Grafik 243.1) bewirken?

Frauen in der Dritten Welt: rechtlos und verachtet

Nagamma, eine indische Bauarbeiterin

Nagamma, eine Frau von 25 Jahren, war im Begriff, zum fünften Mal Mutter zu werden. Als sie am Morgen aufgestanden war, hatte sie noch keine Schmerzen. Nachdem sie fast zwei Stunden für Wasser angestanden hatte, bekam sie ihren Anteil in einem Eimer. Wieder zu Hause angekommen, weckte sie ihre Kinder, und nachdem sie sie gewaschen hatte, beeilte sie sich, das Frühstück und das Mittagessen zuzubereiten. Schnell kochte sie etwas Wasser mit Teeblättern und gab ihrem Mann eine Tasse. Aus einer kleinen Plastiktüte tranken alle Kinder einen Schluck Tee.

Nach allen Geburten war Nagamma einen Monat zu Hause geblieben, aber nach ihrer letzten Geburt kehrte sie bereits nach zehn Tagen an ihre Arbeitsstelle zurück, weil sie das Geld dringend benötigte.

Nagamma und ihr Mann hatten niemals eine Schule besucht. Deshalb war die Arbeit auf dem Bau die einzige, die sie bekommen konnte. Das war auch der Grund, warum sie es nie zuließ, dass ihr Sohn Ragun auch nur einen Tag in der städtischen Schule fehlte. Sie wollte, dass ihre Kinder niemals eine solche Arbeit verrichten müssten wie sie.

Am Nachmittag hatten sich ihre Rückenschmerzen bis zum Bauch ausgebreitet. Schmerzkrämpfe schüttelten sie und machten es ihr unmöglich, weiterzuarbeiten. Irgendwie schaffte sie es noch, die steilen, dreckverschmutzten Treppenstufen auf der Baustelle herunterzukommen und nach Hause zu gehen. Nagamma legte sich sofort hin und bat ihre zehnjährige Tochter Bhama, die alte Frau zu rufen, die bei der Geburt helfen sollte.

Mani, ihr Ehemann, verstand sofort. „Nur noch fünf Tage bis zur Auszahlung des Lohnes“, bemerkte er vorwurfsvoll, „konntest du nicht so lange warten?“ Am Abend bekam sie eine Tochter.

(Misereor Arbeitsheft „Nicht länger ohne uns“, verändert)

Frauen werden benachteiligt

Es gibt viele Länder, in denen Frauen traditionell sehr jung heiraten. In Ländern wie Bangladesch und Indien sind 50 bis 70 Prozent der jungen Frauen mit 18 Jahren schon verheiratet. Etwa die Hälfte der Frauen in Bangladesch haben bereits ein Kind, bevor sie 18 Jahre alt sind.

Frauen wissen viel zu wenig über Empfängnisverhütung. Hier sind einfache und umfassende Informationen notwendig. Eine Schwangerschaft bedeutet für eine junge Frau auch zugleich das Ende ihrer Ausbildung. Und damit verringert sich für sie die Chance, einen besser bezahlten Beruf auszuüben.

- Mädchen erhalten oft keine Schulbildung. Deshalb sind weltweit ca. 70 % aller Analphabeten Frauen.
- In vielen Entwicklungsländern haben Frauen kein Erbrecht.
- Nach einer Trennung sind die Frauen oft so arm, weil das gesamte Vermögen dem Mann gehört.

Ein Bericht aus Bangladesch

245.1 *Bei der Ernte*

Rahmina ist auf den Beinen, bevor die Sonne ihren ersten fahlen Schein durch den Morgennebel schickt. Seit fast einer Stunde stampft die schwangere Frau mit ihrer ältesten Tochter Dipali ein paar mickrige Süßkartoffeln zu braunem Brei. Laila, die zweite Tochter, trägt bündelweise Stroh für das Feuer herbei und die dritte, Razia, versorgt den Topf, in dem der Reis für eine karge Morgenmahlzeit brodelt.

Ahmed, der älteste Sohn, ist mit den schweren Tongefäßen zum Wasserholen an den Fluss gegangen. Sein kleiner Bruder Muhammed sitzt im Staub neben der Feuerstelle. Hasan, der Jüngste, versteckt sich hinter der Mutter.

Nun hat sich auch Najaruddin erhoben. Der hagere Mann bindet sich sein zerschlissenes Baumwolltuch um die Hüften. Ein Tag, an dem er hungrig aufgewacht ist und auch wieder hungrig schlafen gehen wird. Najaruddin hat wenig zu tun. Zwar hat er einen Acker gepachtet, aber der ist nicht viel größer als ein bundesdeutsches Reihenhaus-Grundstück. Von dem Reis, den er darauf anbaut, muss er die Hälfte an den Besitzer abgeben. Selbst bei drei Ernten im Jahr reicht der Ertrag jeweils nur für einige Wochen.

(Rainer Klingholz, Wahnsinn Wachstum, Geo Verlag, Hamburg, 1994, S. 50, verändert)

Für den Kinderreichtum in Bangladesch gibt es viele Gründe:

- Bangladesch ist ein islamisches Land. Die Tätigkeit der Frau bleibt auf den Haushalt der Familie beschränkt.
- Ihre Hauptaufgabe besteht darin, Kinder zu gebären.
- Für die Versorgung bei Krankheit und Alter sind die Kinder zuständig.
- Da die Kindersterblichkeit sehr hoch ist, ist es für eine Familie wichtig, viele Kinder zu haben.

1. Berichte vom Leben der Bauarbeiterin Nagamma. Beurteile die Reaktion Manis.
2. Vergleiche den Beginn des Tages von Rahmina und Najaruddin mit dem unsrigen.
3. Nenne Gründe für den Kinderreichtum in Bangladesch.
4. Schreib die in den Texten genannten Ursachen für das Bevölkerungswachstum heraus.
5. Sprecht über die Benachteiligung der Frauen in der Dritten Welt. Vergleicht mit der Stellung der Frau in den Industriestaaten.

Armut

Baru Begum ist etwa 23 Jahre alt. Ihr Vater war Tagelöhner. Ihm war nur die Ausbildung ihres Bruders wichtig. Sie blieb ohne eine Ausbildung.
Zwei Jahre nach dem Tod ihrer Mutter wurde Baru Begum mit einem Witwer verheiratet. Er hatte schon fünf Kinder, seine älteste Tochter war ungefähr so alt wie Baru.
Sie wurde mit 10 Jahren die Ehefrau eines Witwers mit großem Familienanhang. Der Vater wollte es so.
Leid, Kummer und Schmerz haben tiefe Spuren im Gesicht von Baru hinterlassen.
Nach zwei Ehejahren wurde ihr Sohn Moshin geboren. Als Moshin vier Jahre alt war, starb ihr Mann. Das Leben wurde der jungen Frau nun zur Hölle. Sie war nur gut zum Arbeiten, ohne Anrechte auf den Besitz ihres Mannes. „Sie sagten, sie würden meinen Sohn im großen Fluss ertränken", erzählt Baru.
Sie floh in ihr Elternhaus. Der Vater nahm sie wieder auf – eine Ausnahme in Bangladesch. Als er ein Jahr später starb, erbte ihr Bruder den Besitz.
Die Unterstützung des Bruders von monatlich 300 Taka (Tk), etwa 5 Euro, reichte nicht für das tägliche Essen. Der Erlös der Früchte ihrer Dattelpalme und des Zitronenbaumes im Garten halfen nicht weiter. Baru Begum war am Ende.

Der Weg zur Grameen Bank

In dieser ausweglosen Situation wurde sie Mitglied bei der Grameen Bank. Vierzehn Tage lang übte sie, bis sie ihren Namen schreiben konnte.
Baru Begum erhielt ihren ersten Kredit in Höhe von 1500 Tk, den sie für eine Ziege und einige Hühner einsetzte. Aber die Ziege brachte ihre Jungen tot zur Welt. So blieb der Hauptertrag aus. Baru musste Bambusstangen im Garten abschlagen und für 30 Tk das Stück verkaufen, um bei der Bank nicht in Verzug zu geraten. Schließlich verkaufte sie die Ziege und tilgte mit dem Erlös den Kredit. Sie nahm ein neues Darlehen von 3000 Tk auf. Das erforderte großen Mut. Sie erwarb weiteres Geflügel und ein Schaf. Die Hühner hielt sie in einem Käfig, um sie vor den Füchsen zu schützen. Einmal versuchte ein Dieb, die Hühner zu stehlen. Aber Baru konnte ihn vertreiben.

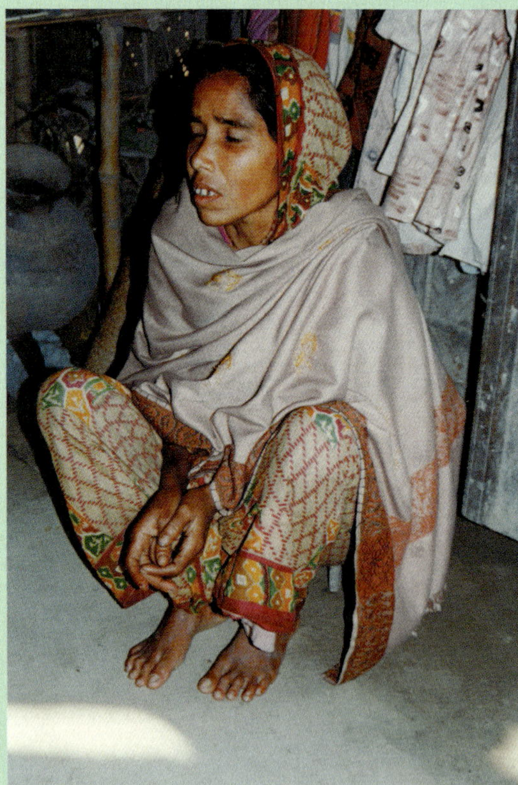

246.1 *Baru Begum*

Alltag

Baru Begum ist der Hoffnungslosigkeit, der schlimmsten Not und dem Hunger entkommen. Das Schaf hat inzwischen vier Lämmer geworfen, von denen sie drei verkauft hat. Mit dem Erlös pachtete sie Land, das sie an einen Kleinbauern weiterverpachtete. Dafür erhält sie die halbe Ernte.
Sie flicht Matten aus Palmblättern und näht aus alten Kleidern Tücher zum Verkauf. Vier Tage braucht sie, um ein solches Tuch zu nähen. Manchmal sucht sie Schneckenhäuser, um die Hühner und Enten damit zu füttern. Die Eier verkauft sie zu 2,5 Tk das Stück. Diese Einnahmen decken die Kreditkosten. Tausenderlei Dinge gibt es zu tun, und Baru Begum ist nicht müßig.

(aus: Leo Schwarz, Gerda Dominicus-Schleutermann: Lernen, an das Unmögliche zu glauben, Hrsg. Misereor, 1999, S. 42 ff., verändert)

In einem bescheidenen Neubau in Dakka, der Hauptstadt von Bangladesch, treffen sich Weltbankexperten und ausländische Spitzenpolitiker. Sie wollen sich über die Arbeitsweise dieser Bank informieren. Die Bank vergibt im ländlichen Bangladesch vor allem an Frauen Kredite bis zu umgerechnet 250 Euro. Damit können sich die Frauen eine eigene Existenz aufbauen.

Viele Kreditnehmerinnen schaffen den Sprung aus der Armut. Das Erstaunliche ist, dass praktisch alle Mitglieder ihre Kredite zurückzahlen. Seit Jahren schwanken die Rückzahlungsquoten um 98 Prozent.

Die Mitarbeiter der Bank gehen zu den Armen in die Dörfer und bieten ihnen Kredite an.
Sie setzen voraus, dass sich die Armen zu je fünf Frauen zusammenschließen. Die Mitglieder müssen füreinander bürgen. Und das ist wichtig: Die Gruppen setzen sich aus Menschen zusammen, die einander kennen und vertrauen. Damit nehmen sie der Bank die Kontrolle der Rückzahlungen ab.

247.1 *Frauen bauen sich eine eigene Existenz auf: zwei Näherinnen in Bangladesch*

1. Wie konnte Baru Begum der Hoffnungslosigkeit entkommen?
2. Beschreibe einzelne Abschnitte ihres Lebens.
3. Was unterscheidet Nagammas (s. S. 244), Rahminas (s. S. 245) und Barus Leben? Leg eine Tabelle an.
4. Schildere das Konzept der Grameen Bank.

TRIO-Methode: Wir zeichnen ein Kurvendiagramm

Das Bevölkerungswachstum in den Industrieländern ist fast zum Stillstand gekommen. In einzelnen Ländern wie z. B. der Bundesrepublik Deutschland geht die Zahl der Menschen trotz Einwanderung sogar zurück.

Ganz anders in den Entwicklungsländern, außer in China. Das weltweite Bevölkerungswachstum findet zu 99 % in diesen Ländern statt. Vor allem in den ärmsten Ländern der Welt ist das Wachstum überdurchschnittlich groß. Und diese Länder liegen vor allem in Afrika. Z. B. haben Frauen in Äthiopien im Durchschnitt sieben Kinder.

Durchschnittlich bekommen die Frauen in den Entwicklungsländern 3,6 Kinder. In den Industrieländern liegt dieser Durchschnitt bei 1,6.

Tabellen sind oft wenig anschaulich und schwer zu verstehen.
Um ihre Bedeutung erfassen zu können, ist es sehr hilfreich, sie grafisch darzustellen.

Zeitliche Entwicklungen kannst du durch ein **Kurvendiagramm** am besten darstellen.

Bevölkerungswachstum (in Mrd)

Jahr	Welt
0	0,3*
1500	0,5*
1750	0,8
1804	1,0
1850	1,3
1900	1,7
1927	2,0
1950	2,5
1974	4,0
1987	5,0
1999	6,0
2012	7,0*
2026	8,0*
2043	9,0*

* Schätzung

Quelle: Deutsche Stiftung Weltbevölkerung und UNO, gerundet

248.1

Wie gehst du vor?

1. Vorbereitung

Besorge dir Millimeterpapier. Darauf lassen sich Messpunkte genau festlegen.
Du brauchst außerdem ein Lineal, einen spitzen schwarzen Stift und einen Farbstift.

2. Durchführung

Zuerst zeichnest du eine waagerechte Achse von 23 cm Länge. Unterteile sie durch kurze Striche im Abstand von 1 cm. Ihre Beschriftung beginnt mit 0.

Jede Unterteilung steht für ein Jahrhundert. Zeichne durch den Punkt für das 21. Jahrhundert eine Hochachse von 21 cm Höhe. Auch sie wird in Zentimeterabstände unterteilt (2 cm = 1 Mrd Menschen).

Nun überträgst du die Werte der Tabelle für jede einzelne Jahreszahl in die Grafik und markierst sie mit einem Punkt.

Dazu suchst du zunächst auf der Waagerechten das Jahr. Von hier aus gehst du senkrecht nach oben bis zum entsprechenden Wert der Bevölkerungsskala. Markiere diesen Punkt.

Verfahre mit den weiteren Werten genauso. Dann verbinde alle Punkte zu einer Kurve.

Übertrage die Kurve und zeichne sie nach 248.1 auf ein Blatt Millimeterpapier zu Ende.

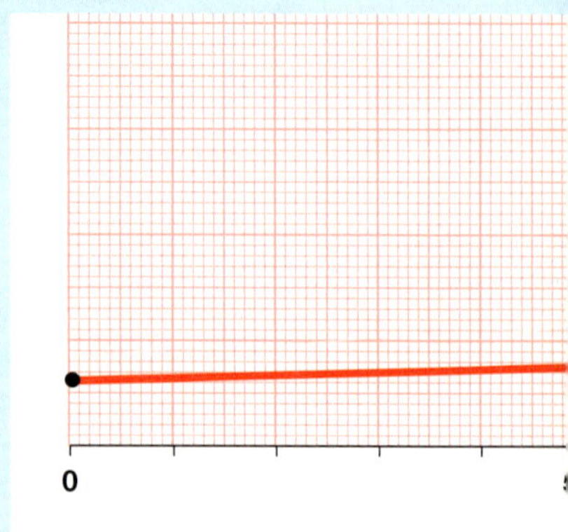

3. Auswertung

Zeige auf,

- wie viele Jahre es jeweils dauert, bis die Zahl der Menschen sich verdoppelt.
- wie lange es dauert, bis eine weitere Milliarde Menschen hinzukommt.

Beschreibe nun den Kurvenverlauf für die Zeitabschnitte

- bis 1500,
- 1500 bis 1800,
- 1800 bis 2043.

Der Verlauf der Kurve macht deutlich, warum das Wachstum der Menschheit als „Bevölkerungsexplosion" bezeichnet wird. Erkläre in eigenen Worten.

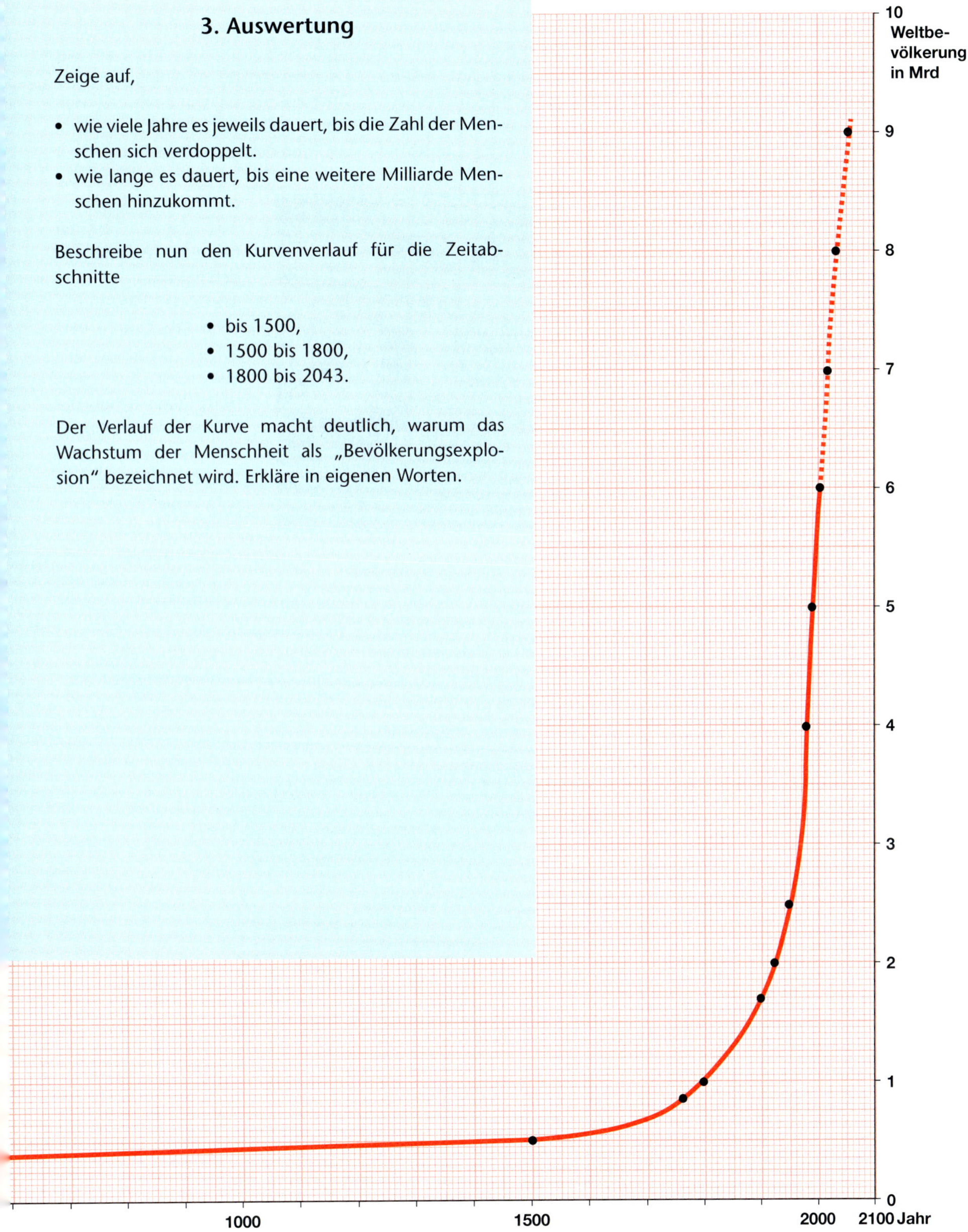

Globale Probleme – Folgen des Bevölkerungswachstums

Eine Familie in den Slums von Lima

In einem Slum am Stadtrand von Lima hausen Pedro und Maria und ihre vier Kinder. Aus Holz-, Eisen- und Pappeteilen haben sie sich eine Hütte gebaut. Sie besitzen ein Bett, einen Tisch, ein Radio und zwei Bänke. Auf einem kleinen Ofen wird gekocht. Töpfe können sie sich nicht leisten. Sie kochen in Blechbüchsen aus dem Müll. Es gibt keine Toilette und keine Elektrizität.

Die Mutter und ihre älteste Tochter holen das benötigte Trinkwasser in Eimern von einer öffentlichen Wasserstelle, die fünfhundert Meter entfernt ist.

Pedro und Maria sind Indianer und stammen aus einem Bergdorf. Keiner von beiden hat die Grundschule abgeschlossen. Vor etwa vier Jahren kamen sie mit zwei Kindern nach Lima in der Hoffnung, Arbeit und Schulen zu finden.

Pedro und Maria möchten ihr Haus mit Ziegeln und Zement neu bauen und es im Laufe der Zeit wie ihre Nachbarn mit Elektrizität, fließendem Wasser und einer Toilette ausstatten. Die beiden ältesten Kinder besuchen die örtliche Gemeindeschule, die unlängst mit Mitteln einer Hilfsorganisation gebaut wurde. Pedro arbeitet als Gelegenheitsarbeiter in der Bauwirtschaft. Die Arbeit ist unsicher. Es gibt Zeiten, in denen er jede Arbeit annehmen muss. Seine Frau macht sich Sorgen, dass er bei der Arbeit verletzt werden könnte wie einige seiner Arbeitskollegen. Dann könnte er vielleicht nicht mehr arbeiten und sie würden dennoch keine Rente erhalten. Zweimal pro Woche verdient Maria etwas durch Waschen bei einer wohlhabenden Familie.

Maria hat alle häuslichen Arbeiten zu verrichten. Ist sie für längere Zeit aus dem Haus, dann gehen die beiden ältesten Kinder zum Vormittags- bzw. Nachmittagsunterricht in die Schule. Ihre Unterkunft darf nicht unbeaufsichtigt bleiben, denn seit einiger Zeit kommen in der Nachbarschaft viele Einbrüche vor.

(aus: Weltentwicklungsbericht 1990, Die Armut, Hrsg. Weltbank Washington, S. 30, verändert)

250.1 *Slum in Lima*

250.2 *Land-Stadt-Wanderung in Entwicklungsländern*

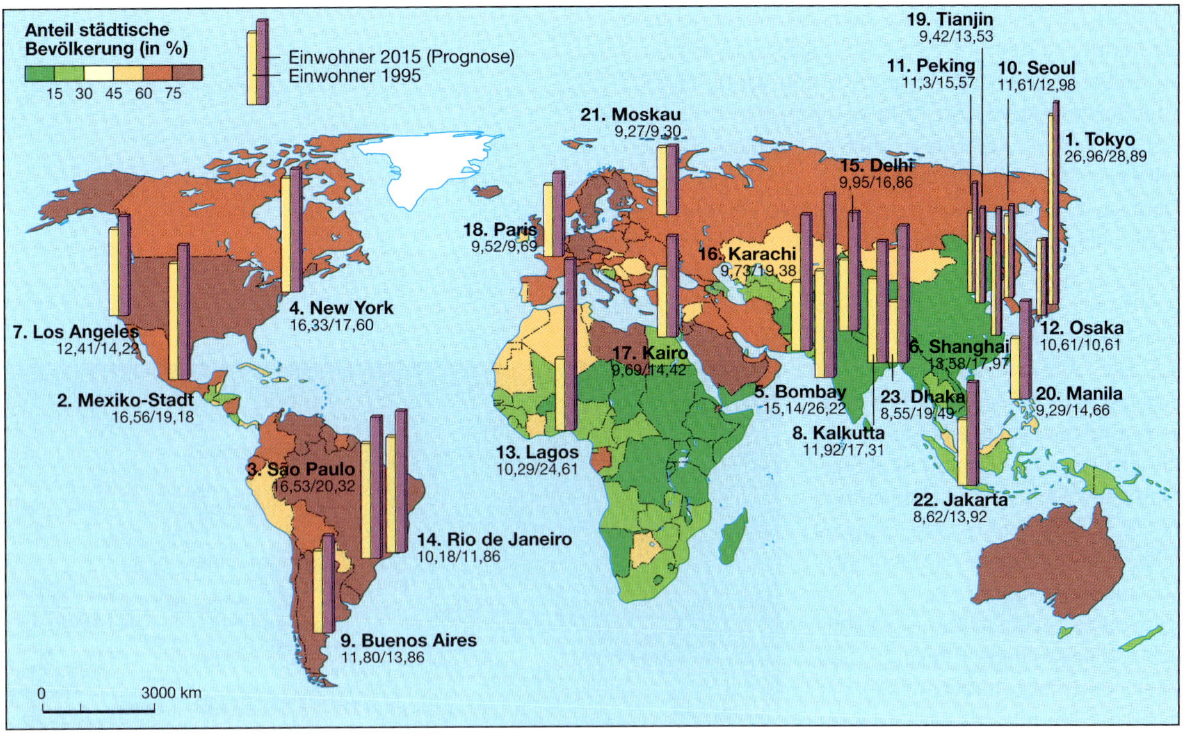

251.1 Megastädte

Der Begriff „Megastädte“ steht für Städte mit rund zehn Millionen Einwohnern. Heute gibt es 14 Megastädte (s. Karte 251.1).
Die Stadtbevölkerung wächst immer schneller. Die meisten Menschen hoffen, in der Stadt besser zu leben als auf dem Land. Weitere Gründe sind:
Bevölkerungswachstum, Landmangel, Armut und Umweltzerstörungen.

Doch oft leben die Landflüchtlinge in den Slums noch schlechter als in ihren Dörfern. Die meisten der neuen Stadtbewohner gehören zu den Ärmsten der Armen.
Dieses stetige Wachstum stellt die Städte vor unübersehbare Probleme. Freien Siedlungsraum finden Zuwanderer fast nur noch auf gefährdeten Flächen wie z. B. steile, durch Erdrutsch bedrohte Hänge, sumpfige oder feuchte Senken oder hochwassergefährdete Uferrandzonen. Die selbst gebauten Hütten aus Abfallmaterialien bieten nur wenig Schutz gegen die auftretenden tropischen Stürme und Überschwemmungen.
Die Umweltverschmutzung nimmt lebensgefährdende Ausmaße an.

1. Gib das Leben der Familie von Pedro und Maria (Seite 250) in eigenen Worten wieder. Welche Hoffnungen hat sie?
2. Vergleiche Probleme und Hoffnungen der Menschen, die auf dem Land (S. 246) und die in einem Slum (S. 250) leben (Tabelle!).
3. Benenne die Gründe (250.2 und Text S. 250) für die Land-Stadt-Wanderung.
4. Stell tabellarisch die Megastädte der Jahre 2002 und 2015 mit Einwohnerzahlen zusammen.

Auf den Straßen Neu-Delhis herrscht ein ungeheures Gedränge. Fußgänger, Autos, Fahrräder und Motorroller. Es geht nur im Schritttempo voran. Unbeschreiblicher Benzingestank vermischt sich mit dem beißenden Geruch von verwesendem Müll. Die andere Straßenseite verschwindet im Smog.

Familien quälen sich durch den tosenden Verkehr. Meist sitzen alle auf einem Motorroller. Der Vater fährt, der kleine Sohn steht zwischen seinen Beinen. Auf dem Hintersitz die Mutter mit zwei Kleinkindern auf dem Schoß. Alle haben Gasmasken aus Plastik auf. Das ist ungewöhnlich.

Gasmasken verkaufen sich schon seit Längerem gut in einer Stadt wie dieser. Denn die Atemluft ist ein gefährliches Gemisch aus Kohlenmonoxid, Ozon, Stickoxiden, Schwefeldioxid und anderen gesundheitsschädigenden Gasen.

In anderen Megastädten ist es ähnlich. Mexiko-Stadt, Peking, São Paulo und Kairo haben neben der indischen Hauptstadt die ungesündeste Atemluft, den giftigsten Smog.

Die Menschen in den Megastädten leiden schon heute an Herz-, Kreislauf- und Atemwegserkrankungen, verursacht durch Schadstoffe in der Atemluft.

In Kairo z. B. enthält die Atemluft fünf- bis sechsmal so viel Blei wie normal. Folge: Der Bleigehalt im Blut der Kinder liegt drei- bis fünfmal so hoch wie bei Kindern aus ländlichen Gebieten Ägyptens.

252.1 Dichter Verkehr in Indien

1. Suche die genannten Städte im Atlas und schreibe auf, in welchen Ländern sie liegen.
2. Erstell für zwei dieser Länder mithilfe eines aktuellen Jahrbuchs ein Länderinfo (s. S. 135.1).
3. Informiere dich über Smog. Notiere die wichtigsten Informationen.
4. Wann gibt es bei uns Smog? Welche Maßnahmen werden dann ergriffen?

Immer mehr Menschen müssen ernährt werden. Der Boden ermöglicht die Erzeugung von Nahrungsmitteln. Er ist deshalb ebenso kostbar wie Luft und Wasser. Aber die Menschen belasten und schädigen ihn überall auf der Welt.

- In China gehen jährlich eine Million Hektar Ackerland durch Straßenbau, Industrieansiedlung und Wachstum der Städte verloren. Die USA vernichten jährlich aus gleichem Grund 400 000 Hektar, die Bundesrepublik Deutschland 50 000 Hektar.
- **Überdüngung** belastet die Böden und schädigt Grundwasser, Flüsse, Seen und Meere.
- Industrieländer verursachen „**sauren Regen**". Dieser führt zur Übersäuerung von Böden – eine der Ursachen der Waldschäden.
- Schadstoffe aus **Spritzmitteln** der Landwirtschaft vergiften den Boden. Sie gelangen oft in die Nahrung und schädigen die Gesundheit.
- Schwere landwirtschaftliche Maschinen, **Abholzung** und **Viehtritt** zerstören den Boden.
- Millionen von Menschen verlieren durch **Wüstenbildung** ihre Existenzgrundlage. Sie müssen ihre angestammten Lebensräume verlassen (Umweltflüchtlinge).

253.1 Bodenzerstörung durch zu starke Nutzung und Abholzung

253.2 Bodenbelastung durch zu starke Düngung

1. *„Boden ist ebenso kostbar wie Luft und Wasser."* Begründe.
2. Wie kann Boden zerstört oder geschädigt werden?
3. Liste weltweite Umweltbelastungen mithilfe einer thematischen Karte aus dem Atlas auf. Ordne sie Industrieländern und Entwicklungsländern zu.

Fischsterben in der indonesischen Hauptstadt Jakarta. Tausende verwesender Fische treiben im rostbraunen Wasser verdreckter Flussarme.
Im scharfen Kontrast zu den supermodernen Bürotürmen der City wuchern entlang der Wasserwege riesige Elendsquartiere: Hütten aus Pappkarton, Blech und Sperrholz. Tonnenweise Unrat, Kot und anderer Dreck aus den schnell wachsenden Slums werden täglich in den Fluten versenkt. Sanitäre Einrichtungen, Trinkwasserversorgung und Müllabfuhr gibt es hier nicht. Der Gestank ist unerträglich.

Aus der stinkenden Brühe der Flüsse kommt der größte Teil des Leitungswassers. Es ist nicht nur durch Chemikalien, Abfall und andere Schadstoffe vergiftet. Auch gefährliche Krankheitserreger verseuchen es. Relativ sauberes Wasser fließt nur aus den Hähnen in den Wohnvierteln der Reichen.

In Jakarta hat über die Hälfte der Einwohner kein fließendes Wasser. Gutes Wasser wird literweise verkauft und ist teurer als Benzin.
Der Wasserverbrauch in Jakarta wird bis zum Jahr 2015 um das Sechsfache steigen. Dann hausen 15 Millionen Menschen in der Megastadt.

254.1 Wassernotstand

In den Entwicklungsländern werden über 90 % der Haushalts- und 70 % der Industrieabwässer ungeklärt in Oberflächengewässer eingeleitet.

1. Suche Jakarta im Atlas.
2. Nicht jeder Mensch in Jakarta hat Zugang zu „sauberem Trinkwasser“. Was bedeutet das für das Leben der Menschen?
3. *„Wasser ist das wichtigste Lebensmittel.“* Erläutere diesen Satz.
4. Stell die Probleme dar, die sich aus dem Wassermangel ergeben können.

In den USA verschwenden die Menschen kostbares Trinkwasser. Die ausreichende Versorgung damit ist selbst für die Bewohner der Wüstenstadt Las Vegas kein Thema. Dabei gibt der Colorado-River längst nicht mehr genügend Wasser für das Spielerparadies her.

Aber auch in Europa reicht das Trinkwasser nicht mehr. Nach einer Studie der UNO werden Polen, die Ukraine und Rumänien, Bulgarien, Griechenland, Ungarn, Türkei und Luxemburg ab 2050 Wasserknappheit haben.

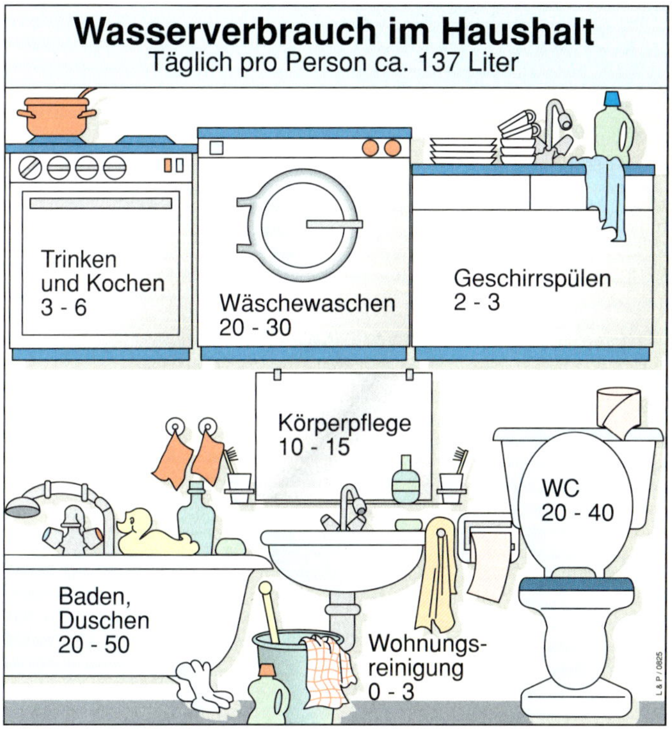

255.1

Wasserverbrauch weltweit (in 1000 km³)				
Jahr	**Haushalte**	**Industrie**	**Landwirtschaft**	**Total**
1900	0,05	0,12	0,48	0,65
1920	0,06	0,15	0,66	0,87
1940	0,07	0,18	0,84	1,09
1960	0,09	0,33	1,32	1,74
1980	0,18	0,66	2,01	2,85
2000	0,5	0,78	2,46	3,74

Quelle: Unesco

255.2

Seit dem 19. Jahrhundert hat sich die Weltbevölkerung verfünffacht. Der Wasserverbrauch ist im selben Zeitraum um das Zehnfache gestiegen. Immer mehr Regionen sind darauf angewiesen, sich mit den Nachbarn über die Nutzung des Wassers zu einigen. Ägypten ist ein Paradebeispiel. 60 Millionen Menschen müssen mit Wasser versorgt werden. Nur drei Prozent des Bedarfs können aus eigenen Quellen gedeckt werden. Der Rest wird aus dem Nil genommen. Riesige Anbauflächen sind auf künstliche Bewässerung angewiesen. Die Bevölkerung wächst alle neun Monate um eine Million Menschen.

Äthiopien und der Sudan wachsen ebenfalls. Sie brauchen auch mehr Wasser aus dem Nil. Aus dem Gebiet Äthiopiens kommen vier Fünftel des gesamten Wassers. Es wird nach Schätzungen den Ägyptern 16 % ihres Wassers wegnehmen müssen. Hier liegt erheblicher Zündstoff für Spannungen.

Wir können wochenlang ohne Nahrung leben. Aber ohne Wasser überleben wir nicht länger als fünf oder sechs Tage.

1. Welche Folgen hat Wassernotstand?
2. Berechne nach 255.1 den Wasserverbrauch für deinen Haushalt im Monat und im Jahr.
3. Ist es deiner Meinung nach notwendig, Wasser zu sparen?
4. Stell die Tabelle 255.2 als Kurvendiagramm dar. Runde dabei die Zahlen. Vergleiche mit dem Wachstum der Weltbevölkerung (S. 248/249).

Was können wir tun?

Zur Lage der Menschheit

Die Landwirtschaft braucht Ackerland und Wasser. Für den Bau von Wohnungen werden Land und Baustoffe, für das Kochen und Heizen Brennstoffe benötigt. Autos verbrauchen Benzin und Öl, also Energie.
Die Menschen verbrauchen die natürlichen Vorräte auf unserer Erde. Die meisten Aktivitäten der Menschen erzeugen Abfälle, die Luft, Boden und Wasser unterschiedlich schädigen.
Heute leben bereits über sechs Milliarden Menschen auf der Erde – und es werden immer mehr.

256.1 Zeitbombe Mensch

Wir müssen endlich handeln!

Wir verschwenden den Reichtum der Erde. Ein Kind, das heute in einem reichen Industriestaat des Nordens geboren wird, konsumiert im Laufe seines Lebens mehr als 50 Kinder in den Entwicklungsländern. Gleiches gilt für die Verschmutzung der Umwelt.
Durch unseren Konsum zerstören wir die Umwelt und tragen zur Verschlechterung des Klimas auf der Erde bei.

Im armen Süden bedroht das Wachstum der Bevölkerung die Lebensgrundlagen.

Was ist also zu tun?

(Locher, Andreas in: Deutsche Welthungerhilfe (Hrsg.). Einige sind gleicher, o. J.)

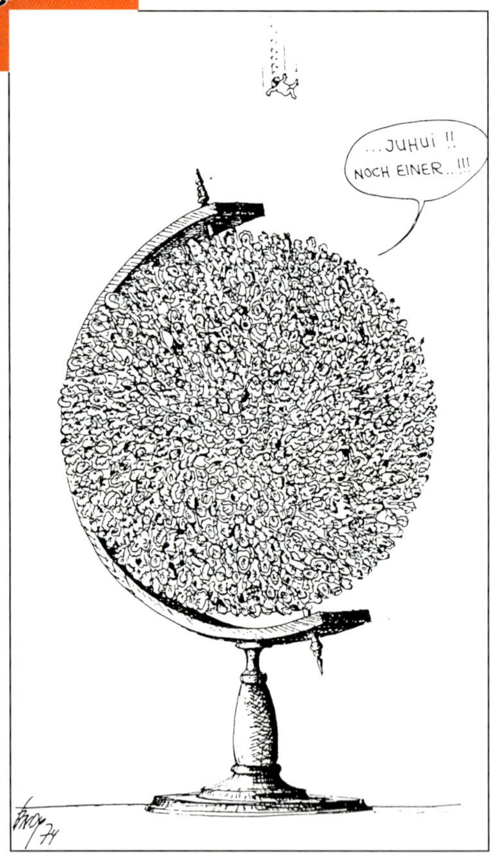

256.2 Juhu!! Noch einer ...!!!

1. Schreib gemeinsame und unterschiedliche Aussagen der beiden Karikaturen auf.
2. Beschreibe die Lage der Menschheit in eigenen Worten.
3. Was muss sich am Verhalten der Menschen ändern, damit unsere Erde erhalten bleibt?

Lösungswege

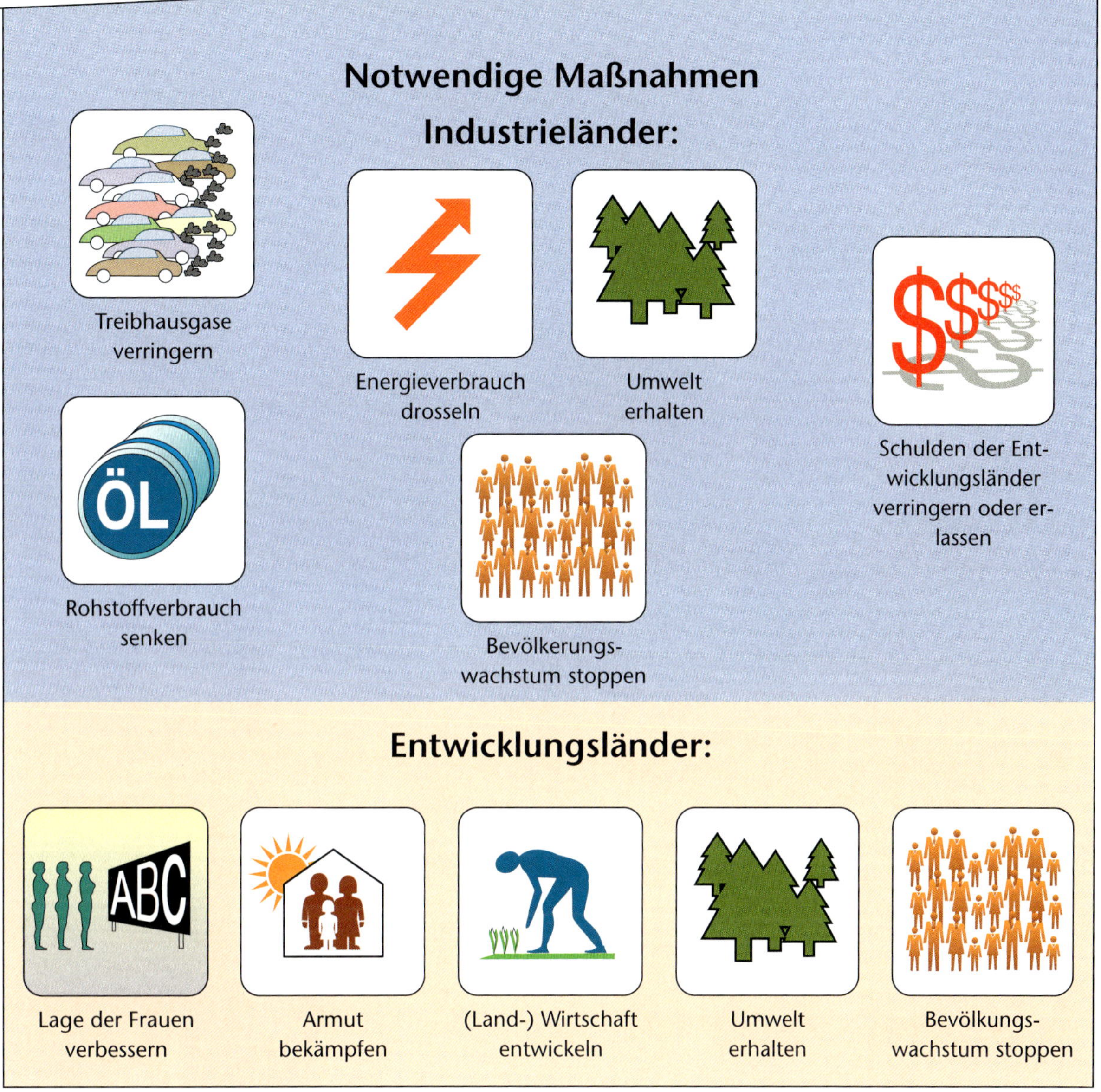

257.1

1. Bildet Gruppen für Industrie- und Entwicklungsländer. Überlegt, wie die notwendigen Maßnahmen verwirklicht werden können.
2. Entwickelt Forderungen an die jeweils andere Gruppe, die sich aus diesen Maßnahmen ergeben.
3. *„Das Ziel, die Erde lebenswert zu erhalten, kann nur gemeinsam erreicht werden."* Entwickelt zu dieser Aussage gemeinsame Vorstellungen oder Lösungsmöglichkeiten.
4. Welche Handlungsmöglichkeiten hast du, hat deine Klasse oder Schule, selbst zu helfen? Denk an Patenschaften, Schulbasar oder Spenden.

Hunger – die Natur als Ursache?

258.1 Hungernde Kinder in Afrika: Auf der Suche nach Ameisen als Nahrung

Überall auf der Welt hungern Menschen. Bei ihrem täglichen Überlebenskampf durchwühlen sie z. B. Mülltonnen nach Nahrungsresten, essen die Blätter von Bäumen und Büschen oder sammeln Ameisen wie die Kinder auf dem Bild.
Sie werden nicht satt, obwohl weltweit genügend Nahrungsmittel für alle Menschen erzeugt werden.

Warum ist das so?

Hunger – ein weltweites Problem

Vincent kommt ans Mali. Als er drei Jahre alt war, reichte das Essen selten für alle fünf Geschwister aus. Er wurde krank. Es war nicht sicher, ob er überleben würde. Doch er hatte Glück: In diesem Jahr hatte es ausreichend geregnet und die Ernte des Dorfes war gut.
Nach einigen Monaten war Vincent wieder kräftig genug, um mit den anderen Kindern zu spielen.

Wie die meisten Menschen in Mali lebt Vincents Familie fast ausschließlich von Hirse. Darum fehlen den Kindern viele lebenswichtige Nährstoffe.

So wie die Familie von Vincent kann ein großer Teil der Weltbevölkerung von rund 6 Milliarden Menschen (2001) den täglichen Nahrungsbedarf nicht immer sicherstellen.

Nach Schätzungen der Welternährungsorganisation der UNO FAO *(= Food and Agriculture Organization of the United Nations)*

- leiden rund 800 Millionen (Mio) Menschen unter chronischem Hunger oder sind akut hungergefährdet,
- ist nahezu ein Drittel aller Kinder im Alter unter 5 Jahren unterernährt,
- sterben täglich ca. 24 000 Menschen an Hunger.

260.1 *Karikatur*

Fast täglich erreichen uns Berichte über Hungerkatastrophen in verschiedenen Teilen der Erde. Auf der anderen Seite sehen wir bei uns überquellende Regale mit Lebensmitteln in den Supermärkten.

Weltweit werden genügend Nahrungsmittel erzeugt, um alle Menschen ausreichend zu ernähren. Das Problem ist die ungleiche Verteilung. In den Haupterzeugerländern (u. a. in Nordamerika und in der EU) gibt es die Nahrung im Überfluss. Nicht verbrauchte Nahrungsmittel werden in großen Mengen gelagert oder oft sogar vernichtet.

Unter dem Hunger haben vor allem die Menschen in den **Entwicklungsländern** zu leiden.

Aber auch in den **Industrieländern** gibt es viele, die hungern. Sie haben nicht so viel Geld, um sich genügend Lebensmittel zu kaufen.

Der Nahrungsbedarf eines Menschen richtet sich nach seinem täglichen Energieverbrauch. Er wird in Kilojoule (kJ) gemessen. Als ausreichender Energiebedarf wird eine tägliche Ration von ca. 10 000 kJ und 70 Gramm Eiweiß angesehen. Kann diese nicht sichergestellt werden, leiden die Menschen an **Unterernährung**.

261.1 Mangelernährte Kinder in Afrika. Der ständige Eiweißmangel führt zu einer Wasseransammlung im Bauch („Hungerbauch").

In vielen Ländern ernähren sich die Menschen einseitig. Sie haben oft nur ein Hauptnahrungsmittel, meistens Getreide. So fehlen dem Körper die notwendigen Nährstoffe (Eiweiß, Fett, Kohlehydrate), Vitamine oder Mineralstoffe. Unterernährung oder **Mangelernährung** führt zu geschwächter körperlicher und geistiger Entwicklung sowie zur Anfälligkeit gegen Infektionskrankheiten.

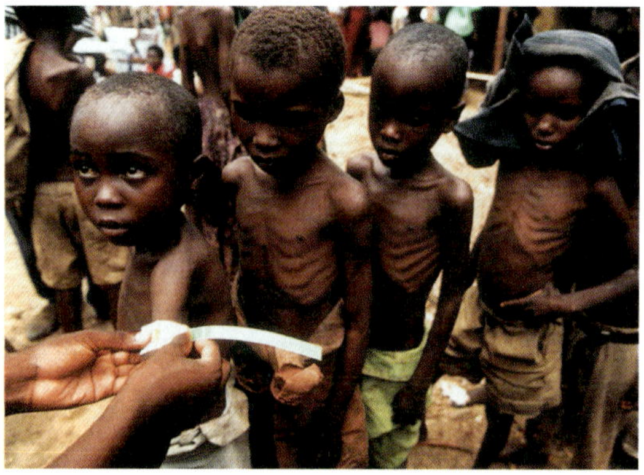

261.2 Unterernährte Kinder im Sudan

Ständiger Hunger verursacht den Menschen körperliche Qual. Der Nahrungsmangel führt zu einer dramatischen Selbstverzehrung des Körpers: Der Organismus vertilgt allmählich seine eigenen Bestandteile – in der Reihenfolge ihrer Wichtigkeit.

Zunächst verbraucht er die Fettreserven und „verdaut" danach die Skelettmuskeln. Die Knochen werden weich und brüchig, weil Mineralstoffe fehlen. Der Körper verliert seine Abwehrstoffe. Die Menschen können bereits an leichten Krankheiten sterben.

Wer nur Wasser zu sich nimmt, kann 50 bis 70 Tage überleben. Kurz vor dem Tode werden die lebenswichtigen Organe aufgezehrt: Herz, Gehirn und Rückenmark.

	Verfügbare Nahrungsmenge in kJ pro Kopf und Tag		
	1970	**1990**	**2010***
Europa (Industrieländer)	13 300	14 200	14 600
93 Entwicklungsländer	8 800	10 200	11 400
Afrika südlich der Sahara	8 900	8 750	9 000

* geschätzt

Quelle: FAO

261.3 Verfügbare Nahrungsmenge

1. Erläutere die Karikatur (Abb. 260.1). Worauf will der Zeichner aufmerksam machen?
2. Unterscheide die Begriffe „Unterernährung" und „Mangelernährung".
3. Stell die Angaben in der Tabelle 261.3 in einem Kurvendiagramm dar.

Der Hungergürtel der Erde

Warum die Menschen in den einzelnen Ländern unter Hunger leiden, ist sehr unterschiedlich.

Ihr könnt in Gruppen in eurer Klasse Ursachen hierfür erarbeiten.

So geht ihr vor:

1. Entscheidet zunächst, welches Land des „Hungergürtels der Erde" (Abb. 262.1) ihr genauer unter die Lupe nehmen wollt.
2. Bildet Gruppen nach folgenden Gesichtspunkten:
   - Ausmaß und Auswirkungen des Hungers
   - Ursachen für den Hunger
   - mögliche Hilfen

3. Sammelt Material zu eurem Thema. Überlegt, wie ihr die Ergebnisse eurer Arbeit dokumentieren wollt (Vortrag, Plakat, Wandzeitung ...).
4. Sichtet das Material und wertet es aus.
5. Plant und erstellt das „Produkt" eurer Arbeit (Referat, Wandzeitung, Plakat ...).
6. Stellt die Ergebnisse eurer Arbeit vor.
7. Zum Abschluss: Besprecht eure Gruppenarbeit und die Ergebnisse (Was war gut, was hat euch weniger Spaß gemacht, nicht gefallen ...)

262.1 Der Hungergürtel der Erde

Tipps zur Materialbeschaffung

- Sachbücher, Lexika, Zeitungen und Zeitschriften
- Jugendbücher, die über das Schicksal von Kindern in Entwicklungsländern berichten
- Deutsche Stiftung für Internationale Entwicklung, Tulpenfeld 5, 53113 Bonn, www.dse.de
- Bundesministerium für wirtschaftliche Zusammenarbeit und Entwicklung, Friedrich-Ebert-Allee 40, 53113 Bonn, www.bmz.de
- Deutsche Welthungerhilfe, Adenauer-Allee 134, 53113 Bonn, www.welthungerhilfe.de
- Misereor, Mozartstr. 9, 52064 Aachen, www.misereor.de
- Brot für die Welt, Stafflenbergstr. 76, 70184 Stuttgart, www.brot-fuer-die-welt.de
- Entwicklungspolitik Online, www.epo.de

In den Kästen mit diesem Zeichen erhaltet ihr Anregungen und Tipps, wie ihr bei der Bearbeitung eures Themas vorgehen könnt:

- auf den Seiten 264 bis 271 zur Sammlung, Sichtung und Auswertung von Informationen
- auf den Seiten 272 bis 277 zur Präsentation eurer Gruppenergebnisse.

Als Beispiel ist das Land Mali gewählt. Die dargestellte Vorgehensweise ist natürlich auch auf andere Länder übertragbar.

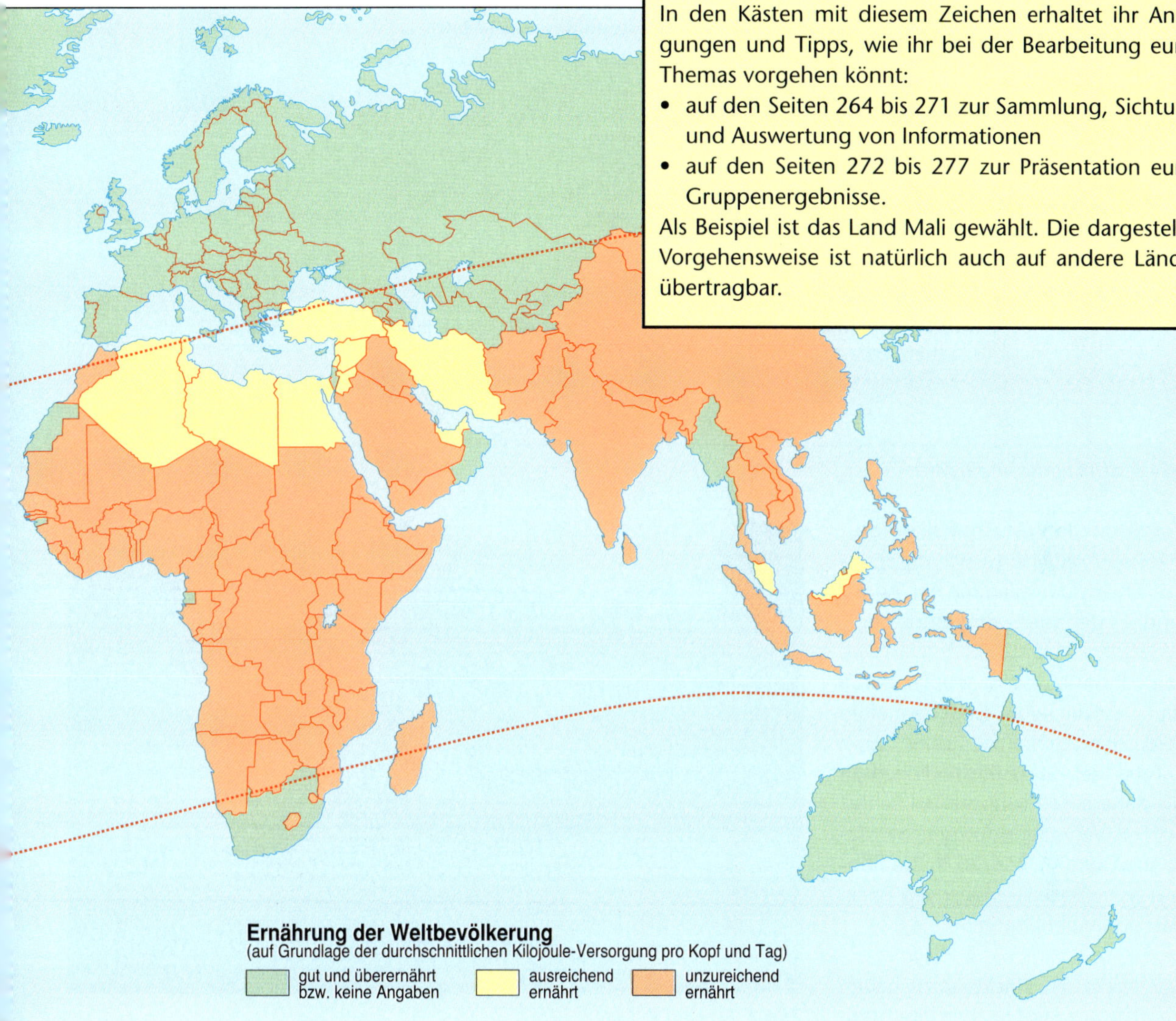

Ernährung der Weltbevölkerung
(auf Grundlage der durchschnittlichen Kilojoule-Versorgung pro Kopf und Tag)

1. Schreibe mithilfe eines Atlasses die Namen von jeweils zehn Ländern auf, in denen die Menschen
   – gut und überernährt sind,
   – unzureichend ernährt sind.
   Fertige dazu jeweils eine Tabelle an (Beispiel):

Staaten, in denen die Menschen gut und überernährt sind

Staat	Hauptstadt	Kontinent

2. Beschreibe die Verbreitung des Hungers auf der Erde.
3. In welchem Kontinent gibt es besonders viele Staaten mit unzureichend ernährten Menschen?

Mali – ein Staat im Hungergürtel der Erde

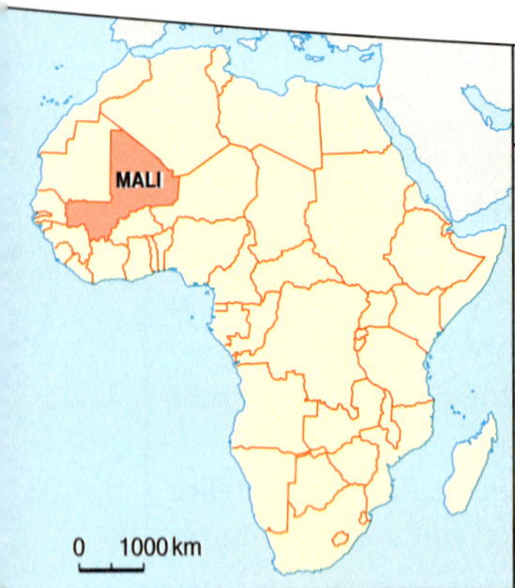

Mali *(Westafrika)*, Republik Mali; République du Mali

Fläche:	1 240 102 km², davon 2 % Ackerland, 25 % Weiden, 7 % Wald
Bevölkerung:	1961: 4,3 Mio, 2001: 11,1 Mio
Bevölkerungswachstum:	3,0 %
Einwohner/km²	9,4
Bevölkerungsverteilung:	Stadt: 30 %, Land: 70 %
Geburtenrate pro 1000 Einw.:	48,8
Sterberate pro 1000 Einw.:	18,7
Säuglingssterblichkeit pro 1000 Geburten:	121,4
Altersstruktur in %:	0–14 Jahre: 47, 15–64 Jahre 50, über 65 Jahre 3
Lebenserwartung in Jahren:	47,02
Erwerbstätige:	Landwirtschaft: 82 %, Industrie und Dienstleistungen: 18 %

(Quelle: CIA World Factbook 2001, Fischer Weltalmanach 2002)

264.1 *Strukturdaten von Mali*

Traditionelle Wirtschaftsformen

Die Republik Mali ist wie die meisten Entwicklungsländer ein Agrarland. Es gibt hier kaum Industrie.

Die Landnutzung ist jedoch durch die natürlichen Gegebenheiten stark eingeschränkt. Über zwei Fünftel der Staatsfläche liegen in der Sahara. Der restliche Teil gehört zu den Vegetationsformen der Savannen (vgl. S. 266/267). Traditionell betreiben die Menschen Hackbau und Viehhaltung.

Die sesshaften **Hackbauern** bauen immer nur so viel an, wie ihre Familien zum Leben und zum Tauschen gegen andere Güter benötigen *(Selbstversorgungswirtschaft)*.
Die wichtigsten Anbaupflanzen der Hackbauern sind Getreidearten wie Hirse oder Mais.

Wenn der Boden zu Beginn der Regenzeit aufgeweicht ist, wird er mit einer einfachen Hacke oberflächlich gelockert und anschließend eingesät.
Die Ernte muss spätestens mit dem Einsetzen der Trockenzeit beginnen, da sonst in kürzester Zeit alles vertrocknet.

264.2 *Ein Dorf in Mali*

Nach 3 bis 6 Jahren sind die Nährstoffe im Boden verbraucht. Die Felder werden für längere Zeit brachliegen gelassen und ein neues Feld bearbeitet.
Diese Art des Hackbaus wird auch Regenfeldbau genannt. Er ist jedoch nur dort möglich, wo mindestens 300 bis 400 mm Niederschlag fallen.

Nördlich davon liegen die Gebiete der **Wanderhirten**.
Es fällt hier nur wenig Regen. Trotzdem wachsen noch Gräser, Kräuter, Büsche und vereinzelt Bäume. Die Nomadenvölker, wie z. B. die Tuareg, ziehen in Gruppen mit ihren Viehherden (Kamelen, Schafe, Ziegen, Rinder) umher.

Ihr Überleben ist von den Weidemöglichkeiten und der ausreichenden Wasserversorgung des Viehs abhängig. Die Wanderungen gehen daher oft über Hunderte von Kilometern.

Die Nomadenstämme benutzten auf der Suche nach Weideplätzen

früher nur solche Brunnen, die sie selbst angelegt hatten. Andere Stämme durften hier ihre Herden nicht tränken. Die Zahl der Tiere, die sich von der spärlichen Vegetation ernähren musste, blieb dadurch beschränkt.

Dennoch wünschte sich jeder Nomade, möglichst viele Tiere zu besitzen. Das höchste Ansehen in der Gruppe hatte der Besitzer mit der größten Herde.

Es spielte dabei keine Rolle, ob die Tiere einen Nutzen erbrachten oder genügend Nahrung für sie vorhanden war.

265.2 Arbeit im Hirsefeld

265.1 Wandernde Hirten

1. Informiere dich über die Strukturdaten Deutschlands (siehe Info-Kasten). Vergleiche sie mit denen von Mali in Abb. 264.1.
2. Welche Besonderheiten weist Mali auf?
3. Fasse mit eigenen Worten die traditionelle Lebens- und Wirtschaftsweise der Hackbauern und der Wanderhirten zusammen.

Vor der Auswertung kommt die „Sichtung".
Prüft die Materialien, ob sie sich für die Erarbeitung eures Themas eignen. Ordnet sie dann den einzelnen Fragestellungen zu und arbeitet die brauchbaren Materialien durch.
Textinformation solltet ihr durch Bilder, Grafiken oder Diagramme veranschaulichen. Noch besser ist, wenn ihr eigene Zeichnungen, Grafiken oder Diagramme erstellt.

Tipps zur Materialbeschaffung Länderinformationen (Auswahl)

- Auswärtiges Amt, Werderscher Markt 1, 10117 Berlin; www.auswaertiges-amt.de/www/de/laenderinfos/index_html
- Information Dritte Welt: www.drittewelt.de
- CIA World Factbook: www.cia.gov/cia/publications/factbook
- Erdkunde Online: www.erdkunde-online.de
- Bücher: Fischer Weltalmanach, Harenberg Aktuell, Spiegel Almanach

Mali – ein Staat im Hungergürtel der Erde

Klima und Vegetation in Mali

Die klimatischen Bedingungen lassen nur auf etwa 2 % der Fläche Malis ganzjährigen Ackerbau zu. Das ist vor allem im Süden des Landes der Fall und im **Binnendelta** des Niger zwischen den Städten Segou und Timbuktu. In den übrigen Savannengebieten ist die Erntesicherheit durch stark schwankende Niederschläge eingeschränkt. Die jährlichen Niederschlagsmengen nehmen vom Süden des Landes nach Norden hin stark ab.

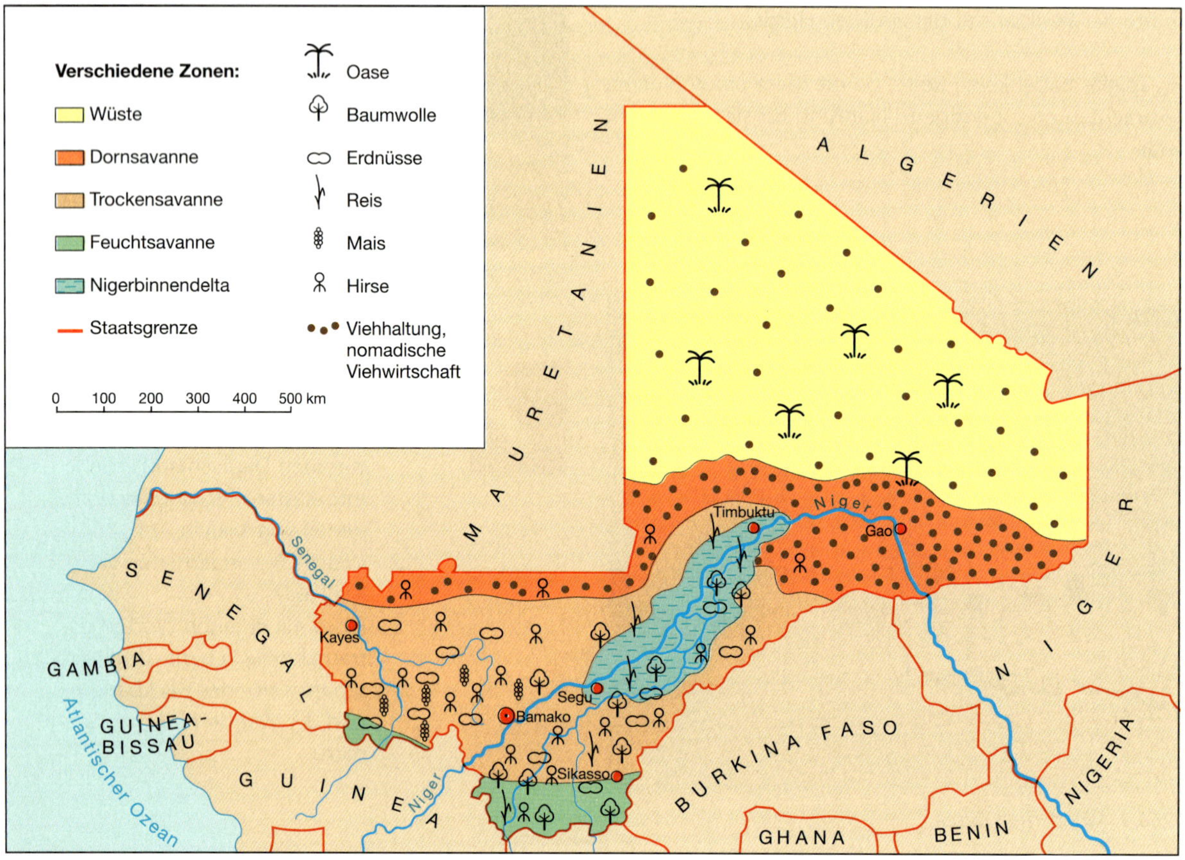

266.1 Vegetationszonen in Mali und landwirtschaftliche Nutzung

1. Werte die thematische Karte Abb. 266.1 aus:
   – Welche Vegetationszonen gibt es in Mali?
   – Welche Nahrungsmittel werden in den einzelnen Vegetationszonen angebaut?
   – In welchen Zonen befinden sich die Hauptanbaugebiete Malis, in welchen die Wandergebiete der Nomaden?
2. Wodurch wird die landwirtschaftliche Nutzung in Mali besonders beeinträchtigt?
3. Ordne die Fotos und die Klimadiagramme den Vegetationszonen in Mali zu.
4. Werte die Klimadiagramme aus:
   – Temperaturen, z. B.: Jahresdurchschnittstemperatur, Verlauf der Temperaturkurve, Temperaturunterschied zwischen dem wärmsten und dem kältesten Monat
   – Niederschläge, z. B.: Verteilung der Niederschläge über das Jahr, Anzahl der trockenen und feuchten Monate (Trockenzeit und Regenzeit)

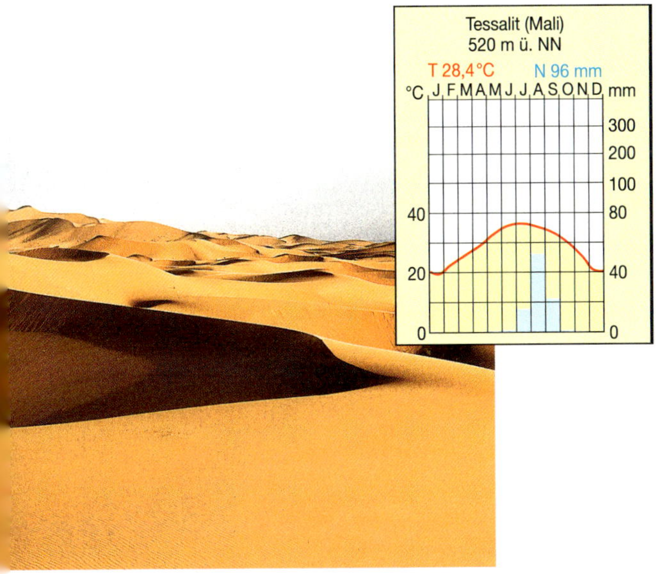

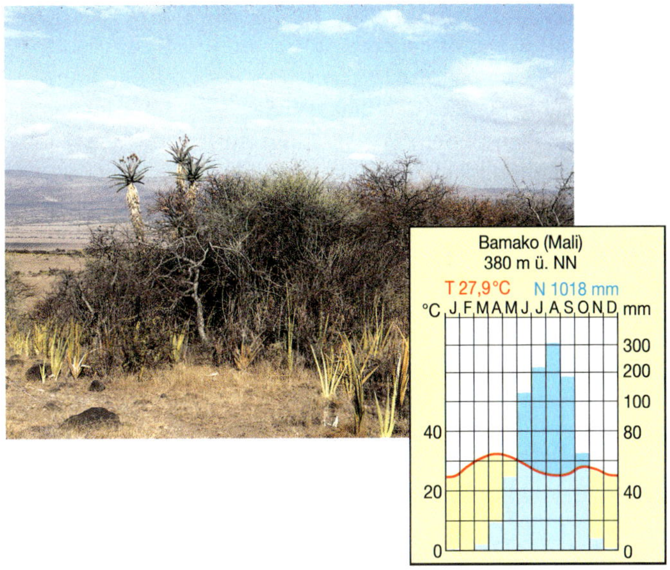

Zur Darstellung bestimmter Sachverhalte werden oft spezielle Karten angefertigt. Zeichen und Farben erläutern das „Thema" der Karte. Ihre Bedeutung ist in der Legende angegeben. Nach der Karte Abb. 266.1 könnt ihr herausfinden, welche Produkte in Mali in den verschiedenen Vegetationszonen angebaut werden.
Bilder und Klimadiagramme veranschaulichen die unterschiedlichen Zonen. Durch die Verbindung von Karte, Bild und Klimadiagramm können Zusammenhänge hergestellt werden, z. B. Pflanzenwuchs, Wachstumsdauer, Trockenheit. So lassen sich Rückschlüsse auf die mögliche landwirtschaftliche Nutzung ziehen.

Tipps zur Materialbeschaffung Klimaangaben (Auswahl)
Internet (Abrufdatum 15. 7. 2002)
- www.klimadiagramme.de oder
- www.worldclimate.com (Englisch)

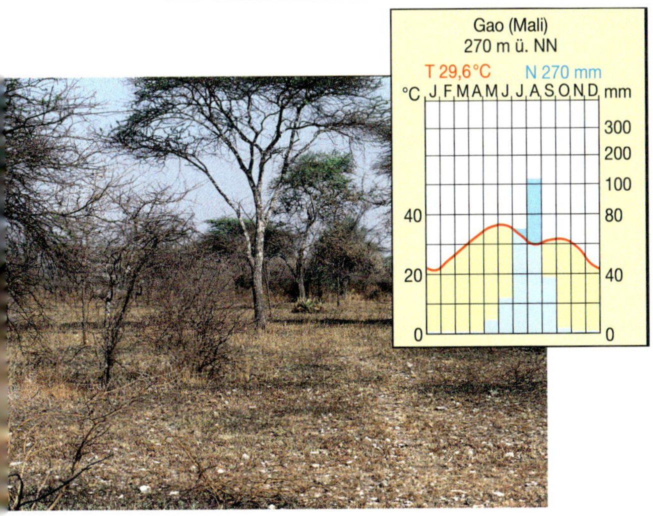

Mali – ein Staat im Hungergürtel der Erde

Menschen machen Wüsten

Der Staat Mali liegt in der **Sahelzone**. Das ist ein etwa 400 km breiter Übergangsraum zwischen der Sahara im Norden und den Savannen im Süden. Die West-Ost-Ausdehnung beträgt 5000 km. Rund 40 Millionen Menschen leben in dieser Zone. Sie haben ihre Lebensweise den schwierigen klimatischen Bedingungen des Raumes angepasst (vgl. S. 266/267). Sie müssen dabei immer wieder Dürrezeiten überstehen, da die Niederschläge in den einzelnen Jahren sehr schwanken.

In den letzten Jahrzehnten häuften sich die Dürren und Hungerkatastrophen in der Sahelzone.

Wie in keinem anderen Lebensraum der Erde sind die Menschen hier durch Hungerkrisen oder die Folgen chronischer Unterernährung bedroht.

Dazu trägt auch die veränderte Wirtschaftsweise der Menschen in diesem Lebensraum bei.

268.1 Die Sahelzone

Heute leben in der Sahelzone ungefähr doppelt so viele Menschen wie vor 20 Jahren. Es werden immer mehr Nahrungsmittel benötigt. Das Land wird daher intensiver bewirtschaftet.

Die Bauern verkürzen den Erholungszeitraum der Felder und bearbeiten den Boden in schnellerer Folge. Zusätzlich wurde der Ackerbau nach Norden ausgedehnt. Die Rodungen der Bauern und die intensive Nutzung der Flächen vernichten schließlich die Vegetation.

268.2 Wasserstelle in der Sahelzone

Hierzu trägt auch die **Überweidung** bei. Nach Schätzungen weiden in der Sahelzone mehr als doppelt so viele Tiere, wie diese ernähren kann. Ermöglicht wurde das u. a. durch den Bau von Tiefbrunnen, die tiefer liegende Grundwasserschichten zur Wasserversorgung nutzbar machten.

Die Herden bleiben nun in der Nähe weniger Brunnen. Zu viele Tiere weiden jedoch auf einer zu kleinen Fläche. Die Hufe zertrampeln alles in weitem Umkreis der Brunnen. Die Tiere fressen alles kahl. Der Boden verliert sein schützendes Pflanzenkleid. Die dünne fruchtbare Bodenkrume wird durch Regen und Wind ausgewaschen und abgetragen.

Die Wüste breitet sich aus.

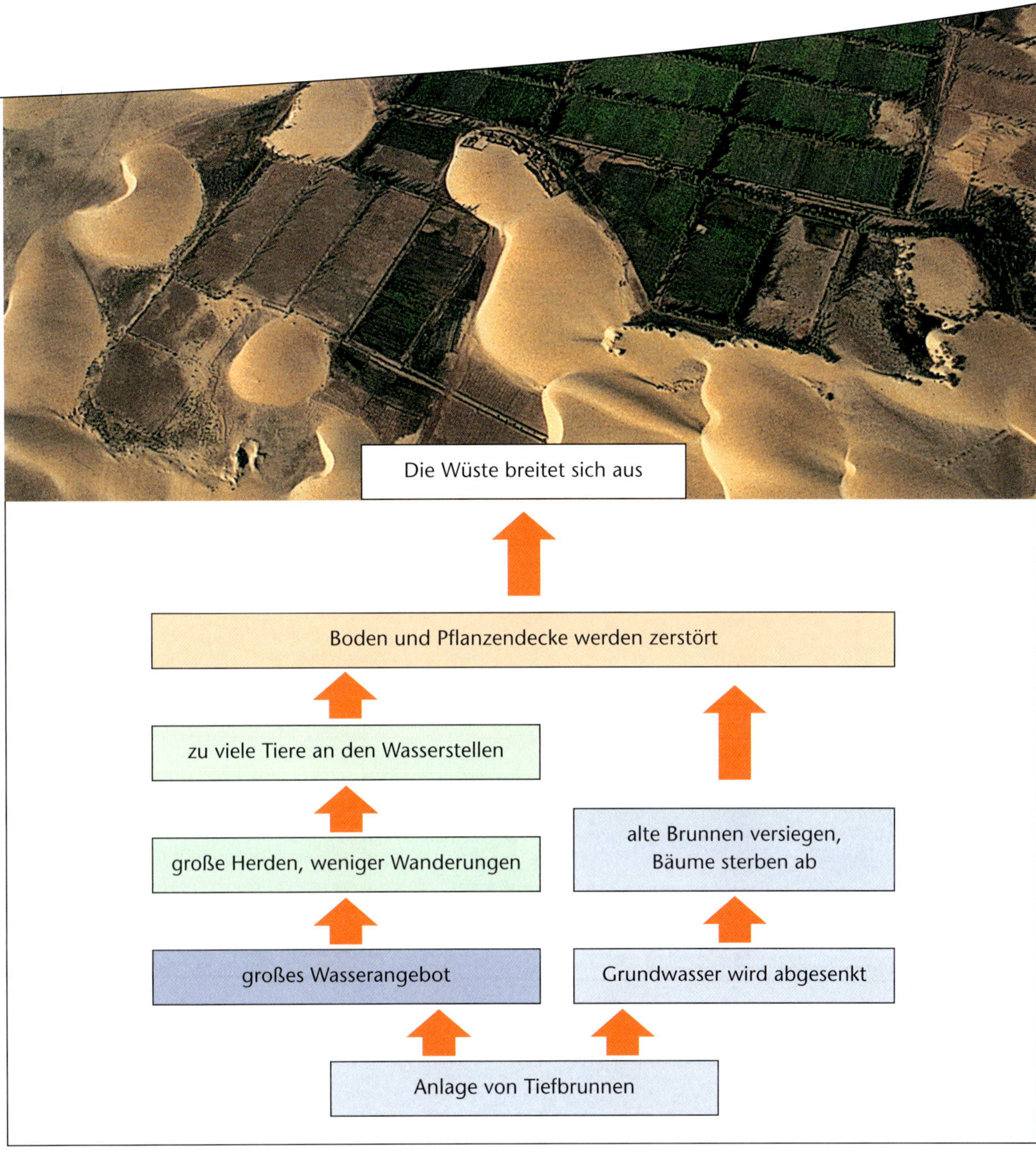

269.1 Schemazeichnung: Die Folgen von Tiefbrunnen in der Sahelzone

Das ökologische Gleichgewicht jedes geografischen Raumes ist immer von mehreren natürlichen Bedingungen abhängig. Wenn sich eine der Bedingungen ändert, oft durch Eingriffe der Menschen, verändert sich das gesamte Wirkungsgefüge. Die Prozesse laufen dabei sehr langsam ab. Daher solltet ihr versuchen, solche Abläufe zu veranschaulichen.
Eine Möglichkeit bietet die *Schemazeichnung*. Handlungen und Auswirkungen sind durch Pfeile verbunden, sodass die Zusammenhänge „lesbar" werden.

1. Schreibe die Namen von Staaten auf, die in der Sahelzone liegen.
2. Erläutere die Schemazeichnung Abb. 269.1.
3. Wie hat sich die Wirtschaftsweise der Menschen in der Sahelzone verändert? Vergleiche Seite 264 und 265.

Mali – ein Staat im Hungergürtel der Erde

Der Kolonialismus ...

Mali zählt heute zu den ärmsten Ländern der Welt. Das war nicht immer so. Mit dem Goldhandel hatte es das Mali-Reich vor rund 700 Jahren zu einem sagenhaften Reichtum gebracht.
Mit der Eroberung und Inbesitznahme Westafrikas durch die Araber und die Europäer seit dem 16. Jahrhundert wurde das ehemalige Mali-Reich zerstört. Das heutige Mali wurde im 19. Jahrhundert Teil des größten Kolonialreiches im nördlichen Teil Afrikas, das Frankreich errichtete.

Die Grenzziehung erfolgte ohne Rücksicht auf traditionelle Stammesgrenzen. Einzelne Völker wurden auf verschiedene Verwaltungseinheiten verteilt. Frankreich beutete die Kolonie rücksichtslos aus. Das Land wurde in Besitz genommen und je nach Bedarf enteignet.

Die traditionelle Selbstversorgungswirtschaft wurde immer weiter zurückgedrängt. Die Geldwirtschaft löste den Tauschhandel ab. So waren immer mehr Menschen zur Lohnarbeit in den Plantagen der Großgrundbesitzer gezwungen.
Die Wirtschaft Malis wurde zugunsten der Kolonialmacht rigoros umgestaltet. Auf den besten Böden wurden Plantagen angelegt. Hier pflanzte man Baumwolle, Erdnüsse und Reis an und exportierte die Waren nach Frankreich.

Das Jahr 1960 brachte Mali die politische Unabhängigkeit. Unter den Folgen der Kolonialzeit muss das Land heute noch leiden.

270.1 Die Ausbeutung der Afrikaner, Karikatur

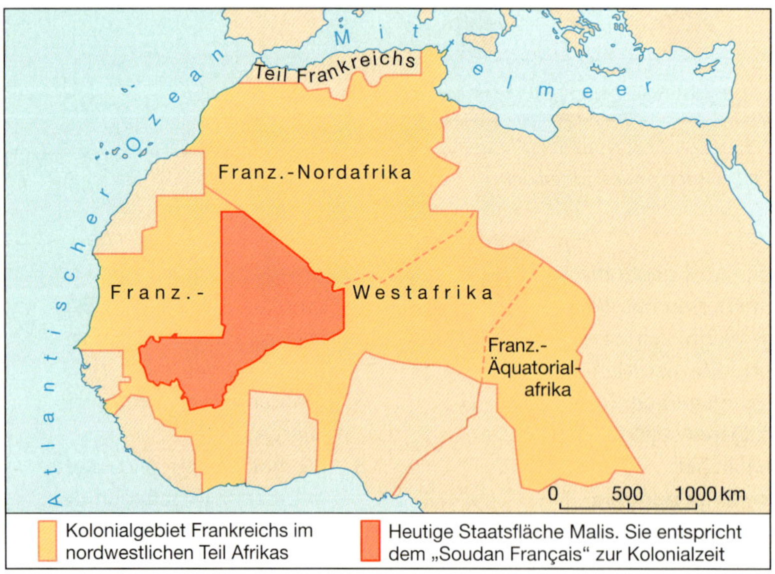

270.2 Mali heute und zur Kolonialzeit

Viele Informationen erhaltet ihr als Text. Oft stehen in ihnen viele Fachbegriffe oder aber Nebensächlichkeiten, die ihr für euer Thema nicht benötigt. Ihr müsst die Texte daher genau prüfen.

So könnt ihr vorgehen:

- Lest den Text genau durch. Markiert wichtige Sätze oder Abschnitte.
- Fasst die Inhalte der Sinnabschnitte mit eigenen Worten zusammen.
- Erklärt die Fachbegriffe (Lexikon).
- Kennzeichnet die Textteile, die ihr wörtlich übernehmt, als „Zitate“.

Der Anbau von Exportprodukten

Seit der Kolonialzeit werden in Mali auf großen Flächen Baumwolle, Erdnüsse und Reis für den Export angebaut. Der Handel mit diesen Rohstoffen ist für den Staat die wichtigste Einnahmequelle. Mali benötigt das Geld, um z. B. Maschinen, Fahrzeuge oder elektrische Geräte in anderen Ländern zu kaufen. Da immer mehr von diesen Waren gebraucht wurden, mussten auch immer mehr Rohstoffe erzeugt werden. So unterstützte der Staat lange Zeit die Bauern, wenn sie Baumwolle statt Hirse anbauten. Das hatte verheerende Folgen. In Dürrezeiten gab es nicht mehr genügend Nahrungsmittel. Viele Menschen mussten hungern und konnten nur durch Hilfslieferungen aus dem Ausland überleben. Mittlerweile hat man sich in Mali angestrengt, die Getreideproduktion zu steigern. Trotzdem muss das Land immer noch Nahrungsmittel einführen.

Schülertext

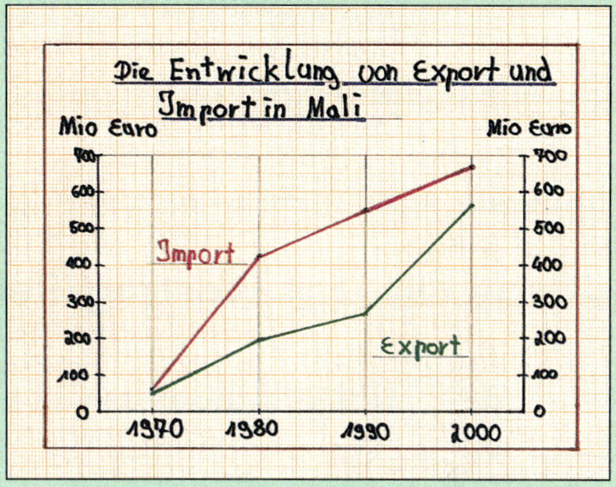

Quelle: Auswärtiges Amt, Fischer Weltalmanach

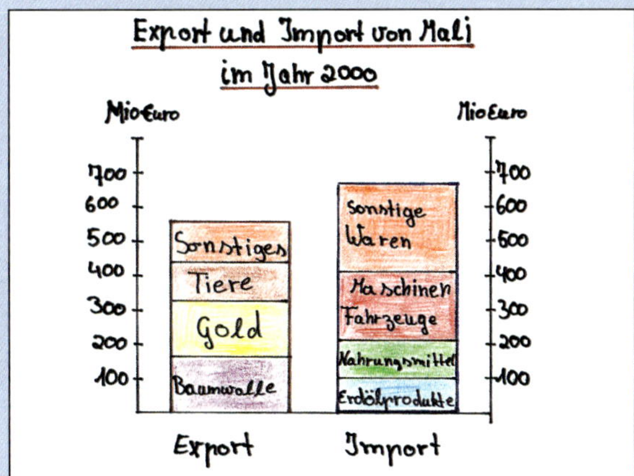

Quelle: Auswärtiges Amt

Die Schuldenfalle

Der Verkauf der Baumwolle ist für die Wirtschaft in Mali von großer Bedeutung. Daher ist das Land auch stark vom Weltmarktpreis für Baumwolle abhängig. Wenn der sinkt, gibt es weniger Einnahmen. Das war in den letzten Jahren häufig der Fall. Gleichzeitig musste Mali immer mehr für die Waren aus den Industrieländern bezahlen. Da das Land das Geld nicht hatte, musste es Schulden machen. Die stiegen daher ständig an.
Im Jahr 1999 betrugen sie ungefähr 3200 Millionen US-Dollar. Es ist abzusehen, dass die Schulden von Mali immer größer werden.

Schülertext

1. Schreibe mithilfe des Atlasses die Namen von Staaten auf, die wie Mali zum Kolonialreich Frankreichs gehörten (Abb. 270.2).
2. Bearbeite den Text auf Seite 270. Beschreibe mit eigenen Worten, welche Veränderungen durch die Kolonialzeit in Mali entstanden sind.
3. Erkläre die Probleme und Folgen, die sich für Mali durch die Abhängigkeit vom Export von Rohstoffen, wie z. B. Baumwolle, ergeben.
4. Welche Mitverantwortung tragen dabei die Industrieländer?

Präsentation von Arbeitsergebnissen

Die Präsentation eurer Ergebnisse ist genauso wichtig wie die Arbeit bei der Auswertung des Materials!

Ihr habt verschiedene Möglichkeiten, euer Ergebnis euren Mitschülern vorzustellen. Für alle gilt jedoch das Gleiche: Ihr müsst die Materialien so anordnen, dass die Zusammenhänge erkennbar sind. Dabei ist oft weniger mehr.

Wichtig: Gestaltet eure Präsentation übersichtlich und anschaulich.

Vortrag/Referat halten

(siehe auch Hinweise Seite 82)

- Text nicht einfach ablesen, möglichst frei vortragen
- Vortrag lebendig gestalten
- evtl. Sinnabschnitte bilden und im Team vortragen

...

Wir präsentieren Arbeits-

Unterstützung durch Bilder, Grafiken, Diagramme

Computer

- Gestaltung des Zusatzmaterials mithilfe von Präsentationsprogrammen, z. B. PowerPoint
- Seiten übersichtlich gestalten, auf Lesbarkeit achten
- nicht zu viele Effekte einsetzen, sie lenken vom Vortrag ab

Tageslichtprojektor

- Folien kopieren oder selber zeichnen
- Seiten übersichtlich gestalten, auf Lesbarkeit achten
- **beim Vortrag:** evtl. Teile der Folie abdecken oder Ergänzungen mit dem Folienstift vornehmen
- Erläuterungen zur Folie an der Projektionswand vornehmen

unsere ergebnisse

Sachverhalt veranschaulichen

Wirklichkeit nachgestalten

ein Experiment durchführen
- Material für den Versuch möglichst wirklichkeitsnah auswählen, Vorgang nachstellen
- Experiment vorführen und erklären, mit der Wirklichkeit vergleichen

ein Modell bauen
- Skizze des Modells entwerfen, auf die Größenverhältnisse und Details achten
- Modell vorführen und erklären, mit der Wirklichkeit vergleichen

Szenische Darstellung

...

Wirklichkeit dokumentieren

eine Wandzeitung gestalten
(S. 274/275)
- **Material:** Pappe oder großer Papierbogen, dicke Filzstifte, Heftzwecken, Klebstoff, evtl. Stellwände
- **Gestaltung:**
  - Ergebnisse sinnvoll anordnen
  - Bilder, Texte, Diagramme verwenden
  - möglichst kurze Texte verwenden, groß genug schreiben
  - auf Übersicht und Lesbarkeit achten

ein Plakat entwerfen
(S. 276/277)
- **Material:** Plakatkarton oder großer Papierbogen, dicke Filzstifte, Klebstoff
- **Gestaltung:**
  - Ergebnisse sinnvoll anordnen
  - Bilder, Texte, Diagramme verwenden
  - möglichst kurze Texte verwenden, groß genug schreiben
  - auf Übersicht und Lesbarkeit achten

Wandzeitung: Das Programm Mali Nord

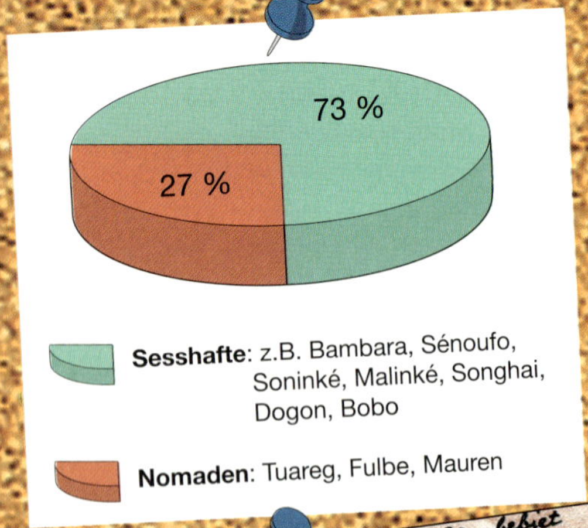

Hilfe für die Flüchtlinge

Mit dem Programm Mali Nord sollen die Folgen des Konflikts überwunden werden. Es begann 1994. Bis Mitte 2002 wurden insgesamt rund 42 Millionen Euro für Maßnahmen ausgegeben. Der Schwerpunkt liegt auf der Soforthilfe für die Rückkehrer. Ebenso soll die Wirtschaft wiederbelebt und die Ernährung der Bevölkerung sichergestellt werden.

Aus Deutschland sind an dem Programm vor allem die Gesellschaft für technische Zusammenarbeit (GtZ) und die Kreditanstalt für Wiederaufbau (KfW) beteiligt.

Karte von Mali

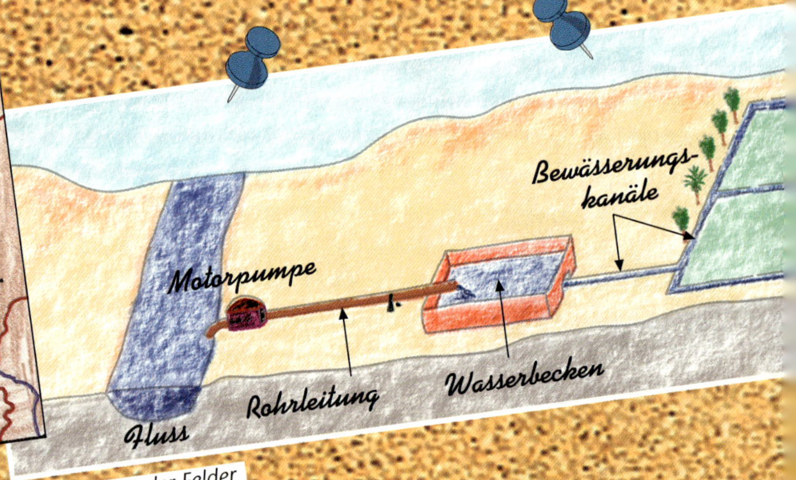

Bewässerung der Felder

Die Tuareg-Rebellion

1990 brach in Mali ein Bürgerkrieg aus, der rund fünf Jahre dauerte. Die Spannungen zwischen den „hellhäutigen" Tuareg und den Vertretern der schwarzafrikanischen Bevölkerungsgruppen in der Regierung traten offen zu Tage. Auslöser waren nicht eingehaltene Zusagen, die Nomadenvölker finanziell zu unterstützen.

Die Tuareg organisierten Proteste. Die Regierung reagierte mit Verhaftungen und Folter. Daraufhin griffen die Tuareg zu den Waffen. Es bildeten sich Rebellengruppen. Ihre Überfälle auf Polizeistationen beantwortete das Militär mit brutaler Gewalt. Viele Zivilisten wurden wahllos verhaftet, gefoltert oder erschossen. Mindestens 2000 Tuareg starben, Hunderttausende flüchteten in die benachbarten Länder, vor allem nach Mauretanien.

1992 wurde ein Friedensvertrag von den beteiligten Gruppen unterzeichnet. Aber erst 1995 beruhigte sich die Lage. Die Flüchtlinge konnten zurückkehren. Doch sie litten Hunger und Not: Sie hatten auf der Flucht ihre Herden verloren. Außerdem kamen sie in ein verwüstetes Land. Die meisten Siedlungen und die gesamte Infrastruktur musste wiederaufgebaut werden.

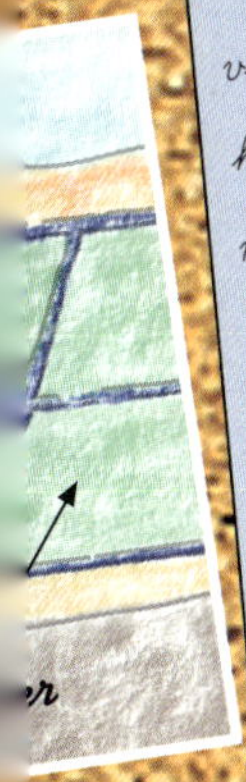

weitere Informationen:
www.programm-mali-nord.de

Mali will sich mit Grundnahrungsmitteln selbst versorgen. Die Regierung möchte den Ausbau der kleinbäuerlichen Landwirtschaft durch Bewässerung fördern.

Das setzt das Programm Mali Nord konsequent um. Die Bauern erledigen die Erdarbeiten zur Anlage der Felder selbst, notwendige Betonarbeiten führen örtliche Maurer durch. Die Bauern leisten also einen erheblichen Eigenbeitrag. Dadurch gehen sie besser mit den neuen Anlagen um.

Beispiele der Hilfe

Ein Brunnen wird gebaut

Die meisten traditionellen Brunnen der nomadischen Viehhalter waren versandet oder verfallen. Andere hatte man vergiftet oder zugeschüttet. Sie mussten gesäubert, vertieft, modernisiert oder neu gebaut werden. Die Arbeiten an rund 200 erfassten Brunnen dauern bereits sechs Jahre und sind noch nicht abgeschlossen.

Die Schachtbrunnen werden mit Beton ausgebaut. Die Arbeit machen malische Brunnenbauer. Die späteren Nutzer der Brunnen mussten die Bauarbeiter versorgen und das Material zur Baustelle transportieren.

Bewässerungsgraben mit Weizenfeld

Werte die Wandzeitung aus:

1. Wirkung
   Wie sind die Inhalte dargestellt? Wie wirkt die Wandzeitung insgesamt?
2. Aussage
   Welche Informationen enthält die Wandzeitung? Was erfährst du über die Ursachen des Hungers? Durch welche Maßnahmen soll den Menschen geholfen werden?

Methode: Wir gestalten ein Plakat

Plakate verdeutlichen Zusammenhänge oder zeigen Probleme auf (Kernaussage des Plakats). Sie können informieren, aber auch erstaunen oder provozieren. Neben dem sachlichen Darstellen ist daher die künstlerische Gestaltung des Plakats besonders wichtig.

Erstellt ein Plakat zu den Ursachen, dem Ausmaß oder den Hilfen gegen den Hunger in der Welt.

Wie geht ihr vor?

1. Vorbereitung

a) Thema für das Plakat aussuchen.
b) Zielrichtung festlegen. Was wollt ihr mit dem Plakat erreichen? Welche Möglichkeit eignet sich dafür am besten?
c) Informationen zum Thema zusammentragen: Fotos, Texte, Zeitungsausschnitte ...
d) Material sichten und auswählen. Welche Inhalte passen zum Thema? Sind die Bilder, Texte usw. für jeden verständlich?

Materialien

- großflächiges Papier oder Karton (Tapete, Packpapier, Plakatkarton)
- Schreib- und Zeichenmaterial, z. B. dicke Filzstifte
- Arbeitsmaterial: Papier, Schere, Klebstoff, Klebeband

2. Durchführung

Das Plakat gestalten:
- Material übersichtlich und gut lesbar anordnen
- wenig Textinformationen verwenden
- Textinformationen durch Fotos, Schaubilder oder Zeichnungen veranschaulichen
- Texte groß genug schreiben
- auf Sauberkeit achten
- wichtige Inhalte durch farbige Markierungen hervorheben

Darauf müsst ihr achten!

a) Die zentrale Aussage des Plakats sollte dem Betrachter gleich „ins Auge fallen".
b) Wort und Bild müssen eine Einheit bilden.
c) Nicht zu viele Einzelheiten darstellen, sonst wirkt das Plakat überladen.

3. Auswertung

Beurteilt die Plakate aus der Sicht des Betrachters unter folgenden Gesichtspunkten:

- Gestaltung
- Informationsgehalt
- Aussage
- Wirkung

Wenn Sie dieses Bild

11 Sekunden lang betrachten …

… sind wieder 3 Menschen auf der Erde an Hunger gestorben!

Wir tun etwas dagegen. Helfen Sie mit. Spenden Sie.

277.1 Plakat: Aufruf zu einer Spendenaktion

Hilfe für hungernde Menschen

40 indischen Kindern ein Jahr lang das Überleben sichern

Walsroder Schüler unterstützten Hilfsorganisation seit 20 Jahren

Walsrode (sw). Seit zwanzig Jahren sichert der Weihnachtsbasar des Walsroder Schulzentrums das Überleben von Kindern, die die meisten Schülerinnen und Schüler wohl nie sehen werden. Der Erlös des Weihnachtsmarktes geht nämlich an die Hilfsorganisation „Mobiles Creches", die mit dem eingenommenen Geld die Kinder von indischen Wanderhilfsarbeitern ernähren, kleiden und sogar unterrichten kann.

Nahrung für indische Kinder

Die Idee zu dem Basar kam von Günther Pankoke, der acht Jahre eine deutsche Schule in Bombay leitete. Mittlerweile beteiligen sich alle Klassen und Lehrer des Schulzentrums daran. Die Schülerinnen und Schüler spüren den direkten Bezug, den Pankoke zu Indien hat. Er kann ihnen berichten, wie die Familien in armseligen Hütten leben, während es uns vergleichsweise gut geht. „Die Auseinandersetzung mit diesem Thema im Rahmen des Basars ist für junge Menschen besonders wichtig", so der heutige Hauptschulleiter in Walsrode.

Neben Verkaufsständen mit selbst angefertigten Sachen richteten die Schülerinnen und Schüler auch ein Café ein und organisierten eine Tombola mit gespendeten Preisen von Eltern und Geschäftsleuten. So kamen im Jahr 2000 rund 4000 Euro zusammen, die 40 indischen Kindern das Leben ermöglichten.

(aus: Walsroder Zeitung v. 28. 3. 2001, gekürzt)

278.1 Zeitungsmeldung

Bei der Bekämpfung des Hungers sind die Menschen in den betroffenen Regionen auf die Hilfe der Industrieländer angewiesen.
Diese finanzieren z. B. Projekte zur landwirtschaftlichen Entwicklung, die die Hungernden zur Selbsthilfe anleiten (siehe S. 274/275).

Hilfsorganisationen in aller Welt rufen auch immer wieder zu Spendenaktionen auf.
So kommen allein in Deutschland jährlich viele Millionen Euro zusammen.

1. Erkundigt euch bei Hilfsorganisationen (siehe Kasten) nach Maßnahmen gegen den Hunger in der Welt.
2. Überlegt, wie ihr solche Maßnahmen unterstützen könnt (siehe Beispiel in Abb. 278.1).

Auswahl von Adressen

- Misereor, Welthungerhilfe und Brot für die Welt: siehe Seite 262
- terres des hommes e. V., Ruppenkampstr. 11 a, 49084 Osnabrück; www.tdh.de
- Kindernothilfe e. V., Düsseldorfer Landstr. 180, 47249 Duisburg; www.kindernothilfe.de
- CCF Kinderhilfswerk Deutscher Patenkreis e. V., Laiblingstegstr. 7, 72622 Nürtingen; www.ccf-kinderhilfswerk.org
- UNICEF Deutschland, Honinger Weg 104, 50969 Köln; www.unicef.de

Kennst du dich in Afrika aus?

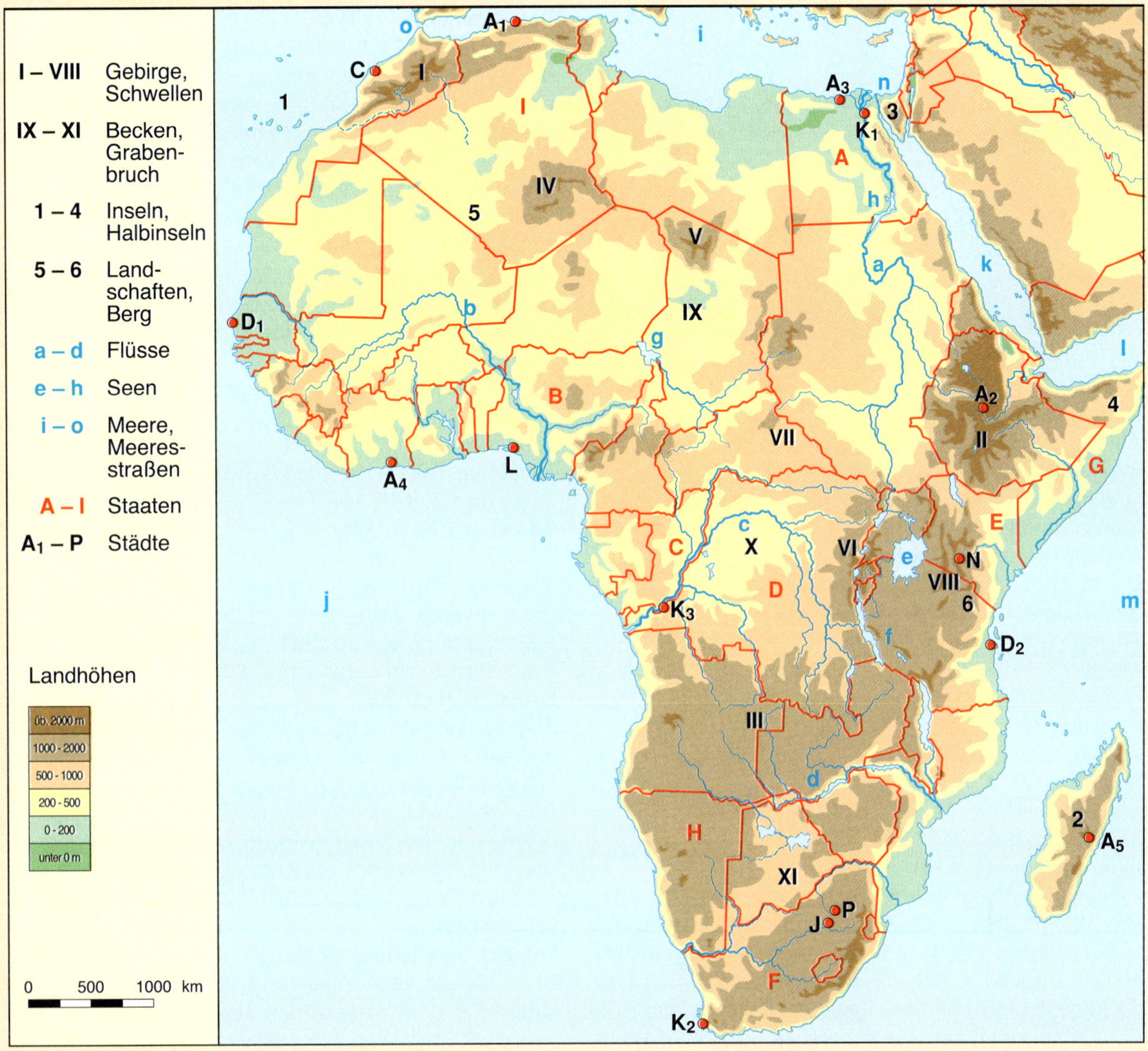

279.1 Stumme Karte von Afrika

1. Leg zu der stummen Karte auf einem Extrablatt eine Legende an. Schreibe die Namen auf von
   - den eingetragenen Staaten (A bis I),
   - den Gebirgen, Gebirgsschwellen, Becken und Grabenbrüchen (I bis XI),
   - Inseln, Halbinseln, Landschaften und Bergen (1 bis 6),
   - Gewässern (a bis o),
   - großen Städten (A_1 bis P).
2. Zeichne in einer Faustskizze die groben Umrisse des Kontinents.

Trio-Lexikon

Abgeordnete (S. 108)
Abholzung (S. 253)
ABM-Stelle (S. 84)
Arbeitsbeschaffungsmaßnahmen, die durch das Arbeitsamt bezuschusst werden. Sie dienen u. a. der Weiterbildung.
Abrüstungsverhandlungen (S. 179)
Afghanistan (S. 120)
Afghanistankrieg (S. 191)
Aktien (S. 182)
Aktien sind Anteilscheine an großen Unternehmen. Der Aktionär wird durch seine Aktie zum Mitbesitzer des Unternehmens. Die Versammlung der Aktionäre kontrolliert die Unternehmensführung. Der Wert der Aktien kann je nach Wirtschaftslage steigen oder fallen.
Alliierte (S. 36)
Bezeichnung für die Verbündeten gegen Hitler-Deutschland im Zweiten Weltkrieg: USA, Sowjetunion, Großbritannien und Frankreich.
Andere Dienste im Ausland, AdiA (S. 126)
Dienst bei einer Hilfsorganisation im Ausland, der für den Zivildienst anerkannt werden kann.
Anerkennungsverfahren (S. 126)
Aralsee (S. 198)
Auslandsreisen (S. 143)
Ausschuss (S. 109)
Auto (S. 209, 212, 214 f.)
Autofahren (S. 209)
Automobilhersteller (S. 210)
Automobilindustrie (S. 210)
Ballungsraum (S. 222)
Gebiet, in dem sehr viele Menschen auf engem Raum leben. Wohnhäuser und Industrie- und Dienstleistungsbetriebe befinden sich dicht beieinander. Das Verkehrsnetz ist gut ausgebaut. Oft kreuzen sich Autobahnen und wichtige Eisenbahnlinien. Typische Ballungsräume in Deutschland sind z. B. das Ruhrgebiet, das Rhein-Main-Gebiet oder das Gebiet des Mittleren Neckars.
Berufsarmee (S. 129)
Binnendelta (S. 266)
Flüsse, die aus niederschlagsreichen Gebieten kommen und durch ein Trockengebiet fließen, nennt man Fremdlingsflüsse. Mit abnehmender Wasserführung verzweigt sich ein solcher Fluss im Binnenland in viele kleinere Arme und bildet ein Delta. Die Flussarme versiegen, wenn die Verdunstung zu stark und der Wasserzufluss zu gering ist. Beim Niger ist das nicht der Fall. Hier ist der Zufluss so hoch, dass die Deltaarme wieder zu einem Fluss zusammenfinden. In der Regenzeit ist das Binnendelta des Niger ein riesiges Überschwemmungsgebiet.
Binnenmarkt (S. 141 f.)
Kennzeichen des europäischen Binnenmarktes sind die vier Freiheiten: Freizügigkeit der Person, freier Waren-, Dienstleistungs- und Kapitalverkehr.
Bolschewiki (S. 175)
(russ. = mehr, Mehrheitler). Seit 1903 radikaler Flügel der Russischen Sozialdemokratischen Arbeiterpartei unter Führung Lenins. Nach dessen Überzeugung konnte allein die bolschewistische Partei die Massen führen. Die Partei war streng von oben nach unten gegliedert.
Bund Deutscher Mädel, BDM (S. 16)
Jugendorganisation der Nationalsozialisten für Mädchen. Hier waren die 10- bis 14-jährigen Mädchen im Jungmädelbund, die 14- bis 18-Jährigen im eigentlichen BDM organisiert und die 18- bis 21-Jährigen in Sondereinheiten wie „Glaube und Schönheit".
Bundeskabinett (S. 110)
Bundeskanzler (S. 110)
Bundespräsident (S. 110)
Bundesregierung (S. 108, 111)
Bundesrepublik Deutschland (S. 186)
Bundestag (S. 104, 108 ff.)
Bundeswehr (S. 118 ff.)
Bündnisfall (S. 119)
Bürgerkrieg (S. 175)
Car-sharing (S. 218)
DDR, Deutsche Demokratische Republik (S. 186)
Deutschland- und Ostpolitik (S. 165)
Emissionen (S. 226)
Abgabe von festen, flüssigen oder gasförmigen Stoffen, die die Luft und die Umwelt verunreinigen. Solche Schadstoffe können z. B. Staub, Kohlenmonoxid oder Schwefeldioxid sein. Sie werden vor allem durch die Industrie und den Straßenverkehr verursacht. Die Luftverunreinigungen können zu Atemwegserkrankungen oder Allergien führen und sind auch für das Waldsterben mitverantwortlich.
Entwicklungsländer (S. 260)
Diese Länder liegen meist auf der südlichen Erdhalbkugel. Sie sind im Vergleich zu den Industrieländern wirtschaftlich weniger entwickelt. Merkmale von Entwicklungsländern sind u. a. ein hohes Bevölkerungswachstum, unzureichende Nahrungsmittelversorgung, schlechte ärztliche Versorgung, Landflucht und Slumbil-

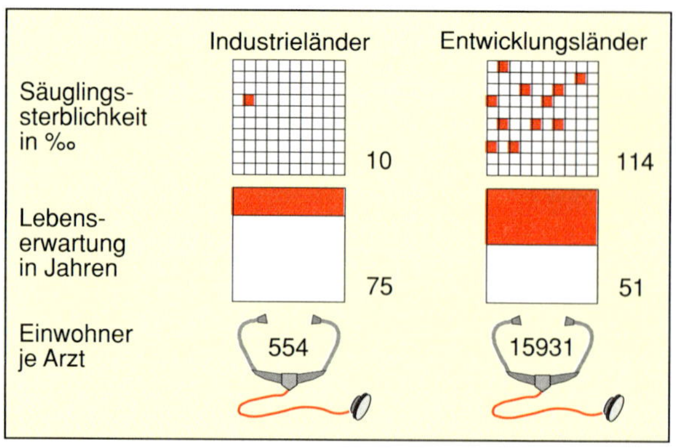

dung, hohe Auslandsverschuldung, Abhängigkeit vom Export weniger Rohstoffe.

Erststimme (S. 104)

Erziehungsurlaub (S. 64, 71)

Eltern können sich bis zum vollendeten dritten Lebensjahr ihres Kindes beurlauben lassen oder ihre Arbeitszeit reduzieren. Als Unterstützung erhalten sie vom Staat einen Zuschuss zum Einkommen, das *Erziehungsgeld*. In den drei Jahren des Erziehungsurlaubs können sich Mütter und Väter mehrfach bei der Kinderbetreuung abwechseln. Seit dem 1. Januar 2001 trägt der Erziehungsurlaub die offizielle Bezeichnung *„Elternzeit"*.

Europäische Atomgemeinschaft, EURATOM (S. 141)

Zusammenarbeit der europäischen Staaten auf dem Gebiet der Atompolitik.

Europäische Gemeinschaft für Kohle und Stahl, EGKS (S. 141)

Zusammenarbeit der europäischen Staaten auf dem Gebiet der Kohle- und Stahlerzeugung.

Europäische Kommission (S. 149f.)

Die Kommission hat ihren Sitz in Brüssel. Sie besteht aus 20 Kommissaren. Ein Präsident steht ihr vor. Sie sorgt für die Umsetzung der Grundsatzbeschlüsse des Europäischen Rates und ist das eigentliche Machtzentrum der EU.

Europäische Union, EU (S. 141)

Mit dem Vertag von Maastricht 1993 wurde aus der EG die EU mit heute 15 Staaten. Das Ziel ist eine dauerhafte politische Union in Frieden und Freiheit.

Europäische Wirtschaftsgemeinschaft, EWG (S. 141)

Europäischer Gerichtshof (S. 151)

Oberstes Gericht der EU. Es entscheidet bei Streitigkeiten zwischen den Mitgliedstaaten. Es wacht darüber hinaus über die Einhaltung der Gesetze und Bestimmungen der EU in den Mitgliedstaaten.

Europäischer Rat (S. 148)

Er besteht aus den Staats- und Regierungschefs der Mitgliedstaaten und dem Präsidenten der Kommission. Hier werden die Grundsatzentscheidungen der Politik der EU getroffen.

Europäischer Rechnungshof (S. 151)

Dieses Organ der Union wurde auf Drängen des Europäischen Parlaments eingerichtet. Es prüft die Rechtmäßigkeit und Ordnungsmäßigkeit der Einnahmen und der Ausgaben der EU. Es überwacht außerdem die Wirtschaftlichkeit der Haushaltsführung.

Europäisches Parlament, EP (S. 149)

Vertretung der Völker der EU. Sitz ist Straßburg. Es hat 518 Abgeordnete. Die Rechte des Europäischen Parlaments entsprechen noch nicht denen eines nationalen Parlaments.

Europaparlament (S. 104)

Extremismus (S. 38ff.)

Jede politische Bewegung, die aggressiv gegen Personen und Sachen sowie mit gezielten Hasstiraden auftritt. Damit ist meist physische Gewalt oder deren Androhung verbunden. Es ist auch eine Form der politischen Einflussnahme, die die demokratische Ordnung gewaltsam umstürzen will.

Fraktion (S. 108)

Freie Deutsche Jugend, FDJ (S. 163)

Gaza-Jericho-Abkommen (S. 117)

Generationenvertrag (S. 87)

Geschlechtsspezifische Diskriminierung (S. 69)

Ungleiche Behandlung aufgrund des Geschlechts.

Getto (S. 30)

Ein abgeschlossener Stadtteil. Im Getto lebten die Juden seit dem 13. Jahrhundert, zuerst freiwillig, dann zwangsweise. Als sie zu Beginn des 19. Jahrhunderts die Bürger-

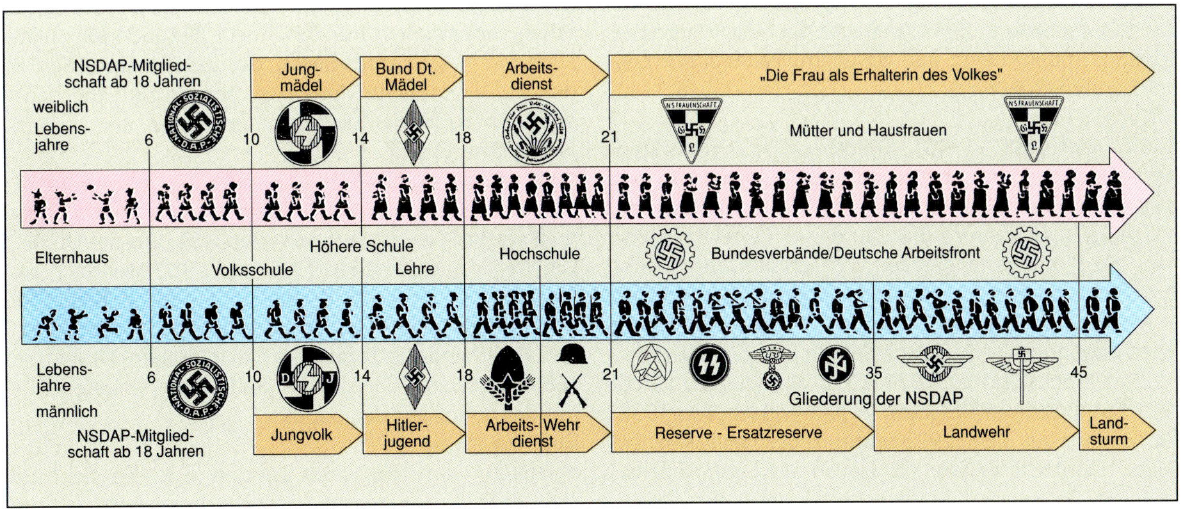

rechte erhielten, verschwanden die Gettos. Die Nationalsozialisten errichteten seit 1939 wieder Gettos in den von Deutschen besetzten Gebieten. Dort wurden die Juden unter unmenschlichen Bedingungen zusammengepfercht. Ab 1942 wurden sie in die Vernichtungslager transportiert. Die meisten starben durch Arbeit oder Gas.

Gewissensentscheidung (S. 126)

Glasnost (S. 178)

Gleichschaltung (S. 14)

Als die Nationalsozialisten 1933 die Regierungsmacht in Deutschland übernahmen, brachten sie schnell alle Einrichtungen unter ihre Kontrolle. Die Landesparlamente wurden beseitigt, die Parteien verboten, die Gewerkschaften zerschlagen. Die Gleichschaltung erfasste schließlich alle Lebensbereiche.

Grundgesetz (S. 186)

Grundlagenvertrag (S. 165)

Grundrechte (S. 12)

Grundrechte eines jeden Bürgers sind z. B. die Gleichheit vor dem Gesetz, die Freiheit der Person, die Unverletzlichkeit der Wohnung, das Briefgeheimnis, die Meinungsfreiheit. Sie dürfen vom Staat nicht verletzt oder beseitigt werden. Diese Grundrechte wurden von den Nationalsozialisten aufgehoben.

Gulag (S. 177)

Lenin und Stalin behaupteten: Jede Gewalt (Terror), die im Namen der Arbeiterklasse ausgeübt werde, sei gerechtfertigt. Die Feinde der Revolution müssten vernichtet werden. Die tatsächliche Bedeutung dieser Haltung zeigte sich erst in Stalins „Säuberungen": Auf seinen Befehl kamen Millionen Menschen in Straflager, die Gulags. Viele starben dort.

GUS (S. 179)

Güterverkehr (S. 213)

Hackbauern (S. 264)

Überwiegend südlich der Sahara lebende Bauern, die einfachen Feldbau betreiben. Die Flächen werden oft durch Brandrodung gewonnen und mit einer Hacke bearbeitet. Anbaufrüchte sind vor allem verschiedene Getreidesorten, z. B. Hirse.

Hitler (S. 11)

Adolf Hitler (1889–1945). Kriegsfreiwilliger im Ersten Weltkrieg, scheiterte als Kunststudent in Wien. Als begabter Parteiredner machte er in der 1920 gegründeten NSDAP schnell Karriere und wurde ihr Parteivorsitzender. 1923 scheiterte der von ihm angeführte Staatsstreich in München. Er kam in Festungshaft. Dort schrieb er sein Buch „Mein Kampf", in dem er seine politischen Überzeugungen und Ziele darlegte. In der Zeit der großen Arbeitslosigkeit 1929–1933 wurde seine Partei zur Massenpartei. Aber selbst in den Wahlen von 1932 kam sie nur auf 33%. 1933 wurde Hitler Reichskanzler. Seine Hauptziele waren: die Gewinnung von Lebensraum im Osten und die Vernichtung der Juden. Noch vor der bedingungslosen Kapitulation Deutschlands am 8. Mai 1945 beging er Selbstmord.

Hitlerjugend, HJ (S. 20)

Bezeichnung für die gesamte nationalsozialistische Jugendorganisation der Mädchen und Jungen. Sie wurde 1926 als Jugendorganisation der NSDAP gegründet. Nach 1933 wurde sie zu einer umfassenden Staatsjugendorganisation ausgebaut. Ein Gesetz bestimmte 1936, dass *„die gesamte deutsche Jugend innerhalb des Reichsgebietes … in der Hitlerjugend zusammengefasst"* werden sollte. Die Schwerpunkte der Hitlerjugendarbeit waren die ideologische Schulung aller Jugendlichen, die vormilitärische Ausbildung der Jungen und die Vorbereitung der Mädchen auf ihre Rolle als Mutter.

Holocaust (S. 31)

(griech. = ganz verbrannt). Ursprünglich Bezeichnung für biblische Brandopfer. Nach dem Zweiten Weltkrieg bezeichnet dieser Begriff den planmäßigen Völkermord an Juden, Sinti und Roma.

Hooligans (S. 53)

Industrialisierung (S. 177)

Industrieländer (S. 260)

Länder mit einer hohen wirtschaftlichen Entwicklung und einem hohen Pro-Kopf-Einkommen. Die Bevölkerung ist überwiegend in der Industrie, in Gewerbebetrieben und im Dienstleistungsbereich beschäftigt. Ein weiteres Merkmal eines Industrielandes ist eine gut ausgebaute Infrastruktur.

Intifada (S. 114)

(arabisch = von sich abschütteln, wach werden, sich erheben). Aufstand palästinensischer Araber gegen die Machtpolitik Israels im Gaza-Streifen und im Westjordanland.

Judenrat (S. 28)

In den besetzten Gebieten, vor allem in den Gettos, verlangten die deutschen Behörden die Einrichtung von Judenräten. Sie waren die Vertreter der Juden. Die Deutschen verhandelten nur mit ihnen. Der Judenrat stellte auch einen Ordnungsdienst, der für die Sicherheit in den jüdischen Wohnvierteln zu sorgen und die deutschen Anordnungen durchzusetzen hatte.

Just-in-time (S. 211, 213)

Kalter Krieg (S. 188)

Bezeichnung für die Auseinandersetzung ohne Einsatz militärischer Gewalt zwischen den USA und der UdSSR. Die Welt stand zwischen 1945 und 1962 mehrfach am Rande eines „heißen" Krieges (= Einsatz militärischer Mittel). Die beiden Weltmächte führten ihre feindseligen Auseinandersetzungen mit militärischem Druck und wirtschaftlichen Mitteln. Der Kalte Krieg endete 1991 mit der Auflösung der UdSSR.

Klischee (S. 64)

Vorstellung von Menschen, Dingen usw., die nicht auf eigener Erfahrung beruht. Klischees geben vorgefertigte

Ansichten über die Welt wieder. Besonders deutlich werden Klischees in Witzen, z. B. über den Geiz der Schotten oder die Dummheit von Blondinen.

Kolchose (S. 176)

Kollektivierung (S. 176)

Bis 1917 gehörte das meiste Land in Russland einigen wenigen Großgrundbesitzern und Großbauern. Dieses Land wurde in Gemeineigentum überführt und genossenschaftlich bewirtschaftet (Kolchose). Ende der 30er-Jahre gab es in der UdSSR keine privaten Bauern mehr.

Konzentrationslager, KZ (S. 12)

Von 1933–1945 errichteten die Nationalsozialisten Häftlingslager, die sie als „Verwahrungs- und Erziehungslager" bezeichneten. Dort wurden anfangs alle Gegner und Kritiker der Nationalsozialisten, wie z. B. Sozialdemokraten, Kommunisten, Journalisten, Geistliche, Künstler usw. eingesperrt und gefoltert.

Den offiziellen 20 KZ waren 1945 164 *Arbeitslager* angeschlossen. In Polen wurden *Vernichtungslager* ausschließlich für die Ermordung von Millionen Juden eingerichtet. Das größte und bekannteste war Auschwitz. Vielen KZs waren Fabriken angeschlossen, wo die Häftlinge arbeiten mussten. Wenn sie nicht mehr arbeiten konnten, wurden sie vergast.

KPdSU (S. 175)

(= Kommunistische Partei der Sowjetunion). Nach der Gründung der Partei 1922 wurde die KPdSU zur Nachfolgepartei der Bolschewiki. Sie war fast 70 Jahre lang die allein bestimmende Kraft in der UdSSR. 1990 musste sie auf die alleinige Führung verzichten und wurde kurz darauf nach einem Putsch in Russland verboten.

Kriegsdienstverweigerung (S. 126)

Grundrecht gemäß Artikel 4, Abs. 3 des Grundgesetzes, den Wehrdienst mit der Waffe zu verweigern.

Kuba-Krise (S. 189)

Lärm (S. 214)

Lenin S. (174)

Wladimir Iljitsch Uljanow (genannt Lenin), 1870–1924. Sohn eines Schulrats, war zunächst Rechtsanwalt. Er wurde wegen der Gründung einer oppositionellen Gruppe gegen den Zaren verhaftet und bis 1899 nach Sibirien verbannt. 1899 trat er der Sozialdemokratischen Arbeiterpartei Russland bei. Bis 1917 lebte er im Ausland. Nach der Februarrevolution 1917 kehrte er nach Russland zurück und übernahm die Führung der Bolschewiki.

Leserbrief (S. 106 f.)

Luftbrücke (S. 186)

Luftverschmutzung (S. 215)

Mangelernährung (S. 261)

Marshall-Plan (S. 186)

Nach dem amerikanischen Außenminister benanntes Programm. Das Ziel war, Hunger und Elend der Menschen im Nachkriegseuropa schnell zu überwinden und die Wirtschaft wiederanzukurbeln. Es wurde auch den kommunistischen osteuropäischen Staaten angeboten. Diese mussten aber auf Druck Stalins ablehnen.

Massenproduktion (S. 181)

Mindmap (S. 207)

Nationalsozialistische Deutsche Arbeiterpartei, NSDAP (S. 10)

Die NSDAP wurde 1920 gegründet. Adolf Hitler war ihr Parteiführer. Ihre Mitgliederzahl stieg von 27 000 1925 langsam auf 100 000 im Jahr 1928. Nach der Weltwirtschaftskrise 1929 stieg sie steil an und erreichte nach der Machtübernahme 1933 1,5 Mio. 1945 gab es 8,5 Mio Mitglieder. Das Ziel war, möglichst das gesamte deutsche Volk in allen Lebensbereichen zu erfassen und zu beeinflussen. Die NSDAP war nach dem Führerprinzip streng von oben nach unten aufgebaut. Dem Führerbefehl musste jeder Parteigenosse (Pg) bedingungslos gehorchen. Zwischen 1933 und 1945 war die NSDAP die einzige zugelassene Partei.

Nato, North Atlantic Treaty Organization (S. 119, 188)

Verteidigungsbündnis mit gemeinsamer militärischer Planung, 1949 gegründet. Mitglieder: USA, Kanada und ihre westeuropäischen Partner. Im Fall eines bewaffneten Angriffs sollen sich die Mitgliedstaaten gegenseitig beistehen. Nach dem Ende des Kalten Krieges veränderten sich die Aufgaben. 2002 traten der Nato mehrere Staaten des ehemaligen Warschauer Paktes bei (= Osterweiterung).

New Deal (S. 183)

(englisch = neue Verteilung der Karten beim Pokerspiel). Das Sozial- und Wirtschaftsprogramm des Präsidenten Roosevelt. Es war verbunden mit dem Bau von neuen Straßen und Staudämmen. Der New Deal half, die Wirtschaftskrise zu überwinden und viele neue Arbeitsplätze zu schaffen.

Oktoberrevolution (S. 174)

Opposition (S. 109)

Palästina (S. 115)

Gebiet im Nahen Osten. Es entspricht etwa dem Gebiet der Länder Israel und Jordanien ohne die Wüstengebiete im Süd- und Nordosten.

Parlamentarische Demokratie (S. 159)

Staatsform, bei der die Staatsgewalt durch ein vom Volk gewähltes Parlament ausgeübt wird.

Perestroika (S. 178)

PKW (S. 212)

Planwirtschaft (S. 159, 161)

Wirtschaftsordnung, in der die Produktion der Waren und das Angebot der Dienstleistungen durch eine zentrale Planungsbehörde landesweit bestimmt wird. Die Behörde legt auch fest, wie viele Waren wohin geliefert werden.

Pogrom (S. 27)
Hetze und gewaltsame Ausschreitung gegen nationale, religiöse und rassische Gruppen, insbesondere die Judenverfolgung im Zweiten Weltkrieg in Osteuropa.
Politik (S. 94 f.)
Politik-Engagement (S. 95 ff.)
Prinzip der Solidarität (S. 89)
Gegenseitige Hilfe und Unterstützung.
Proletariat (S. 175)
Rassen (S. 18)
Als Rassen bezeichnet man durch gleiche oder ähnliche Erbfaktoren gekennzeichnete Menschentypen, u. a. sichtbar an der Hautfarbe, am Haar und an der Kopfform, früher z. B. die „rote", „gelbe", „schwarze" oder „weiße" Rasse, heute geografisch orientiert die „Europiden", „Mongoloiden" „Indianiden" und „Negriden". In der Zeit des Nationalsozialismus war die Rassenlehre, die nach Herrenrasse (nordische Rasse) und Untermenschen (Juden, slawische Rasse) unterschied, die ideologische Grundlage für deren Vernichtung.
Rassenprobleme (S. 196 f.)
Die politische und soziale Gleichstellung der schwarzen Bevölkerung in den USA ist von der Bürgerrechtsbewegung friedlich durchgesetzt worden. So wurde z. B. die Rassentrennung 1964 in den Schulen aufgehoben. Eine gesellschaftliche Integration der Schwarzen gibt es aber bis heute nicht. Sie wird auch von einem Teil der schwarzen Elite nicht mehr gewünscht. In den 90er-Jahren hat es immer wieder gewalttätige Auseinandersetzungen zwischen Schwarzen und Weißen gegeben.
Rassismus (S. 52 f.)
Rat der Europäischen Union, Ministerrat (S. 148)
Das entscheidende Beschlussorgan der EU. Jedes Mitgliedsland entsendet einen Vertreter, zumeist den Ressortchef (Minister) in den Rat.
Rechtsextremisten (S. 9)
Die Bezeichnung „rechte" oder „linke" oder „Parteien der Mitte" gehen von der Sitzordnung im Parlament aus. Im Reichstag 1919–1933 saßen als „linke" Parteien die Kommunistische Partei Deutschlands (KPD) und die Sozialdemokratische Partei (SPD), als „rechte" Parteien die Nationalsozialistische Deutsche Arbeiterpartei (NSDAP) und die Deutschnationale Volkspartei (DNVP). Diese „rechten" Parteien befürworteten u. a. den Kaiser oder einen „Führer" an der Spitze eines starken Deutschlands. Sie waren gegen eine *„Überflutung durch Fremdstämmige"*, insbesondere gegen Juden, und für ein *„deutsches Volkstum"* und eine *„Volksgemeinschaft aller Deutschen"*. Rechtsextremisten (extrem = äußerst, rücksichtslos) heute zeigen u. a. eine menschenverachtende Fremdenfeindlichkeit sowie eine Überbewertung der eigenen Nation. Sie wollen das Grundgesetz und die „freiheitlich-demokratische Grundordnung" unseres Staates beseitigen.

Rekultivierung (S. 230)
Maßnahmen zur Wiederherstellung einer zerstörten Landschaft. Nach der Förderung von Bodenschätzen im Tagebau wird die Abbaufläche wieder in einen natürlichen Zustand zurückversetzt. In den Restlöchern entstehen Seen. Anschließend werden Grünflächen und Felder angelegt. Die umgestaltete Landschaft dient häufig der Erholung oder wird landwirtschaftlich genutzt.

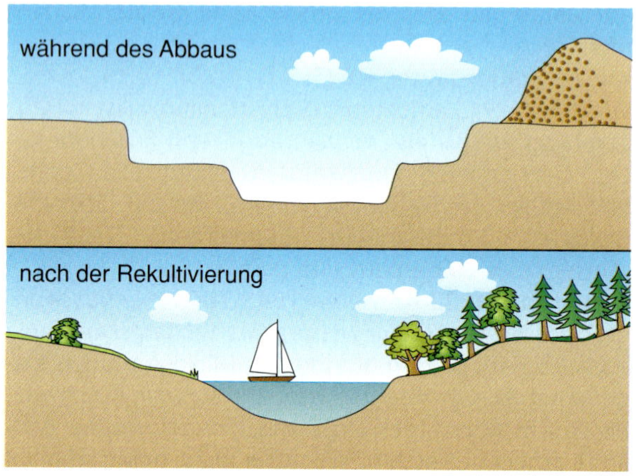

Reparationsleistungen (S. 159, 184)
Geld-, Sach- und Arbeitsleistungen besiegter Staaten an die Sieger. Ziel ist die Wiedergutmachung von Kriegsschäden und die Tilgung der Kriegskosten.
Riester-Rente (S. 89)
Die gesetzliche Rentenversicherung wird durch eine vom Staat geförderte private Rentenversicherung ergänzt. Die Grundidee ist: Während des Erwerbslebens sparen die Menschen Geld, das im Alter als Zusatzrente ausgezahlt wird.
Ruhrgebiet (S. 236)
Bezeichnung für eine Region, die bis Anfang der 70er-Jahre das größte und wichtigste Industriegebiet Deutschlands war. Es entstand Mitte des 19. Jahrhunderts aufgrund umfangreicher Steinkohlevorkommen. Das Ruhrgebiet liegt in Nordrhein-Westfalen. Es wird durch die Flüsse Lippe (im Norden) und Ruhr (im Süden) begrenzt. Es reicht vom Rhein im Westen bis ungefähr 80 km nach Osten. In diesem Raum leben 5,3 Millionen Menschen (2001).
Sahelzone (S. 268)
Säuberungen (S. 177)
SALT-I- und -II-Verträge (S. 190)
(SALT = Strategic Arms Limitation Talks). Verträge zur Begrenzung der Mittelstrecken- und Interkontinental-Atomraketen von 1972 bis 1981. SALT II wurde von den USA nicht unterzeichnet. Sie hielten sich jedoch an die Abmachungen.

Saurer Regen (S. 253)
In den Abgasen von Autos und Industrie sind Schwefeldioxid und Stickstoffoxid enthalten. Diese verbinden sich mit dem Wasserdampf in der Luft. Es entstehen giftige Säuren, die durch den Regen auf die Erde gelangen.
Schwarzer Freitag (S. 182)
Kurssturz der Aktien in New York am 24. Oktober 1929. Es ist der Beginn einer weltweiten Wirtschaftskrise, die auch in Deutschland verheerende Folgen hatte.
SED (S. 185)
Sowjets (S. 174)
(russ. = Räte). Demokratische Vertretung der Arbeiter, Soldaten und Bauern als Form der direkten Demokratie. Bereits während der Revolution von 1905 gab es einen Sowjet. 1917 organisierten die Sowjets maßgeblich die Revolution, wurden jedoch später von der KPdSU aus der Macht gedrängt.
Sowjetische Besatzungszone, SBZ (S. 185)
Nach dem Potsdamer Abkommen wurden der Sowjetunion die Länder Mecklenburg, Vorpommern, Brandenburg, Sachsen, Sachsen-Anhalt und Thüringen als Besatzungszone zugewiesen. Aus der SBZ entwickelte sich die DDR.
Sowjetunion, siehe UdSSR
Sozialabgaben (S. 89)
Sozialgesetze (S. 83)
Zu Beginn des 19. Jahrhunderts veränderte die Industrialisierung Wirtschaft und Gesellschaft radikal. Große Teile der deutschen Bevölkerung verarmten. Der damalige Reichstag verabschiedete die ersten Sozialgesetze. Das war die Geburtsstunde der deutschen Sozialversicherung. Diese Gesetze verpflichteten sowohl die Arbeiter als auch die Unternehmen zur Zahlung von Beiträgen in die jeweiligen Versicherungskassen.
Sozialhilfe (S. 81)
Staatliche Hilfen zur Sicherung eines Existenzminimums.
Sozialistische Einheitspartei Deutschland, SED (S. 185)
Die Sowetische Besatzungsmacht zwang die Führung der SPD in der SBZ dazu, sich mit der Kommunistischen Partei Deutschlands (KPD) zusammenzuschließen (22.4.1946). Die neue Partei erhielt den Namen SED.
Spritzmittel (S. 253)
Stalin (S. 176)
Josef W. Dschugaschwili 1879–1953 (genannt Stalin = der Stählerne). Sohn eines Schusters, in Georgien geboren. 1899 wurde er wegen revolutionärer Umtriebe vom Priesterseminar verwiesen. 1904 schloss er sich Lenin an. 1908–1916 mehrfach im Gefängnis, in Straflagern oder in der Verbannung in Sibirien. 1922 stieg er in den Vorstand der Kommunistischen Partei (KPdSU) auf. In der Zeit von 1924–1927 gelang es ihm, die Macht an sich zu reißen. Er veranlasste „Säuberungen", bei denen von 1935–1938 etwa 3,5 Mio Menschen zum Opfer fielen. 15 Mio Menschen saßen noch 1953 in Gefängnissen oder Straflagern (den Gulags).
Staumeldung (S. 204)
Tag der Deutschen Einheit (S. 167)
Tagebau (S. 230)
Bodenschätze wie Braunkohle oder Kies liegen nicht sehr tief unter der Erde. Sie werden daher direkt von der Erdoberfläche aus im Tagebau abgebaut. Steinkohle wird dagegen im Untertagebau abgebaut, da sie oft sehr tief unter der Erde liegt. Senkrechte Schächte und waagerechte Stollen werden bis zu den Kohleschichten geführt. Im Ruhrgebiet reichen die Bergwerke bis in 1400 m Tiefe.
Truman-Doktrin (S. 187)
Überdüngung (S. 253)

Untertagebau

UdSSR, auch Sowjetunion (S. 175)
(= Union der 15 Sozialistischen Sowjetrepubliken). Offizieller Staatsname der Sowjetunion, die 1922 gegründet wurde. Innerhalb weniger Jahrzehnte wurde sie unter der Herrschaft der KPdSU und Stalins zu einer Weltmacht. Seit den 70er-Jahren zeichnete sich eine Krise des kommunistischen Systems ab. Aufgrund wirtschaftlicher Schwierigkeiten und der enormen Belastung durch die ständig wachsenden Rüstungskosten bröckelte die Weltmachtposition. Seit 1985 kam es mit „Glasnost" und „Perestroika" zu ersten demokratischen Reformen, die 1991 zur Auflösung der UdSSR führten.
Unfälle (S. 214)
Überweidung (S. 268)
Zerstörung der natürlichen Vegetation in trockenen Gebieten durch zu hohen Viehbestand.
Unionsbürgerschaft (S. 142)
Jeder Bürger/jede Bürgerin eines Mitgliedstaates der EU erhält zu seiner/ihrer jeweiligen Staatsbürgerschaft eine Unionsbürgerschaft. Mit ihr sind konkrete Bürgerrechte verbunden, die in allen EU-Staaten gelten. Dazu

gehören z. B. das aktive und passive Wahlrecht bei Kommunalwahlen oder das Recht, sich innerhalb der EU-Staaten frei zu bewegen und aufzuhalten.

UN-Sicherheitsrat (S. 188)
Das bedeutendste Organ der UNO, das aus 15 Mitgliedern besteht. Als einziges Organ der UNO kann es verbindliche Entscheidungen treffen. Die fünf ständigen Mitglieder des Sicherheitsrates sind die USA, Frankreich, Großbritannien, Russland und China. Sie müssen ihre Entscheidungen einstimmig treffen.

Unterernährung (S. 261)

Volksdemokratie (S. 159)
Bezeichnung für alle nach 1945 errichteten kommunistischen Herrschaftssysteme in Osteuropa. Dazu gehörte auch die DDR. Dort hatte die SED als kommunistische Einheitspartei die politische Führung und Macht.

VW-Werk (S. 211)

Wahlen (S. 102 ff.)

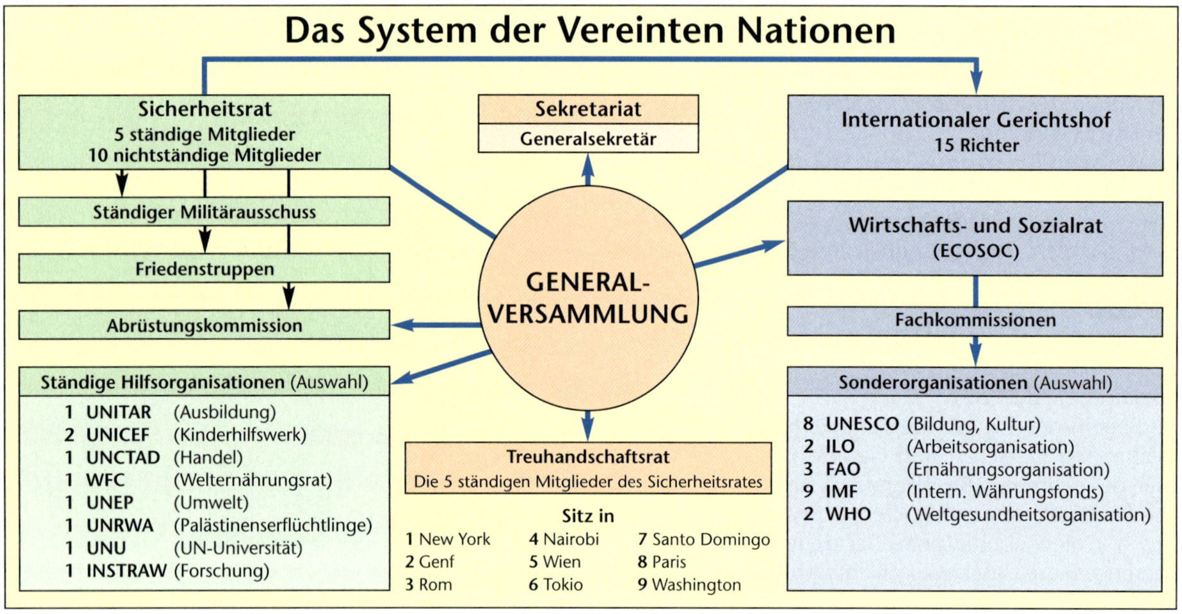

Unterhaltsgeld (S. 79)
Geld, das für den Unterhalt der Kinder gezahlt wird.

Verkehrssituation (S. 212, 216)

Verkehrszählung (S. 216 f.)

Versailler Friedensvertrag (S. 10)
Dieser Vertrag beendete den Ersten Weltkrieg. Er wurde am 28. Juni 1919 im Schloss von Versailles in der Nähe von Paris von den Vertretern Deutschlands und der Alliierten unterzeichnet. Der Vertrag gab Deutschland die alleinige Kriegsschuld und sah die Zahlung von Wiedergutmachungsleistungen (Reparationen) vor, die Begrenzung der Reichswehr auf 100 000 Mann, den Verlust aller Kolonien und die Abtretung von Reichsgebieten, so z. B. das Memelgebiet, Westpreußen, Posen, Nordschleswig und Oberschlesien.

Viehtritt (S. 253)
Viehtritt führt zur Verdichtung des Bodens. Die Pflanzendecke wird dadurch zerstört. Die Abtragung beginnt.

Vietnamkrieg (S. 191)

Völkerbund (S. 180)

Währungsreform (S. 186)
Die Umstellung der Reichsmark auf Deutsche Mark am 21.6.1948 in den drei Westzonen. Jeder Erwachsene erhielt ein „Kopfgelt" von 40 DM (ca. 20 €) ausbezahlt,

weiteres Bargeld wurde im Verhältnis 10:1 umgetauscht. Die Sowjets folgten am 23.6.1948 mit einer eigenen Währungsreform für ihre Zone und für ihren Teil von Berlin.

Wanderhirten (S. 264)
Angehörige eines Volkes (z. B. die Tuareg in Nordafrika), die ihre Versorgung hauptsächlich durch ihre Viehherden sichern. Sie leben als Nomaden, d. h., sie sind nicht sesshaft und wandern mit ihren Tieren von Weideplatz zu Weideplatz. Ihren gesamten Besitz nehmen sie stets mit.

Wandtapete (S. 206)

Warschauer Pakt (S. 188)
Verteidigungsbündnis der kommunistischen Staaten Osteuropas unter der Führung der Sowjetunion. 1955 als Gegenstück zur Nato gegründet.

Wehrdienst für Frauen (S. 125)

Wehrpflicht (S. 123)
In der Bundesrepublik besteht die Wehrpflicht für junge Männer ab dem vollendeten 18. Lebensjahr. Sie verpflichtet nach dem Grundgesetz zum Wehrdienst in der Bundeswehr. Der Grundgedanke beruht auf der Auffassung, dass alle Staatsbürger für den Schutz von Freiheit und Menschenwürde eintreten sollen.

Wehrpflichtarmee (S. 129)

Weimarer Republik (S. 10)
Die erste deutsche Republik von 1919–1933. Ihren Namen erhielt sie nach der Stadt Weimar. Wegen politischer Unruhen in Berlin tagte dort 1919 die Nationalversammlung, um eine neue Verfassung („Weimarer Verfassung") zu verabschieden. Der erste Reichspräsident wurde der Sozialdemokrat Friedrich Ebert. 1933 wurde sie durch die Diktatur der Nationalsozialisten unter Adolf Hitler abgelöst.

Widerstand (S. 24)
Bezeichnung für eine Opposition gegen einen Diktator oder einen diktatorisch regierten Staat. Während des Nationalsozialismus leisteten u. a. Gruppen der Arbeiterbewegung, Intellektuelle, Mitglieder der Kirchen, Offiziere sowie Jugend- und Studentengruppen Widerstand.

Wirtschaftswunder (S. 159)

Wüstenbildung (S. 253)

Zivildienst (S. 127)

Zollunion (S. 141)
Zwischen den Mitgliedern der Zollunion werden an den Grenzen keine Zölle erhoben. Nach außen hin gelten die gleichen Zollsätze.

Zweitstimme (S. 104)

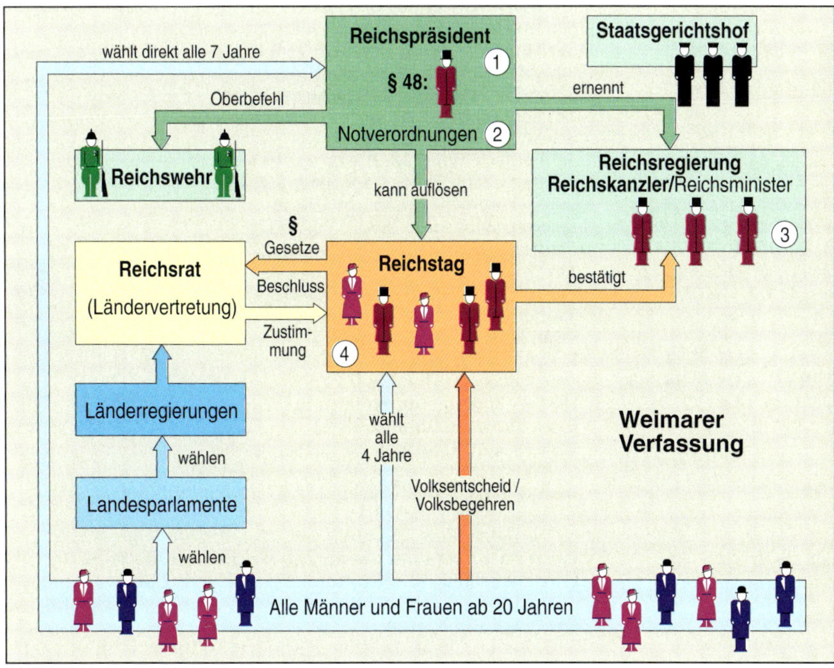

① **Der Reichspräsident ernennt und entlässt die Reichsregierung: Reichskanzler und Minister.**

② **„Der Reichspräsident kann bei Bedrohung der öffentlichen Sicherheit und Ordnung die notwendigen Maßnahmen treffen, um die öffentliche Sicherheit und Ordnung wieder herzustellen. Zu diesem Zweck darf er vorübergehend die Grundrechte außer Kraft setzen. Diese Maßnahmen müssen auf Verlangen des Reichstages außer Kraft gesetzt werden." (Art. 48)**

③ **„Die Reichsregierung bedarf des Vertrauens des Reichstages. Jedes Regierungsmitglied muss zurücktreten, wenn ihm der Reichstag durch Beschluss das Vertrauen entzieht." (Art. 53)**

④ **Die Abgeordneten des Reichstages beschließen alle Reichsgesetze. Entsprechendes gilt für die Landtage.**

Bildnachweis

Ärzte für die Dritte Welt, Frankfurt: 112.1;
Agentur Gratzfeld. 85.2;
Agentur Reuters, Frankfurt: 7.2, 194.2;
AP, Frankfurt: 177.1, 195.1, 195.3, 252.1;
Arbeitsgemeinschaft Jugend & Bildung, Magazin basta, Wiesbaden: (Michael Seifert) 50.1, 51.1;
Archiv Gerstenberg, Wietze:11.2, 26.1, 31.1, 156.1, 173.2, 187.1, 2;
Archiv der Jugendkulturen, Berlin: 48.1, 2, 49;
Archiv für Kunst und Geschichte, Berlin: 7.1, 11.1, 13.2, 21.3, 28.2, 162.3, 180.1;
Argus Fotoarchiv, Hamburg: 76 (M. Schröder);
Auslandsgesellschaft NRW, Dortmund: 176.1;
Bätje,Rethem:132.1;
Bavaria, Mittenwald: 172;
F. Behrendt: 115.1;
Berlin 13. August. Sperrmaßnahmen gegen Recht und Menschlichkeit, Hrsg. Bundesmin. für Gesamtdt. Fragen,Bonn/Berlin 1963, o.S.: 156.1;
Bildarchiv Abraham Pisareka, Berlin: 30.1;
Bildarchiv Landkreis Hannover: 26.2;
Bongartz Sportfotografie, Hamburg: 151.2;
H. M. Brockmann: 190.1;
Bundesanstalt für Arbeit, Nürnberg: 84.5 (Agentur Gratzfeld), 85.3;
Bundesarchiv, Koblenz: 18.2, 32.2;
Bundesbildstelle, Berlin: 110.1-8, 111, 148.1, 2, 149.1-3, 150.1, 151.1, 170.4, 171.2-4;
Bundesbildstelle, Bonn: 74.2, 165.1, 170.2, 171.1;
Bundesministerium der Verteidigung, Berlin: 113.1, 121, 124.2, 3, 125;
Bundespresseamt, Berlin: 92/93;
CCC, München: 191.1-4;
Chemiepark GmbH Bitterfeld - Wolfen, Bitterfeld: 224.1, 226.1, 234.1;
Cinetext, Frankfurt: 59.2;
Corbis, Düsseldorf: 181.1, 183.2;
DaimlerChrysler, Stuttgart: 222.3;
Deutsche Bahn AG, Berlin: 139.6;
Deutscher Caritasverband, Freiburg: 77;
Deutsches Historisches Museum, Berlin: 18.1;
Deutsche Stiftung Weltbevölkerung, Hannover: 242.1, 2, 254.1, 264.1;
Deutsche Welthungerhilfe, Bonn: 256.2 (Andreas Locher);
Die Zeit, Hamburg: 200.1;
DIZ, München: 14.2, 21.1, 21.2, 21.4, 24.3, 30.2, 33.1, 138.2-4, 157.1, 170.7, 8, 196.1, 247;
H. Dorgathen, Mülheim-Ruhr: 256.1;
dpa, Frankfurt: 8.1, 2, 14.1, 33.2, 41.1, 42.2, 44.1 (Halle), 46.1, 47.1, 52.1, 74.1, 74.3, 93.1, 112/113, 113.2, 114.1, 133.1, 138.1, 139.1, 2, 139.4, 139.8, 160.1, 162.2, 162.4, 173.1, 178.1, 2, 189.1, 190.2, 193.1, 193.3, 193.5, 198.1, 199.1, 2, 203.1, 203.6, 204.1, 214.3, 220/221, 221.1, 224.2, 226.2, 233.1, 234.2, 235.2, 261.1, 2, 265.2, 277;
Echte Nederlandse Fietsesbond, Woerden: 214.2, 215.2;
EL-MOS GMBH: 238.2;
Emder Zeitung, Emden: 100 (Engelbert);
M. J. Fabian, Hannover: 40.2, 45.1, 54.1, 55.1, 56.1, 57.1. 58.1, 59.1, 63.2, 3, 68.1, 2, 73, 79.1, 83.1, 83.3-5, 84.1-3, 85.1, 94.1-4, 105, 106, 107, 122, 128.1, 2, 134.1, 2, 143.1, 2, 148.3, 168.1-4, 206, 215.1, 217, 232.1;
Ford-Werke, Rüsselsheim: 207, 208;
Fotoarchiv Schröder, Hamburg: 58.2;
Foto-Studio Wrede, Emden: 96, 97.1-6, 99.1, 2;
Frühsorge, Barsinghausen: 87.1, 2;
Gebel, Mönchengladbach: 244, 250.1;
Gedenkstätte deutsche Widerstand, Berlin: 24.2;
Grosser, Wilhelmsdorf: 161.2;
Härle, Wangen: 230.2, 267.2-4;
Haitzinger: 89.1, 260.1;
Herold, Gerbrunn: 137.2;
Historisches Museum, Hannover: 6/7;
Holt, Bilder aus Amerika, S. Fischer: 192.2;
Huber Bildagentur, Garmisch-Partenkirchen: 214.1;
Jardner, Essen: 237.2;
Jürgens Ost- u. Europa Photo, Berlin: 156.2, 160.2, 164.1, 170.5, 171.5;
Katalog Museum der Arbeit,Hamburg 1997,S.127: 71.1;
Keystone, Hamburg: 32.1;
K.-H. Kißner, Heinsberg: 231.1;
Knecht, Freiburg: 267.1;
Köcher, Hannover: 262.1;
Kommunalverband Ruhrgebiet, Essen: 236.1, 2, 239.3;
W. Korby, Korb: 194.1;
Krupp-Stahl, Bonn: 222.4;
Kurt M. Forum Verlag: Panikblüte, Leipzig: 225.1;
LAIF, Köln: 202.5;
Landesbildstelle Baden, Karlsruhe: 222.1;
Landesbildstelle, Berlin: 157.2;
St. Lenger-Schmal, Hannover: 65.1;
P. Liedtke, Herne: 221.2, 239.5, 6;
S. Losse, Hannover: 205.1, 205.3;
Luftbild Bertram, München: 215.3;
Marie Marcks, Heidelberg: 62.1, 69.1, 75.1;
Mauritius, Mittenwald: 162.5 (Kolmikow), 162.6 (Enzinger), 268.2;
H. Mertins, Ribbesbüttel: 227.2, 234;
Mitschke, München: 139.2;
Müller, Berlin: 139.5;
Münchner Stadtmuseum, München: 19.1;DIZ, München: 21.4, 24.3, 30.2, 33.1, 124.1, 138.2-4, 157.1, 158.2, 170.7, 8, 196.1;
MVG Medienproduktion u. Vertriebsgesellschaft mbH, Aachen: 245, 246;
Nieders. Landeszentrale für politische Bildung, Hannover: 103.1, 103.1, 104.1;
Nieders. Ministerium für Wirtschaft, Hannover: 155.1;
Ostkreuz, Berlin: 156.1, 163.1, 2, 166.1, 2;
G. Pankoke, Bad Fallingbostel: 278.1;
Presse- und Informationsamt der Bundesregierung, Bonn: 92, 110(3), 111, 123, 141;
Preußischer Kulturbesitz, Berlin: 12.1-3, 13, 14.1, 19.1, 2, 20.2, 20.4, 21.2, 22.1, 22.3, 34.3, 60.1, 157.3, 167.1, 170.1, 171.6;
Saaten Union, Hannover: 139.7;
Sächsische Zeitung, Dresden: 169.1;
Sansone, Zürich: 38/39, 39.1, 42.1;
Schindler Foto-Report, Oberursel: 80.1;
Th. Schlesinger, Marburg: 127.2;
Schmittke, Melsdorf: 222.2;
Schneider, Köln: 238.2;
Smetec Grafik Design, Seevetal: 200.2;
Spiegel online, Hamaburg: 195.2;
Spiegel, Hamburg: 258/259 (Argus);
Stadtarchiv Nürnberg, Nürnberg: 27.2;
Strothmann, Bielefeld: 43.2;
Sylvestries Fotoservice, Kastle: 275.1;
Taubert, Springe: 265.1;
TIME Magazine, London: 175
F. Tönnies, Laatzen: 83.2;
Tote Hosen, Göttingen: 93.2;
Ullstein Bilderdienst, Berlin: 25.1, 2, 36.1, 202.3, 203.5;
B. W. Vahldiek, Böhme: 253.1;
Verkehrsclub Deutschland: 218.1, 219;
VW-Werk, Wolfsburg: 170.3, 210, 211.1, 2;
Warner Bros. Movie World: 239.4;
S. Weiss, New York: 28.1;
N. Wessel-Schulze, Hemmingen: 40.1;
Westermann, Braunschweig: 260 (Praxis Geographie);
Wirtschaftsförderung Dortmund, Dortmund: 238.1.

Grafiken und Karten:
FRD, Berlin; Griese, Laatzen; Heidolph, Kottgeisering; Langner, Hemmingen; Menzel, Rohlsdorf.